土木建筑大类专业系列新形态教材

建筑施工技术

张永强　孙怀忠　主　编

张　凡　孙　良　王九红　副主编

清华大学出版社

北京

内 容 简 介

本书突出职业教育的针对性和实用性，帮助学生实现"零距离"上岗的目标，以国家现行的建设工程标准、规范、规程为依据，并吸收建设行业发展的新知识、新技术、新工艺、新方法，对接职业标准和岗位要求，结合多方资料编写而成，实用性、可操作性较强。本书共10章，内容包括土方工程施工，基础工程施工，砌体工程施工，钢筋混凝土工程施工，预应力混凝土工程施工，结构安装工程施工，防水工程施工，装饰工程施工，冬、雨期施工和装配式混凝土施工。

本书适合作为高职高专建筑工程技术、工程造价等土建类及与土建类相关的桥梁、市政、道路、水利等专业的教学用书，是江苏省五年制高职学生专转本考试专业课"建筑施工技术"的辅导教材，可以用于指导生产实践，还可以作为职工职业技能提升培训的教材。

本书封面贴有清华大学出版社防伪标签，无标签者不得销售。
版权所有，侵权必究。举报：010-62782989，beiqinquan@tup.tsinghua.edu.cn。

图书在版编目(CIP)数据

建筑施工技术/张永强，孙怀忠主编. --北京：清华大学出版社，2023.3
土木建筑大类专业系列新形态教材
ISBN 978-7-302-62578-0

Ⅰ.①建… Ⅱ.①张… ②孙… Ⅲ.①建筑工程－工程施工－高等职业教育－教材 Ⅳ.①TU74

中国国家版本馆CIP数据核字(2023)第022865号

责任编辑：杜　晓
封面设计：曹　来
责任校对：李　梅
责任印制：朱雨萌

出版发行：清华大学出版社
网　　址：http://www.tup.com.cn，http://www.wqbook.com
地　　址：北京清华大学学研大厦A座　　　　邮　编：100084
社 总 机：010-83470000　　　　　　　　　邮　购：010-62786544
投稿与读者服务：010-62776969，c-service@tup.tsinghua.edu.cn
质量反馈：010-62772015，zhiliang@tup.tsinghua.edu.cn
课件下载：http://www.tup.com.cn，010-83470410

印 装 者：三河市龙大印装有限公司
经　　销：全国新华书店
开　　本：185mm×260mm　　印　张：15　　字　数：341千字
版　　次：2023年3月第1版　　　　　　　　印　次：2023年3月第1次印刷
定　　价：55.00元

产品编号：098623-01

前 言

"建筑施工技术"是建筑工程技术专业的核心技术课之一,包括建筑工程施工项目的主要施工工艺、施工技术和方法。课程实践性强、知识面广、综合性强、发展快,本课程结合实际情况,综合运用相关学科的基本理论和知识,采用新技术和现代科学成果,指导生产实践。本书着重介绍基本理论和基本方法的学习和应用。

为了满足我国高等职业教育实践型人才培养目标的需要,本书以课程标准、国家现行《建筑工程施工质量验收统一标准》(GB 50300—2013)以及相关专业工程施工质量验收标准规范为依据,密切结合建筑施工技术的实际情况,从强化与培养操作技能的角度出发,将"内容全面新颖、概念条理清晰、强化巩固应用"作为主旨,以人才培养为目标进行编写,突出高等职业教育的特点,面向生产高端技能型、应用型职业人才。

本书着重实践能力、动手能力的培养,既保证了全书的系统性和完整性,又体现了内容的实用性与可操作性,同时反映了建筑施工的新技术、新工艺和新方法,不仅具有原理性、基础性,还具有先进性和现代性。本书为新形态教材,书中配套有微课,读者可以扫描二维码观看学习。

本书由江苏城乡建设职业学院张永强和孙怀忠担任主编,江苏城乡建设职业学院张凡、扬州市江都区职业教育集团孙良、江苏城乡建设职业学院王九红担任副主编。具体编写分工如下:第1章、第8章由孙怀忠编写,第2章、第7章由张凡编写,第3章由孙良编写,第4~第6章、第9章、第10章由张永强编写,王九红参与了部分案例的收集与整理,并参与部分课件、微课的制作,张永强负责全书的修订、统稿工作和课件制作工作。中盈远大(常州)装配式建筑有限公司为本书的出版提供了技术支持。

本书在编写过程中参阅了国内外学者已公开出版的相关书籍、产品手册及文献资料,并得到了许多同行的支持与帮助,在此一并表示感谢。由于编者水平有限,书中不足之处在所难免,望广大读者批评、指正。

编 者

2023年1月

目 录

第1章　土方工程施工 … 1
1.1　概述 … 1
1.2　土方工程量的计算 … 4
1.3　土方工程机械化施工 … 10
1.4　土方填筑与压实 … 17
1.5　基坑边坡支护与降水 … 21

第2章　基础工程施工 … 40
2.1　地基处理及加固 … 40
2.2　浅埋式钢筋混凝土基础施工 … 44
2.3　桩基础工程 … 47
2.4　静力压桩施工工艺 … 48
2.5　现浇混凝土桩施工工艺 … 49

第3章　砌体工程施工 … 60
3.1　砌筑用脚手架 … 60
3.2　垂直运输机械 … 67
3.3　砌体工程施工 … 76
3.4　砌体工程质量验收 … 83

第4章　钢筋混凝土工程施工 … 87
4.1　模板工程施工 … 87
4.2　钢筋工程施工 … 93
4.3　混凝土工程施工 … 107
4.4　钢筋混凝土的质量问题 … 119

第5章　预应力混凝土工程施工 … 122
5.1　先张法施工 … 123
5.2　后张法施工 … 131
5.3　无粘结预应力施工 … 140
5.4　预应力施工质量检查与施工安全措施 … 143

第6章 结构安装工程施工 …… 146
- 6.1 起重机械与设备 …… 146
- 6.2 单层工业厂房结构的安装 …… 151
- 6.3 钢结构安装工程 …… 161

第7章 防水工程施工 …… 167
- 7.1 防水材料 …… 167
- 7.2 屋面防水工程 …… 172
- 7.3 卫生间防水工程 …… 178

第8章 装饰工程施工 …… 182
- 8.1 抹灰工程 …… 182
- 8.2 饰面工程 …… 188
- 8.3 油漆和刷浆工程 …… 192
- 8.4 裱糊工程 …… 197
- 8.5 装饰工程常见的质量事故及防治措施 …… 199

第9章 冬、雨期施工 …… 202
- 9.1 概述 …… 202
- 9.2 砌筑工程冬、雨期施工 …… 203
- 9.3 混凝土结构工程冬、雨期施工 …… 206
- 9.4 冬期与雨期施工的安全技术 …… 210

第10章 装配式混凝土施工 …… 211
- 10.1 施工前的准备工作 …… 211
- 10.2 安装构件 …… 215
- 10.3 连接构件 …… 224

参考文献 …… 232

第1章 土方工程施工

> **教学目标**
>
> 1. 了解土方的种类和鉴别方法;了解常用土石方的施工机械性能和选用方法。
> 2. 熟悉土方边坡失稳的原因和产生流砂的原因。
> 3. 掌握土方的调配和土方量计算方法;掌握土方工程常见质量事故的预防措施和根治方法。

1.1 概 述

1.1.1 土方工程的种类与特点

土方工程是建筑工程施工中主要分部工程之一,包括土石方的开挖、运输、填筑与弃土、平整与压实等主要施工过程,以及场地清理、测量放线、施工排水、降水和土壁支护等准备工作与辅助工作。

土方工程按其施工内容和方法的不同,常分为以下几种。

1. 场地平整

场地平整是将天然地面改造成所要求的设计平面时进行的土石方施工全过程。它具有工作量大、劳动繁重和施工条件复杂等特点。如大型建设项目的场地平整,土方量可达数百万立方米以上,面积达若干平方千米,工期较长。土方工程施工受气候、水文地质等条件的影响,难以预料的因素多,有时施工条件极为复杂。因此,在组织场地平整施工前,应详细分析、核对各项技术资料(如实测地形图,工程地质、水文地质勘察资料,原有地下管道、电缆和地下构筑物资料,土石方施工图等),进行现场调查,并根据现有施工条件制订出以经济分析为依据的施工设计方案。

2. 基坑(槽)及管沟开挖

基坑(槽)及管沟开挖是指对宽度在 3m 以内的基槽或底面积在 $20m^2$ 以内的土方工程、桩承台及管沟等进行的土石方开挖。其特点是要求开挖的标高、断面、轴线准确;土石方量较少;受气候影响较大。因此,施工前必须做好各项准备工作,制订合理的施工方案,以达到减轻劳动强度、加快施工进度和节省工程费用的目的。

3. 地下土石方大开挖

地下土石方大开挖主要是针对人防工程、大型建筑物的地下室、深基础施工等而进行的地下土石方开挖工程。它涉及降水、边坡稳定与支护、地面沉降与位移、邻近建筑物的安全与防护等一系列问题。因此,在开挖土石方前,必须详细研究各项技术资料,进行专门的施工方案设计和审评。一般来说,当基坑开挖深度超过 5m 时,必须聘请专家进行方案论证。

4. 土石方填筑

土石方填筑是用土石方分层填筑低洼处。填筑工程分大型土石方填筑和小型场地、基坑、基槽、管沟的回填,前者一般与场地平整施工同时进行,交叉施工;后者一般是在地下工程施工完毕后,再进行回填施工。针对填筑的土石方,要严格选择土质,分层回填压实。

1.1.2 土石的分类与现场鉴别方法

土石的分类方法很多,作为建筑物地基的土石可分为岩石、碎石土、砂土、黏土和特殊土(如淤泥土、泥炭、人工填土等)。

土石一般根据土石开挖的难易程度进行分类,通常将土石分为八类:第一大类是实际意义的土,有四种,包括松软土、普通土、坚土、砂砾坚土;第二大类是实际意义的石头,也有四种,包括软石、次坚石、坚石、特坚石。土石的分类与现场鉴别方法见表 1-1。

表 1-1 土石的工程分类与现场鉴别方法

土石的分类	土 的 名 称	可松性系数		现场鉴别方法
		K_s	K_s'	
一类土 (松软土)	砂、粉土、冲积砂土层、种植土、淤泥土	1.08～1.17	1.01～1.03	能用锹、锄头挖掘
二类土 (普通土)	粉质黏土、潮湿的黄土、夹有碎石/卵石的砂、填筑土及混合土(粉土中含有碎石/卵石)	1.14～1.28	1.02～1.05	用锹、锄头挖掘,少量用镐翻松
三类土 (坚土)	软及中等密实黏土、坚硬粉质黏土、粗砾石、干黄土及含碎石/卵石的黄土、粉质黏土、压实的填筑土	1.24～1.30	1.05～1.07	主要用镐,少许用锹、锄头挖掘,部分用撬棍
四类土 (砂砾坚土)	坚硬密实的黏土及含碎石/卵石的黏土、粗卵石、密实的黄土、天然级配砂石、软泥灰岩及蛋白石	1.26～1.35	1.06～1.09	整个用镐、撬棍,然后用锹挖掘,部分用楔子及大锤
五类土 (软石)	硬质黏土、中等密实的页岩、泥灰岩、白垩土、胶结不紧的砾石岩、软的石灰岩	1.30～1.40	1.10～1.15	用镐或撬棍、大锤挖掘,部分使用爆破法
六类土 (次坚石)	泥岩、砂岩、砾岩、坚实的页岩、泥灰岩、风化花岗岩、片麻岩	1.35～1.45	1.11～1.20	用爆破方法开挖、部分用风镐
七类土 (坚石)	大理石、辉绿岩、玢岩、粗中粒花岗岩、坚实的白云岩、砂岩、砾岩、片麻岩、石灰岩、风化痕迹的安山岩、玄武岩	1.40～1.45	1.15～1.20	用爆破法
八类土 (特坚石)	安山岩、玄武岩、花岗片麻岩、坚实的细粒花岗岩、闪长岩、石英岩、辉长岩、辉绿岩、玢岩	1.45～1.50	1.20～1.30	用爆破法

1.1.3 土的工程性质

1. 土的天然密度

土在天然状态下单位体积的质量称为土的天然密度(单位为 g/cm³)。一般黏性土的天然密度为 1.8~2.0g/cm³，砂土的天然密度为 1.6~2.0g/cm³。土的天然密度 ρ 按下式计算：

$$\rho = \frac{m}{V} \tag{1-1}$$

式中　m——土的总质量；
　　　V——土的天然体积。

2. 土的干密度

单位体积土中的固体颗粒的质量称为土的干密度(单位为 g/cm³)。土的干密度符号为 ρ_d，按下式计算：

$$\rho_d = \frac{m_s}{V} \tag{1-2}$$

式中　m_s——土中固体颗粒的质量；
　　　V——土的天然体积。

土的干密度越大，表示土越密实。工程上常把土的干密度作为评定土体密实程度的标准，以控制填土工程的质量。

3. 土的可松性

天然状态下的土经开挖后，其体积因松散而增加，虽经回填压实，仍不能恢复原来的体积，这种性质称为土的可松性。土的可松性程度用可松性系数来表示，即

$$K_s = \frac{V_2}{V_1} \tag{1-3}$$

$$K_s' = \frac{V_3}{V_1} \tag{1-4}$$

式中　K_s——土的最初可松性系数；
　　　K_s'——土的最终可松性系数；
　　　V_1——土在天然状态下的体积；
　　　V_2——土被开挖后松散的体积；
　　　V_3——土回填压实后的体积。

可松性系数为土的调配、计算土方运输量、计算填方量和运土工具等具有影响。各类土的可松性系数见表 1-1。

4. 土的透水性

土的透水性是指水流通过土中孔隙的难易程度，也称为土的渗透性。地下水的流动以及土中的渗透速度都与土的透水性有关。在计算水井涌水量时，也涉及土的透水性指标。地下水流动的速度和水力坡度成正比。

土的渗透性用渗透系数 K 表示，其单位是 m/d。

一般土的渗透系数见表 1-2。

表 1-2　土的渗透系数 K 的参考值

土的名称	渗透系数 K/(m/d)	土的种类	渗透系数 K/(m/d)
黏土	<0.005	中砂	5.0～25.0
粉质黏土	0.005～0.100	均质中砂	35～50
粉土	0.1～0.5	粗砂	20～50
黄土	0.25～0.50	圆砾	50～100
粉砂	0.5～5.0	卵石	100～500
细砂	1.0～10.0	无填充物卵石	500～1000

5. 土的含水量

土中水的质量与土的固体颗粒质量之比的百分率,称为土的含水量 ω。它表示土的干湿程度,以百分比来表示:

$$\omega = \frac{m_\omega}{m_s} \times 100\% \tag{1-5}$$

式中　m_ω——土中水的质量;

　　　m_s——土中固体颗粒的质量。

一般含水量在5%以下称为干土;在5%～30%称为潮湿土;大于30%称为湿土。含水率越大,土越潮湿,对施工越不利。含水率对挖土的难易程度、施工时的放坡、回填土的压实等均有影响。能够使回填土压实后达到最大干密度的含水率叫作最佳含水率。常见土的最佳含水率如下:砂土为8%～12%;粉土为9%～15%;粉质黏土为12%～15%;黏土为19%～23%。

1.2　土方工程量的计算

1.2.1　场地平整土方工程量计算

场地平整即场地内取高补低。计算场地挖方量和填方量,首先要确定场地设计标高,由设计平面的标高和天然地面的标高之差可以得到场地各点的施工高度,即填挖高度,由此计算场地平整的挖方量和填方的工程量。

1. 场地设计标高的确定

大型工程项目通常都要确定场地设计平面并进行场地平整。场地平整就是将自然地面改造成人们所要求的平面。

场地设计标高确定原则如下:应满足规划、生产工艺及运输、排水及最高洪水水位等要求,并力求使场地内土方挖填平衡且土方量最小。

场地设计标高确定一般采用挖填平衡方法。

场地高差起伏不大,对场地设计标高无特殊要求,可按照挖填土方量相等的原则确定场地设计标高。

1) 挖填平衡法设计原理

将场地划分成边长为 a 的若干方格,并将方格网角点的原地形标高标在图上(图1-1)。原地形标高可利用等高线用插入法求得或在实地测量得到。

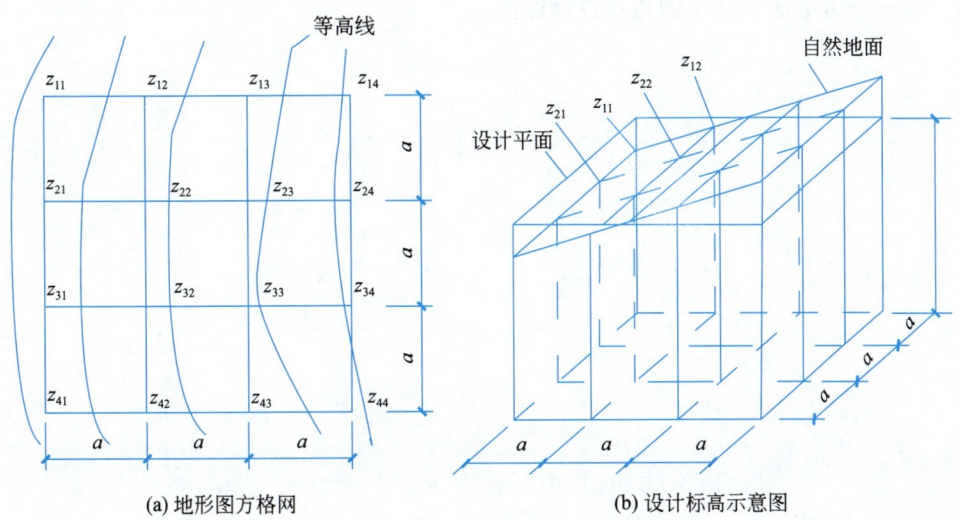

(a) 地形图方格网　　　　　　　　(b) 设计标高示意图

图 1-1　场地设计标高计算示意图

按照挖填土方量相等的原则,场地设计标高可按下式计算:

$$na^2 z_0 = \sum_{i=1}^{n}\left(a^2 \frac{z_{i1}+z_{i2}+z_{i3}+z_{i4}}{4}\right) \tag{1-6}$$

即

$$z_0 = \frac{1}{4n}\sum_{i=1}^{n}(z_{i1}+z_{i2}+z_{i3}+z_{i4}) \tag{1-7}$$

式中　z_0——所计算场地的设计标高;

　　　n——方格数;

　　　z_{i1}、z_{i2}、z_{i3}、z_{i4}——第 i 个方格四个角点的原地形标高。

2) 场地设计标高的初步确定

由图1-1可见,11号角点为一个方格独有,而12、13、21、24号角点为两个方格共有,22、23、32、33号角点则为四个方格所共有,在用式(1-7)计算 z_0 的过程中类似11号角点的标高仅加一次,类似12号角点的标高加两次,类似22号角点的标高则加四次,这种在计算过程中被应用的次数 P_i 反映了各角点标高对计算结果的影响程度,测量中的术语称为"权"。考虑各角点标高的"权",式(1-7)可改写成更便于计算的形式:

$$z_0 = \frac{1}{4n}\left(\sum z_1 + 2\sum z_2 + 3\sum z_3 + 4\sum z_4\right) \tag{1-8}$$

式中　z_1——一个方格独有的角点标高;

　　　z_2、z_3、z_4——分别为二、三、四个方格所共有的角点标高。

设计标高的调整主要是泄水坡度的调整,由于按式(1-8)得到的设计平面为一水平的、挖填平衡的场地,而实际场地往往应有一定的泄水坡度。因此,应根据泄水要求计算出实际施工时所采用的设计标高。

以 z_0 作为场地中心的标高(图 1-2),则场地任意点的设计标高为

$$z_i' = z_0 \pm l_x i_x \pm l_y i_y \tag{1-9}$$

式中 z_i'——考虑泄水坡度的角点设计标高。

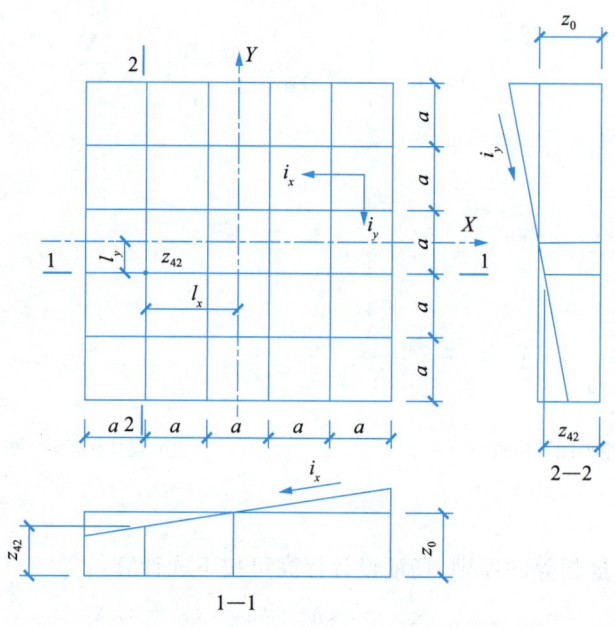

图 1-2 场地泄水坡度

求得 z_i' 后,即可按下式计算各角点的施工高度 H_i,施工高度的含义是该角点的设计标高与原地形标高的差值:

$$H_i = z_i' - z_i \tag{1-10}$$

式中 z_i——角点 i 的原地形标高。

若 H_i 为正值,则该点为填方;若 H_i 为负值,则该点为挖方。

2. 场地平整土方量计算

在场地平整土方工程施工之前,通常要计算土方的工程量。但土方外形往往比较复杂,不规则,很难得到精确的计算结果。所以,一般情况下,可以按方格网将其划为一定的几何形状,并采用具有一定精度而又和实际情况近似的方法进行计算。

微课:场地平整土方量的计算

场地平整土方量的计算可按以下步骤进行:①确定场地设计标高求出平整的场地方格网各角点的施工高度 H_i;②确定"零线"的位置,了解整个场地的挖、填区域分布状况;③按每个方格角点的施工高度算出填、挖土方量,并计算场地边坡的土方量。

1) 方格网零线及零点确定

零线即挖方区与填方区的交线,在该线上,施工高度为零。零线的确定方法:在相邻角点施工高度为一挖一填的方格边线上,用插入法求出方格边线上零点的位置(图 1-3),再将

各相邻的零点连接起来即得零线。

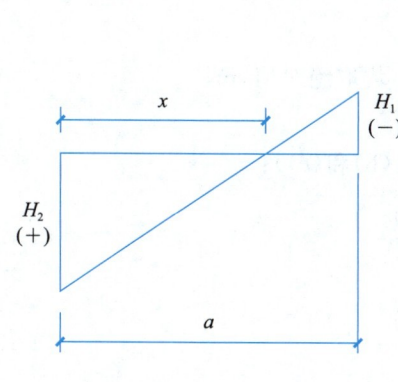
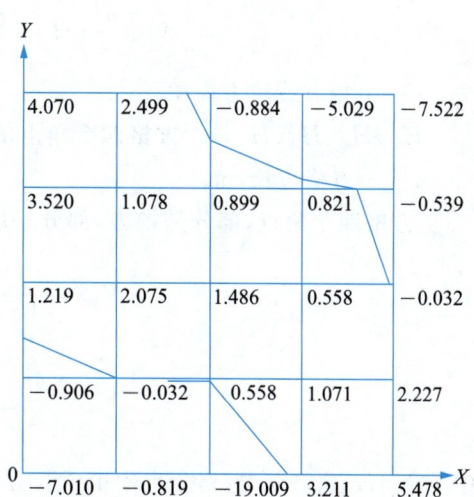

图 1-3 零点计算

$$x=\frac{H_2}{H_1+H_2}a \quad (H_1、H_2 为相邻两角点的施工高度(m),均用绝对值)$$

如不需计算零线的确切位置,则绘出零线的大致走向即可。

【例 1-1】 图 1-3 为边长为 10m 方格网,X 轴方向第一排为 0、1、2、3、4 点;Y 轴方向第二排为 5、6、7、8、9 点;再向上排列是 10、11、12、13、14 点;向上第三排左边开始为 15、16、17、18、19 点;向上第四排是 20、21、22、23、24 点。计算后各角点标高如图 1-3 所示,绘出计算结果的零线位置。

解:查找相邻角点为一挖一填的方格边线。本题共有 a_{2-3}、a_{6-7}、a_{13-14}、a_{18-19}、a_{21-22}、a_{5-10}、a_{6-11}、a_{2-7}、a_{17-22}、a_{18-23}、a_{9-14} 这些边线为有挖填点。用插入法求各方格边线零点位置为

$$\because \quad a_{2-3}: \frac{19.009}{19.009+3.211}=\frac{x}{10}$$

$$\therefore \quad x=8.56\text{m}$$

$$\because \quad a_{2-7}: \frac{19.009}{19.009+0.558}=\frac{x}{10}$$

$$\therefore \quad x=9.72\text{m}$$

$$\because \quad a_{6-7}: \frac{19.009}{19.009+3.211}=\frac{x}{10}$$

$$\therefore \quad x=0.54\text{m}$$

其余零点位置见图 1-3。连接各零点,即可得到零线。

2) 平整土方工程量计算

确定零线后,便可进行土方量的计算。方格中土方量的计算有两种方法:四方棱柱体法和三角棱柱体法。

(1) 四方棱柱体的体积计算方法分为以下两种情况。

① 方格四个角点全部为填或全部为挖(图1-4(a))：

$$V = \frac{a^2}{4}(H_1 + H_2 + H_3 + H_4) \tag{1-11}$$

式中　V——挖方或填方体积，m^3；

　　　H_1、H_2、H_3、H_4——方格四个角点的填挖高度，均取绝对值，m；

　　　a——方格边长，m。

② 方格四个角点，部分是挖方，部分是填方(图1-4(b)和(c))：

$$V_{填} = \frac{a^2}{4} \times \frac{(\sum H_{填})^2}{\sum H} \tag{1-12}$$

$$V_{挖} = \frac{a^2}{4} \times \frac{(\sum H_{挖})^2}{\sum H} \tag{1-13}$$

式中　$\sum H_{填(挖)}$——方格角点中填(挖)方施工高度总和，各角点施工高度取绝对值，m；

　　　$\sum H$——方格四个角点施工高度总和，各角点施工高度取绝对值，m。

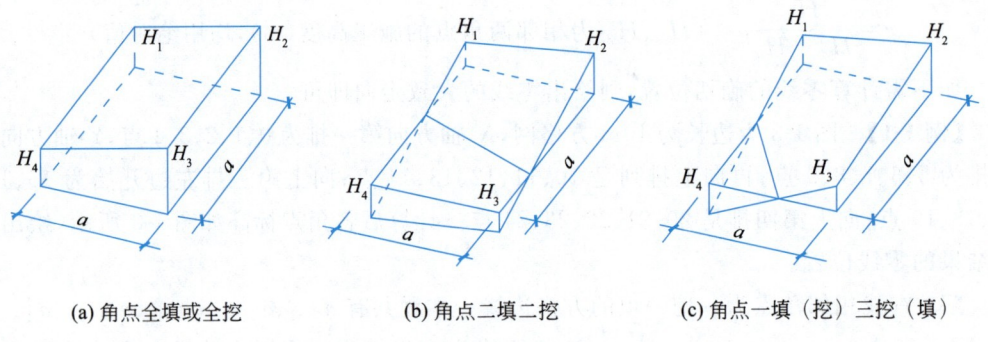

(a) 角点全填或全挖　　(b) 角点二填二挖　　(c) 角点一填(挖)三挖(填)

图1-4　四方棱柱体的体积计算

(2) 在计算三角棱柱体的体积时，在方格网内顺着地形等高线，将各个方格划分成三角形(图1-5)。

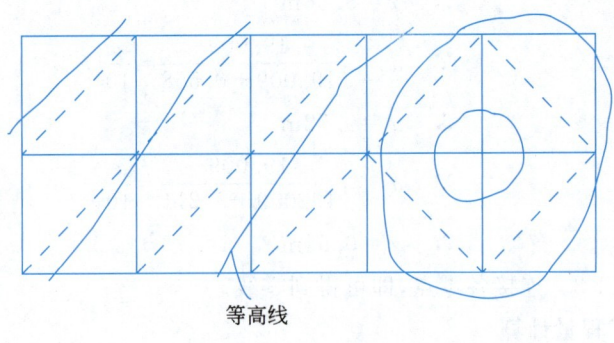

等高线

图1-5　按地形将方格划分成三角形

每个三角形的三个角点的填挖施工高度，用 H_1、H_2、H_3 表示。

三角棱柱体的体积计算方法也分为以下两种情况。

① 三角形三个角点全部为挖或全部为填(图 1-6(a))。

$$V = \frac{a^2}{6}(H_1 + H_2 + H_3) \tag{1-14}$$

式中　a——方格边长,m;

H_1、H_2、H_3——三角形各角点的施工高度,m,用绝对值代入。

② 三角形三个角点有填有挖。

当三角形三个角点有填有挖时,零线将三角形分成两部分,一部分是底面为三角形的锥体;另一部分是底面为四边形的楔体(图 1-6(b))。

其中,锥体部分的体积为

$$V_{锥} = \frac{a^2}{6} \cdot \frac{H_3^3}{6(H_1+H_3)(H_2+H_3)} \tag{1-15}$$

楔体部分的体积为

$$V_{锥} = \frac{a^2}{6}\left[\frac{H_3^3}{(H_1+H_3)(H_2+H_3)} - H_3 + H_2 + H_1\right] \tag{1-16}$$

式中　H_1、H_2、H_3——三角形各角点的施工高度,m,取绝对值,其中 H_3 指锥体顶点的施工高度。

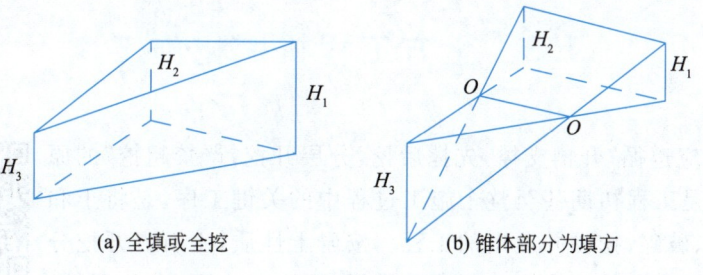

(a) 全填或全挖　　　　(b) 锥体部分为填方

图 1-6　三角棱柱体的体积计算

1.2.2　基坑(基槽)土方量计算

基坑(基槽)土方施工前,同样需要进行土方工程量计算,基坑(槽)开挖的土方量可按拟柱体积的公式计算(图 1-7(a)),即

$$V = \frac{H}{6}(A_1 + 4A_0 + A_2) \tag{1-17}$$

微课:基坑土方量计算

式中　V——土方工程量,m^3;

H——基坑深度,m;

A_1、A_2——基坑上下底面积,m^2;

A_0——A_1、A_2 之间的中截面面积,m^2。

工程施工中的路堤与基槽土方量可以沿长度方向分段后,再用同样的方法进行计算(图 1-7(b))。

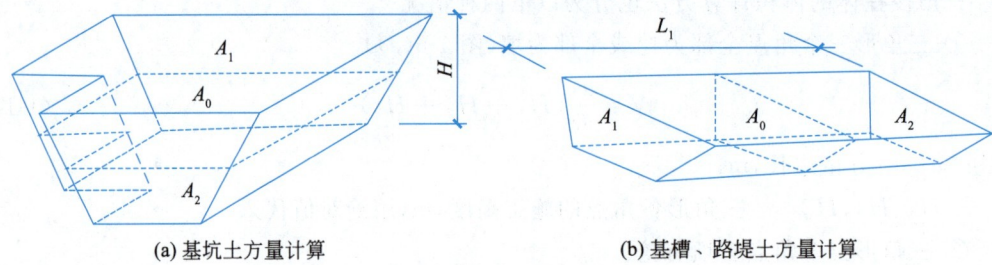

(a) 基坑土方量计算　　　　　　　　(b) 基槽、路堤土方量计算

图 1-7　土方量计算

$$V_1 = \frac{L_1}{6}(A_1 + 4A_0 + A_2) \tag{1-18}$$

式中　V_1——第一段的土方量，m^3；

　　　L_1——第一段的长度，m；

　　　A_0、A_1、A_2——分别为沟槽或堤坝长度方向上的三个截面面积(图 1-7(b))。

将各段土方量相加，即得总土方量：

$$V = V_1 + V_2 + \cdots + V_n \tag{1-19}$$

式中　V_1、$V_2 \cdots V_n$——各分段的土方量，m^3。

1.3　土方工程机械化施工

土方开挖应遵循"开槽支撑，先撑后挖，分层开挖，严禁超挖"的原则。土方开挖是工程初期甚至整个施工过程中的关键工序，是将土和岩石进行松动、破碎、挖掘并运出的工程。按岩土性质，土石方开挖分为土方开挖和石方开挖。按施工环境是露天、地下或水下，分为明挖、洞挖和水下开挖三种方式。

微课：土方施工机械

土方的开挖、运输、填筑、压实等施工过程应尽量采用机械施工，以减轻繁重的体力劳动，加快施工进度。

土方工程施工机械的种类繁多，有推土机、铲运机、挖土机、装载机、压实机械等。在房屋建筑工程施工中，尤以推土机、铲运机和单斗挖土机应用最广，也最具有代表性。下面具体介绍这几种机械的性能、适用范围及施工方法。

1.3.1　推土机施工

推土机是一种在拖拉机前端悬装推土刀的铲土运输机械。作业时，机械向前开行，放下推土刀切削土壤，碎土堆积在刀前，待逐渐积满以后，略提起推土刀，使刀刃贴着地面推移碎土，推到指定地点以后，提刀卸土，然后掉头或倒车返回铲掘地点。由于推土机牵引力大，生产效率高，工作装置简单牢固，操纵灵便，能进行多种作业，所以应用较为广泛。

推土机适于推挖一至三类土。用于平整场地，移挖作填，回填土方，堆筑堤坝以及配合挖土机集中土方、修路开道等。推土机的作业效率与运距有很大关系，表 1-3 列出了推土

表 1-3 推土机的经济运距

行走装置	机型	经济运距/m	备注
履带式	大型	50～100(最远150)	上坡用小值，下坡用大值
履带式	中型	60～100(最远120)	上坡用小值，下坡用大值
履带式	小型	<50	上坡用小值，下坡用大值
轮胎式		50～80(最远150)	上坡用小值，下坡用大值

机作业时的经济运距。

推土机按照推土刀安装形式分为固定推土刀(图1-8(a))和回转推土刀(图1-8(b))两种。固定推土刀装成垂直于拖拉机纵轴线，只能做上下升降动作和向前推土，故又称为直铲推土机。回转推土刀，推土刀可装成在水平面内与拖拉机纵轴线倾斜一个角度(0°～25°)，还可在垂直面内倾侧一个角度(一般为0°～9°)。推土刀在水平面内倾斜作业时，刀前碎土沿着推土刀表面斜向移动而卸于一侧，故称为斜铲推土机，其铲、运、卸三个过程同时进行。推土刀在垂直面内倾侧作业时，可以铲掘坚实地面。

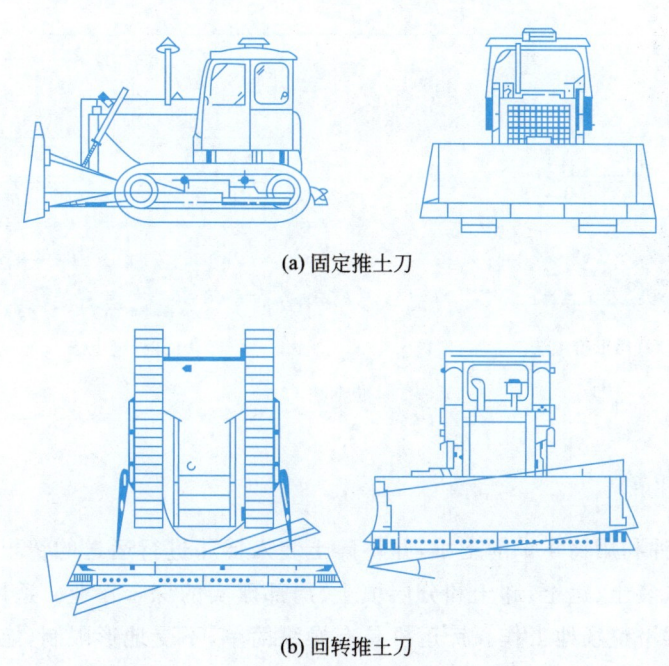

(a) 固定推土刀

(b) 回转推土刀

图 1-8 履带式推土机

按照行走装置的形式，推土机可分为履带式和轮胎式两种。履带式推土机的履带板有多种形式，以适应在不同地面上行走。按照履带接地比压大小，又可分为高比压推土机(接地比压100kPa以上，适用于石质地面)，中比压推土机(接地比压60～100kPa，称为普通推土机)，低比压推土机(接地比压10～30kPa，称为湿地或沼泽地推土机)。轮胎式推土机大多采用宽基轮胎，全轮驱动，以提高牵引性能、改善通过性能，其接地比压为200～350kPa。由于履带式推土机后端一般可以装松土齿耙、绞盘和反铲装置等，还可以做其他机械的牵引车或铲运机的助铲机,故目前应用广泛。

推土机按照工作装置操纵系统分为液压操纵式和机械操纵式两种。液压操纵式推土机利用液压缸操纵推土刀的升降,可以借助整机的部分重力强制推土刀切土,因切土力大、操纵轻便而广泛用于中、小型推土机;机械操纵式推土机依靠钢丝绳滑轮组操纵,只能利用推土刀的自重切土,效率较低,一般用于大型和特大型推土机。

此外,推土机按照发动机功率分小、中、大、特大四个等级,常用推土机功率有45kW、75kW、90kW、120kW等。国产推土机大多是中型和大型。目前世界上最大型的推土机功率可达到735kW。

推土机作业以切土和推运土方为主,切土时,应根据土质情况尽量采用最大切土深度在最短距离(6~10m)内完成,以便缩短低速行进的时间,然后直接推运到预定地点。上、下坡坡度不得超过35°,横坡不得超过10°。几台推土机同时作业时,前后距离应大于8m。

推土机经济运距在100m以内,效率最高的运距为60m。

为提高生产效率,可采用下坡推土(图1-9)、槽形推土、并列推土(图1-10)、多铲集运等方法。

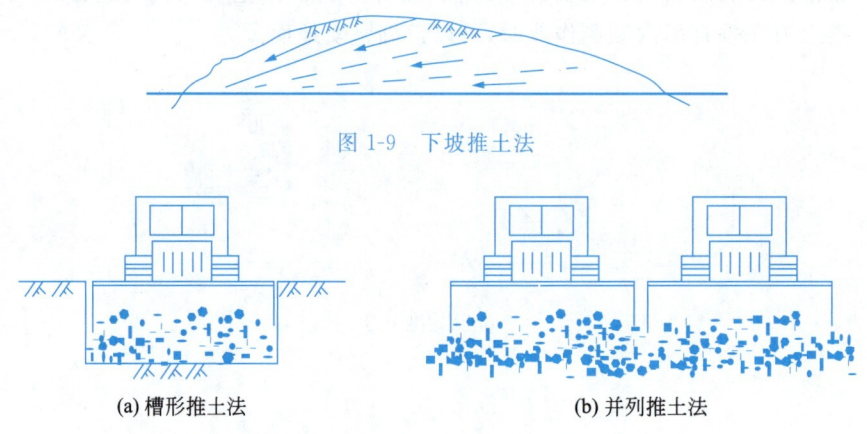

图1-9 下坡推土法

(a) 槽形推土法　　　　(b) 并列推土法

图1-10 槽形推土法与并列推土法

1.3.2 铲运机施工

铲运机是一种利用铲斗铲削土壤,并将碎土装入铲斗进行运送的铲土运输机械,铲运机能够完成铲土、装土、运土、卸土和分层填土、局部碾实的综合作业。适用于铁路、道路、水利、电力等工程平整场地工作。铲运机具有操纵简单,不受地形限制,能独立工作,行驶速度快,生产效率高等优点。其适用于一至三类土,如铲削三类以上土壤时,需要预先松土。

铲运机由铲斗(工作装置)、行走装置、操纵机构和牵引机等组成,其工作过程如下:放下铲斗→打开斗门→向前行进→斗前刀片切削土壤→碎土进入铲斗并装满(图1-11(a))→提起铲斗→关上斗门→进行运土(图1-11(b));到卸土地点后,打开斗门→卸土→调节铲斗的位置→利用刀片刮平土层(图1-11(c));卸土完毕,返回。

铲运机分自行式和拖式两种。自行式铲运机(图1-12)由牵引车和铲斗车两部分合成,中间用铰销连接,牵引车和铲斗车均为单轴,其经济运距可达1500m以上,具有结构紧凑、

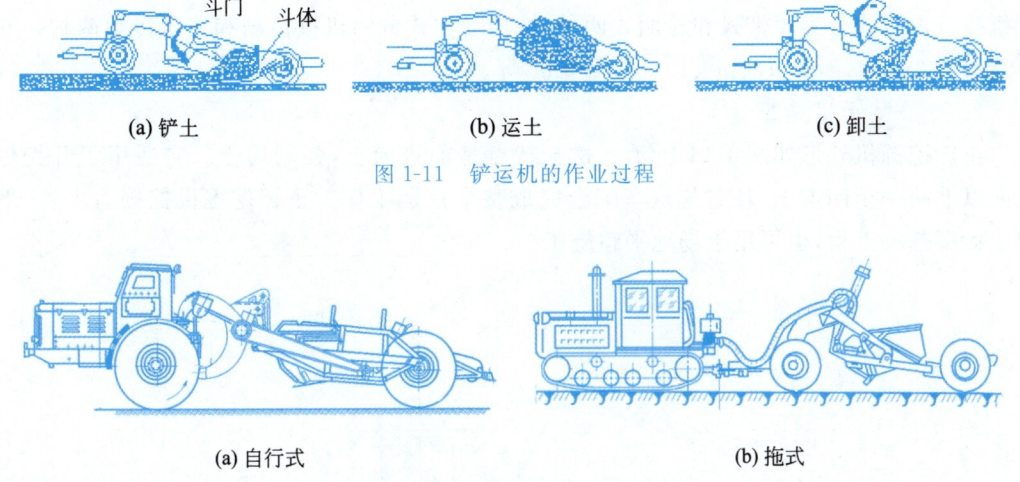

图 1-11 铲运机的作业过程

图 1-12 铲运机外形图

机动性大、行驶速度高等优点,应用广泛。拖式铲运机需要由拖拉机牵引作业,装有宽基低压轮胎,适用于土质松软的丘陵地带,其经济运距一般为 50～500m,由于机动性差而较少应用在工程中。

铲运机按照铲斗容量分小、中、大、特大四种,中型的铲斗容量一般为 6～15m³,大型的铲斗容量一般为 15～30m³,特大型的铲斗容量可达 30m³ 以上。

铲运机运行路线和施工方法视工程大小、运距长短、土的性质和地形条件等确定。

铲运机运行线路可采用环形路线或"8"字形路线,如图 1-13 所示。

采用下坡铲土、跨铲法、推土机助铲法等,可缩短装土时间,提高土斗装土量及工作效率。

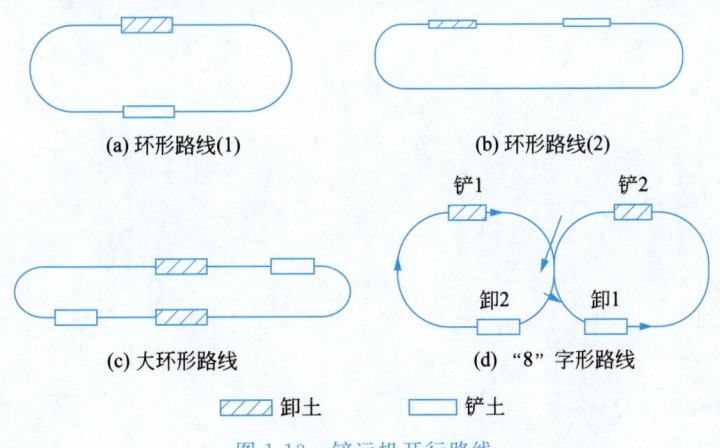

图 1-13 铲运机开行路线

1.3.3 单斗挖土机

如平整的场地上有土堆或土丘,需要向下挖掘或填筑土方时,可用挖掘机进行挖掘。挖掘机根据工作装置不同可分为正铲、反铲、拉铲和抓铲等,施工中应有运土车配合作业。

基坑土方开挖一般均采用挖掘机施工,对大型且较浅的基坑,有时可采用推土机。挖掘机按行走方式分为履带式和轮胎式两种,按传动方式分为机械传动和液压传动两种。斗容量有 $0.2m^3$、$0.4m^3$、$1.0m^3$、$1.5m^3$、$2.5m^3$ 等。

1. 正铲挖土机施工

正铲挖掘机外形如图 1-14 所示。挖土特点是前进向上,强制切土。它适用于开挖停机面以上的一至四类土,且需与汽车配合完成整个挖运工作。正铲挖掘机挖掘力大,一般用于大型基坑工程,也可用于场地平整施工。

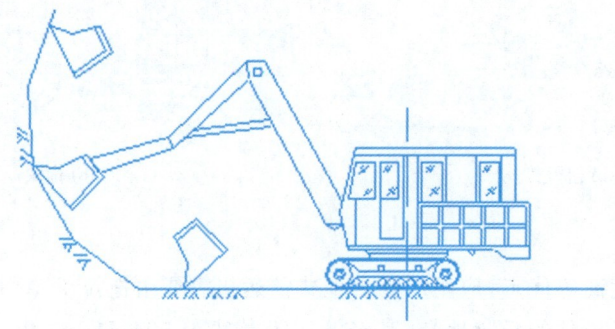

图 1-14 正铲挖土机外形图

正铲挖土机的开挖方式根据开挖路线与汽车相对位置的不同可分为正向开挖、侧向装土以及正向开挖、后方装土两种(图 1-15),前者效率较高。

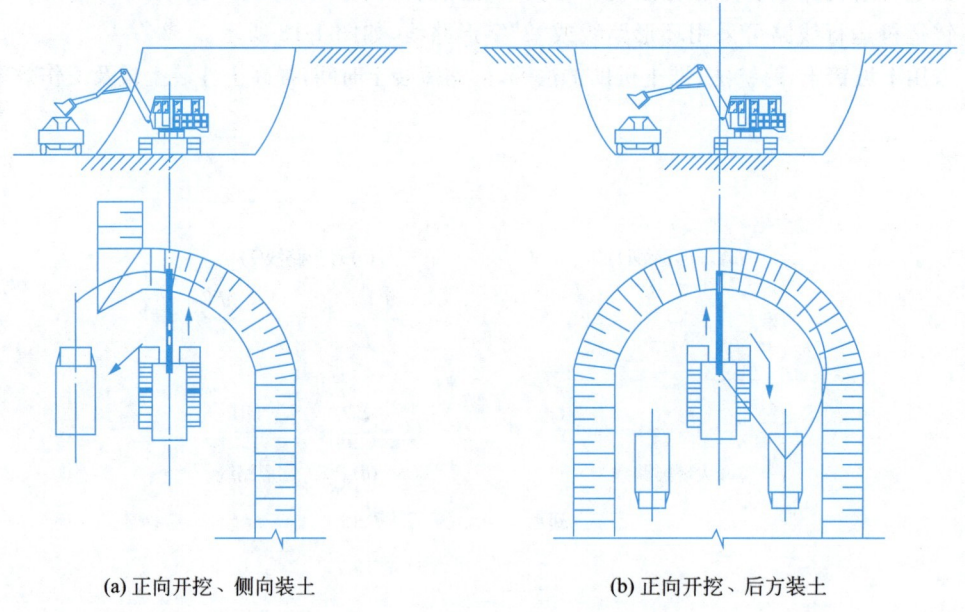

(a) 正向开挖、侧向装土　　(b) 正向开挖、后方装土

图 1-15 正铲挖土机的开挖方式

正铲挖土机的生产效率主要取决于每斗作业的循环延续时间。为了提高生产效率,除了工作面高度必须满足装满土斗的要求,还要考虑开挖方式和与运土机械的配合。应尽量减少回转角度,缩短每个循环的延续时间。

2. 反铲挖土机施工

反铲挖土机的挖土特点是后退向下,强制切土。

反铲挖土机适用于开挖一至三类的砂土或黏土,主要用于开挖停机面以下的土方。

一般反铲挖土机的最大挖土深度为 4~6m,经济合理的挖土深度为 3~5m。反铲挖土机也需要配备运土车进行运输。

反铲的开挖方式如下。

沟端开挖法,即反铲停于沟端,后退挖土,向沟一侧弃土或装汽车运走(图 1-16(a))。

沟侧开挖法,即反铲停于沟侧,沿沟边开挖,它可将土弃于距沟较远的地方,如装车则回转角度较小,缺点是不易控制边坡(图 1-16(b))。

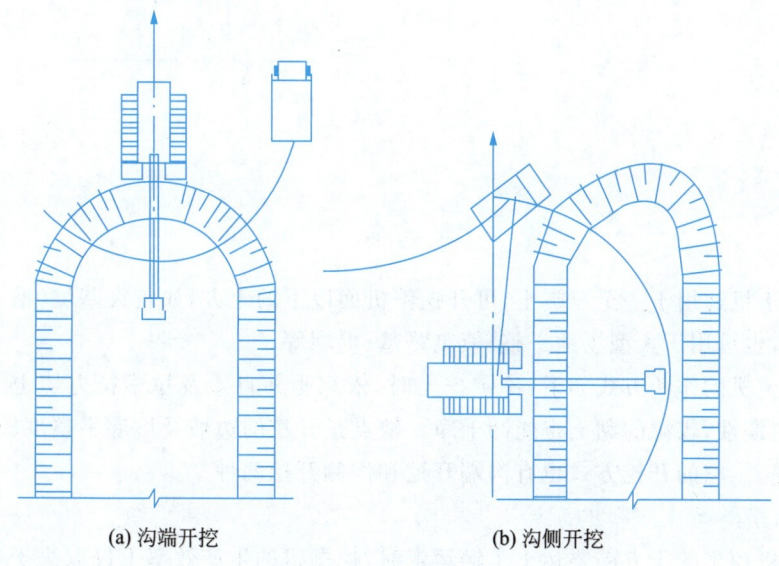

(a) 沟端开挖　　　　(b) 沟侧开挖

图 1-16　反铲挖土机的开挖方式

3. 抓铲挖土机施工

机械传动抓铲挖土机外形如图 1-17 所示,适用于开挖较松软的土。

该机械的挖土特点是直上直下、自重切土。其挖掘力较小,只能开挖停机面以下一至二类土。

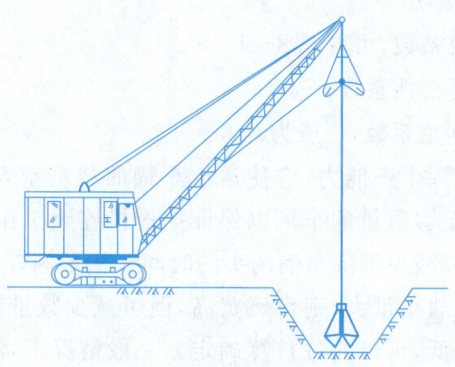

图 1-17　抓铲挖土机外形

对施工面狭窄且深的基坑、深槽、深井,采用抓铲挖土机可取得理想的效果。抓铲也适用于场地平整中的土堆与土丘的挖掘。抓铲还可用于挖取水中淤泥、装卸碎石、矿渣等松散材料。抓铲也可采用液压传动操纵抓斗作业。

4. 拉铲挖土机施工

拉铲挖土机的外形及工作状况如图 1-18 所示。

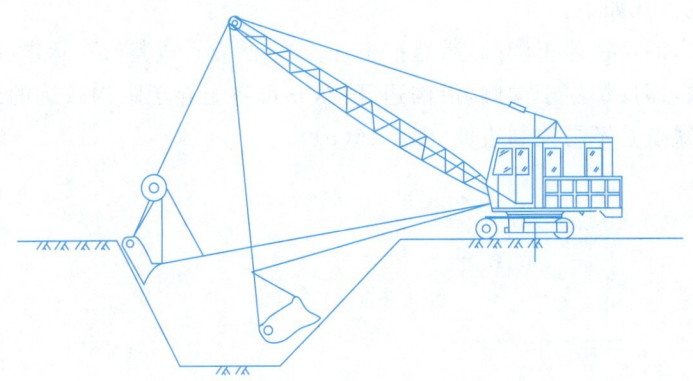

图 1-18 拉铲挖土机的外形及工作状况

拉铲挖土机适用于一至三类土,可开挖停机面以下的土方,如较大基坑(槽)和沟渠,挖取水下泥土,也可用于大型场地平整、填筑路基、堤坝等。

拉铲挖土机的作业方式如下:拉铲挖土时,依靠土斗自重及拉索拉力切土,卸土时,斗齿朝下,利用惯性,较湿的黏土也能卸干净。缺点是开挖的边坡及坑底平整度较差,需进行人工修坡(底)。它的开挖方式也有沟端开挖和沟侧开挖两种。

5. 挖掘机与运土车辆的配合

当挖掘机挖出的土方需要运土车辆运走时,挖掘机的生产效率不仅取决于本身的技术性能,还取决于所选的运输工具是否与之匹配。

由技术性能,可按下式计算挖掘机的生产效率 P:

$$P = \frac{8 \times 3600}{t} q \frac{K_c}{K_s} K_b (\mathrm{m}^3 / 台班) \tag{1-20}$$

式中 t——挖掘机每次作业循环延续时间,s;

q——挖掘机斗容量,m^3;

K_c——土斗的充盈系数,可取 0.8~1.1;

K_s——土的最初可松性系数;

K_b——工作时间利用系数,一般为 0.6~0.8。

为了使挖掘机充分发挥生产能力,应使运土车辆的载重量 Q 与挖掘机的每斗土重保持一定的倍率关系,并有足够数量的车辆以保证挖掘机连续工作。从挖掘机方面考虑,汽车的载重量越大越好,可以减少等待车辆调头的时间。从车辆方面考虑,载重量较小时,台班费便宜,但使用数量多;载重量大,则台班费高,但可减少数量。最适合的车辆载重量应当是使土方施工单价为最低,可以通过核算确定。一般情况下,汽车的载重量以每斗土重的 3~5 倍为宜。运土车辆的数量 N,可按下式计算:

$$N = \frac{T}{t_1 + t_2} \tag{1-21}$$

式中　T——运输车辆每一工作循环延续时间,s,由装车、运输、卸车、空车开回及等待时间组成;

　　　t_1——因运输车辆调头导致挖掘机等待的时间,s;

　　　t_2——运输车辆装满一车土的时间,s;

$$t_2 = nt \tag{1-22}$$

$$n = \frac{10Q}{q \dfrac{K_c}{K_s} \gamma} \tag{1-23}$$

式中　n——运土车辆每车装土次数;

　　　Q——运土车辆的载重量,t;

　　　q——挖掘机斗容量,m³;

　　　γ——土的重度,kN/m³。

为了减少车辆的调头、等待和装土时间,装土场地必须考虑调头方法及停车位置。如在坑边设置两个通道,使汽车不用调头从而缩短调头、等待时间。

1.4　土方填筑与压实

为了保证填方工程满足强度、变形和稳定性等方面的要求,既要正确选择填土的土料,又要合理选择填筑和压实方法。

1.4.1　土料的选择

填方土料应符合设计要求,保证填方的强度与稳定性,选择的填料应为强度高、压缩性小、水稳定性好、便于施工的土、石料。如设计无要求时,应符合下列规定。

(1) 级配良好的砂土或碎石土。

(2) 以砾石、卵石或块石作填料时,分层夯实时石块最大粒径不宜大于400mm;分层压实时石块最大粒径不宜大于200mm。

(3) 以粉质黏土、粉土作填料时,其含水量宜为最优含水量,可采用击实试验确定。

(4) 如采用工业废料作为填土,必须保证其性能的稳定性。

(5) 挖高填低或开山填沟的土料和石料,应符合设计要求。

(6) 不得使用淤泥、耕土、冻土、膨胀性土以及有机质含量大于5%的土。

填土应严格控制含水量,使土料的含水量接近土的最优含水量。施工前,应对土的含水量进行检验。当土的含水量过大,应采用翻松、晾晒、风干等方法降低含水量,或采用换土回填、均匀掺入干土或其他吸水材料、打石灰桩等措施;如含水量偏低,则可预先洒水湿润。含水量过大或过小的土均难以压实。

1.4.2 填土方法

填土前,应做好相关的准备工作,铺填料前,应清除或处理场地内填土层底面以下的耕土和软弱土层。在雨季、冬季进行压实填土施工时,应做好施工方案,采取防雨、防冻措施,防止填料受雨水淋湿或冻结,并应采取措施防止出现"橡皮"土。

填土可采用人工填土和机械填土。

人工填土一般用手推车运土,人工用锹、耙、锄等工具进行填筑,从最底部分开始由一端向另一端自下而上分层铺填。人工填土只适用于小型土方工程。

机械填土可用推土机、铲运机或自卸汽车进行。用自卸汽车填土,需用推土机推开推平。采用机械填土时,可利用行驶的机械进行部分压实工作。

压实填土的边坡允许值,应根据其厚度、填料性质等因素确定,可参考表1-4的取值。

表1-4 压实填土的边坡允许值

填料类别	压实系数 λ_c	边坡允许值(高宽比) 填土厚度 H(m)			
		$H \leqslant 5$	$5 < H \leqslant 10$	$10 < H \leqslant 15$	$15 < H \leqslant 20$
碎石、卵石	0.94~0.97	1:1.25	1:1.50	1:1.75	1:2.00
砂夹石(其中碎石、卵石占全重30%~50%)		1:1.25	1:1.50	1:1.75	1:2.00
土夹石(其中碎石、卵石占全重30%~50%)	0.94~0.97	1:1.25	1:1.50	1:1.75	1:2.00
粉质黏土、黏粒含量 $\rho_c \geqslant 10\%$ 的粉土		1:1.50	1:1.75	1:2.00	1:2.25

注:当压实填土厚度大于20m时,可设计成台阶进行压实填土的施工。

设置在斜坡上的压实填土应验算其稳定性。当天然地面坡度系数大于0.20时,应采取因压实填土可能沿坡面滑动的措施,并应避免雨水沿斜坡排泄。当压实填土阻碍原地表水畅通排泄时,应根据地形修筑雨水截水沟,或设置其他排水设施。设置在压实填土区的上、下水管道,应采取防渗、防漏措施。

填方施工结束后,应检查标高、边坡坡度、压实程度等。对基础下的地基土,压实后,应及时进行基础施工。

1.4.3 压实方法

填土的压实方法有碾压、夯实和振动压实等类型,如图1-19所示。

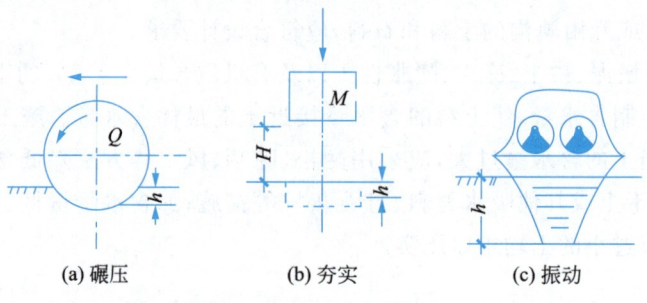

(a) 碾压 (b) 夯实 (c) 振动

图1-19 填土压实方法

1. 碾压法

碾压法适用于大面积填土工程。碾压机械有平碾(压路机)、羊足碾和气胎碾。羊足碾需要较大的牵引力,而且只能用于压实黏性土,因在砂土中碾压时,土的颗粒受到"羊足"较大的单位压力后会向四面移动,而使土的结构破坏;气胎碾在工作时是弹性体,给土的压力较均匀,填土质量较好;应用最普遍的是刚性平碾。利用运土工具碾压土壤,也可取得较大的密实度,但必须很好地组织土方施工,在运土过程中进行碾压。如果单独使用运土工具进行土壤压实工作,在经济上是不合理的,它的压实费用比平碾压实高。

2. 夯实法

夯实法主要用于小面积填土,可以夯实黏性土或非黏性土。夯实的优点是可以压实较厚的土层。夯实机械有夯锤、内燃夯土机和蛙式打夯机等。夯锤借助起重机提起并落下,其质量大于 1.5t,落距为 2.5~4.5m,夯土影响深度可超过 1m,常用于夯实湿陷性黄土、杂填土以及含有石块的填土。内燃夯土机作用深度为 0.4~0.7m,它和蛙式打夯机都是应用较广的夯实机械。人力夯土(木夯、石夯、飞碾等)方法已很少使用。

3. 振动压实法

振动压实法主要用于压实非黏性土,采用的机械主要是振动压路机、平板振动器等。

1.4.4 质量检查

填土压实应分层进行,填土的施工缝各层应错开搭接,在施工缝的搭接处,应适当增加压实遍数。

压实填土的质量通过压实系数控制,工程中可根据结构类型和压实填土所在部位按表 1-5~表 1-7 的数值确定。

表 1-5 压实填土的质量控制

结构类型	填土部位	压实系数 λ_c	控制含水量/%
砌体承重结构和框架结构	在地基主要受力层范围内	≥0.97	$w_{op} \pm 2$
	在地基主要受力层范围以下	≥0.95	
排架结构	在地基主要受力层范围内	≥0.96	
	在地基主要受力层范围以下	≥0.94	

注:1. w_{op} 为最优含水量。
2. 地坪垫层以下及基础底面标高以上的压实填土,压实系数不应小于 0.94。

表 1-6 公路土质路基压实度

填挖类别	路槽底面以下深度/cm	压实度/%
路堤	0~80	>93
	80 以下	>90
零填及路堑	0~30	>93

注:1. 表列压实度是按《公路土工试验规程》(JTG 3430—2020)重型击实试验求得最大干密度的压实度。对于铺筑中级或低级路面的三、四级公路路基,允许采用轻型击实试验求得最大干密度的压实度。
2. 高速公路、一级公路路堤槽底面以下 0~80cm 和零填及路堑 0~30cm 范围内的压实度应大于 95%。
3. 特殊干旱或特殊潮湿地区(指年降水量不足 100mm 或多于 2500mm),表内压实度数值可减少 2%~3%。

表 1-7 城市道路土质路基压实度

填挖深度	深度范围（路槽底算起）/cm	压实度/%		
		快速路及主干路	次干路	支路
填方	0~80	95/98	93/95	90/92
	80 以下	93/95	90/92	87/89
挖方	0~30	95/98	93/95	90/92

注：1. 表中数字，分子为重型击实标准的压实度，分母为轻型击实标准的压实度，两者均以相应击实试验求得的最大干密度为压实度的 100%。

2. 填方高度小于 80cm 及不填不挖路段，原地面以下 0~30cm 范围土的压实度不应低于表 1-7 所列挖方的要求。

压实系数（压实度）λ_c 为土的控制干密度与土的最大干密度之比，即

$$\lambda_c = \frac{\rho_d}{\rho_{dmax}} \tag{1-24}$$

可用环刀法或灌砂（灌水）法测定压实系数。用击实试验确定时，标准击实试验方法分为轻型标准和重型标准两种，两者的落锤质量、击实次数不同，即试件承受的单位压实功不同。压实度相同时，采用重型标准的压实要比轻型标准的压实高。道路工程中一般要求土基压实采用重型标准，确有困难时，可采用轻型标准。当填料为碎石或卵石时，其最大干密度可取 $2.0\sim2.2\text{t/m}^3$。

1.4.5 影响填土压实的因素

填土压实质量与许多因素有关，其中主要影响因素为压实功、土的含水量以及每层铺土厚度。

1. 压实功

填土压实后的重度与压实机械在其上所施加的功有一定的关系。压实后，土的重度与所耗的功的关系如图 1-20 所示。当土的含水量一定，在开始压实时，土的重度急剧增加，待接近土的最大重度时，虽然压实功增加较多，但土的重度则不再变化。实际施工中，应针对不同的土根据选择的压实机械和密实度要求选择合理的压实遍数。此外，松土不宜用重型碾压机械直接滚压，否则土层会产生强烈起伏现象，效率不高。先用轻碾，再用重碾压实，会获得较好的效果。

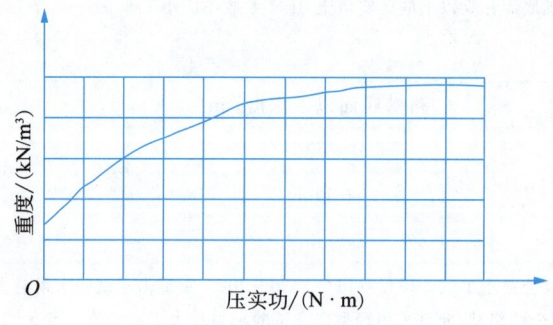

图 1-20 土的重度与压实功的关系

2. 含水量

在同一压实功条件下,填土的含水量对压实质量有直接的影响。较为干燥的土,由于土颗粒之间的摩阻力较大而不易压实。当土具有适当含水量时,水起到了润滑作用,土颗粒之间的摩阻力减小,从而易压实。每种土壤都有其最优含水量。土在最优含水量的条件下,使用同样的压实功进行压实,所得到的重度最大,如图 1-21 所示。各种土的最优含水量和所能获得的最大干重度可由击实试验获得。施工中,土的含水量与最优含水量之差可控制在 -4%~+2% 范围内。

3. 铺土厚度

土在压实功的作用下,压应力随深度增加而逐渐减小,如图 1-22 所示,其影响深度与压实机械、土的性质和含水量等有关。铺土厚度应小于压实机械压土时的有效作用深度,同时应考虑最优土层厚度。铺得过厚,需压很多遍才能达到规定的密实度;铺得过薄,则要增加机械的总压实遍数。最优的铺土厚度应能使土方压实而机械的功耗费最少。填土的铺土厚度及压实遍数可参考表 1-8 进行选择。

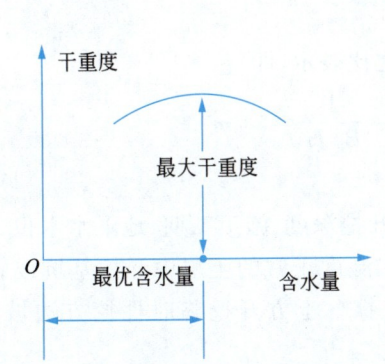
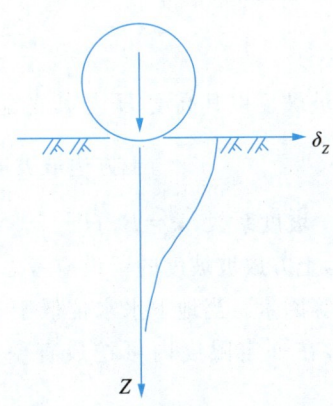

图 1-21 土的含水量对其压实质量的影响　　图 1-22 压实作用随深度的变化

表 1-8 填土施工时的分层厚度及压实遍数

压实机具	分层厚度/mm	每层压实遍数
平碾	250~300	6~8
振动压实机	250~350	3~4
柴油打夯机	200~250	3~4
人工打夯	<200	3~4

1.5 基坑边坡支护与降水

多层、高层建筑为增加基础的稳定和抗震性能,一般基础埋置较深,同时,为满足人防要求,充分利用地下空间,常设置单层或多层地下室。为此,基坑开挖的深度和面积都很大,往往会涉及边坡的稳定、基坑稳定、基坑支护、防止流砂、降低地下水位、土方开挖方案等一系列问题。

1.5.1 基坑边坡及其稳定性

1. 基坑土方边坡

土方开挖需要考虑边坡稳定性。边坡可做成直线形、折线形或踏步形(图1-23)。

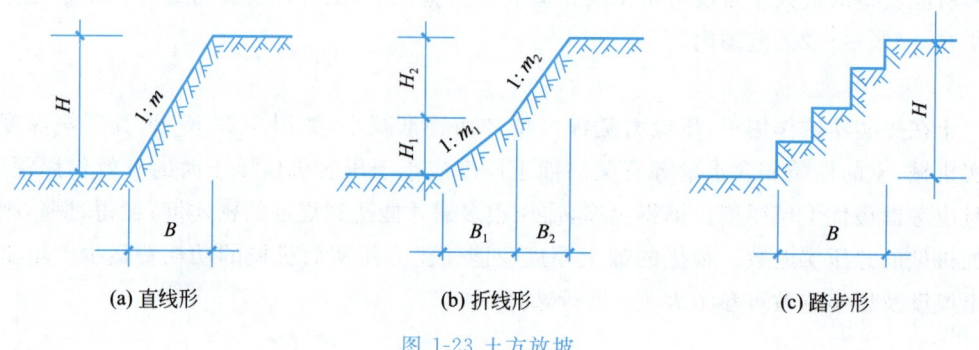

(a) 直线形　　(b) 折线形　　(c) 踏步形

图 1-23 土方放坡

土方边坡坡度以其高度 H 与其底宽度 B 之比表示,即

$$\text{土方边坡坡度} = \frac{H}{B} = \frac{1}{B/H} = 1:m \tag{1-25}$$

式中　m——坡度系数,$m = B/H$。

施工中,土方放坡坡度的留设应考虑土质、开挖深度、施工工期、地下水水位、坡顶荷载及气候条件等因素。当地下水水位低于基底,在湿度正常的土层中开挖基坑或管沟,如敞露时间不长,在一定限度内可挖成直壁不加支撑。土方开挖临时性挖方边坡值可参考表1-9。

表1-9　土方开挖临时性挖方边坡值

土的类别		边坡值(高∶宽)
砂土(不包括细砂、粉砂)		1∶1.25～1∶1.50
一般性黏土	硬	1∶0.75～1∶1.00
	硬、塑	1∶1～1∶1.25
	软	1∶1.5 或更缓
碎石类土	充填坚硬、硬塑黏性土	1∶0.50～1∶1.00
	充填砂土	1∶1.00～1∶1.50

注 1. 当设计有要求时,应符合设计标准。
　　2. 如采用降水或其他加固措施,可不受本表限制,但应计算复核。
　　3. 开挖深度,对软土不应超过4m,对硬土不应超过8m。

2. 影响边坡稳定的因素

施工中,除应正确确定边坡,还要进行护坡,以防止边坡发生滑动。土坡的滑动一般是指土方边坡在一定范围内整体沿某一滑动面向下和向外移动而丧失其稳定性。边坡失稳往往是在外界不利因素影响下触动和加剧的。这些外界不利因素会导致土体下滑力增加或抗剪强度降低。

土体下滑可使土体中产生剪应力。引起下滑力增加主要有以下因素：坡顶上堆物、行车等荷载过大；雨水或地面水渗入土中，使土的含水量增加，从而使土的自重增加；地下水渗流产生一定的动水压力；土体竖向裂缝中的积水产生侧向静水压力等。

引起土体抗剪强度降低的主要因素是气候的影响使土质松软；土体内含水量增加而产生润滑作用；饱和的细砂、粉砂受振动而液化等。

3. 边坡开挖措施

在土方施工中，要预估各种可能出现的情况，采取必要的措施护坡防坍，特别要注意及时排除雨水和地面水，防止坡顶集中堆载及振动。必要时，可采用钢丝网细石混凝土（或砂浆）加固护坡面层。如为永久性土方边坡，则应做好永久性加固措施。当土方工程挖方较深时，施工单位还应采取措施防止基坑底部土的隆起，并避免其危害周边环境。

在挖方前，应检查定位放线，做好地面排水和降低地下水位的工作，合理安排土方运输车的行走路线及弃土场。

开挖边坡时，应由上往下开挖，依次进行。弃土应分散处理，不得将弃土堆置在坡顶及坡面上。必须在坡顶或坡面上设置弃土转运站时，应进行坡体稳定性验算，严格控制堆栈的土方量。开挖边坡后，应立即对边坡进行防护处理。在施工过程中，应检查平面位置、水平标高、边坡坡度、压实度、排水及降低地下水位系统，并随时观测周围的环境变化。

土方开挖工程的质量检查主控项目是开挖基坑的标高、长度、宽度以及边坡，还应检查表面平整度、基底土性等。

1.5.2 基坑（槽）支护

1. 基坑（槽）工程分类

根据基坑（槽）支护结构周边环境条件，基坑工程分为三级，基坑支护结构设计应根据工程情况选用相应的安全等级。当重要工程或支护结构作为主体结构的一部分，或开挖深度大于 10m，或与邻近建筑物、重要设施的距离在开挖深度以内的基坑，以及基坑开挖影响范围内有历史文物、近代优秀建筑、重要管线等需严加保护的基坑属于一级基坑；当基坑开挖深度小于 7m，且周围环境无特别要求时的基坑属于三级基坑；除一级和三级外的基坑属于二级基坑。如果基坑周围已有的建筑、设施（如地铁、隧道、城市生命线工程等）有特殊要求时，还应符合特殊要求。

微课：支护结构构造

基坑（槽）土方工程必须确保支护结构安全和周围环境安全。当设计有指标时，以设计要求为依据，如无设计指标时应按表 1-10 的规定执行。

表 1-10 基坑变形的监控值　　　　　　　　　　　　　单位：mm

基坑类别	支护结构墙顶位移	支护结构墙体最大位移	地面最大沉降
一级基坑	30	50	30
二级基坑	60	80	60
三级基坑	80	100	100

2. 基槽支护结构形式

市政工程施工时,常需在地下铺设管沟,因此需开挖沟槽。开挖较窄的沟槽,多用横撑式土壁支撑。横撑式土壁支撑根据挡土板的不同,分为水平挡土板式(图 1-24(a))和垂直挡土板式(图 1-24(b))两类。水平挡土板的布置又分为间断式和连续式两种。湿度小的黏性土挖土深度小于 3m 时,可用间断式水平挡土板支撑;对松散、湿度较大的土,可用连续式水平挡土板支撑,挖土深度可达 5m。对松散和湿度较高的土,可用垂直挡土板式支撑,其挖土深度不限。

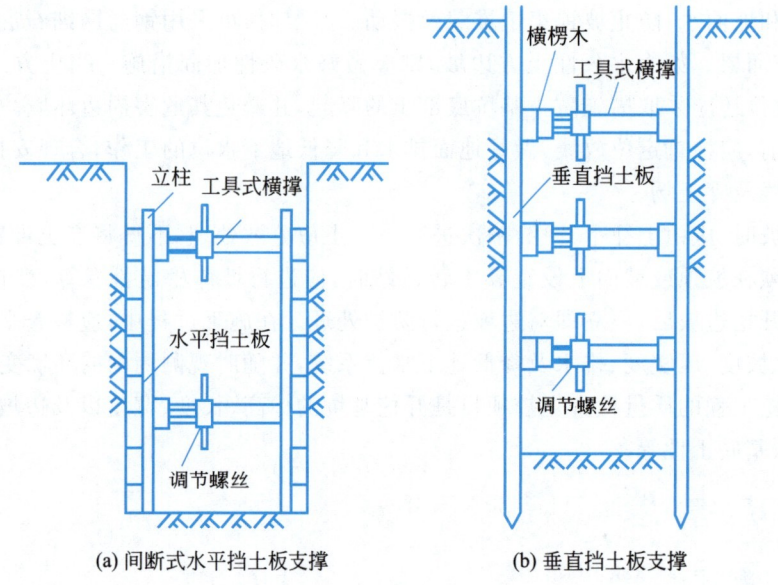

图 1-24　横撑式土壁支撑

挡土板、立柱及横撑的强度、变形及稳定等参数可根据实际布置情况进行结构计算。对较宽的沟槽不便采用横撑式支撑时,土壁支护可采用类似于基坑的支护方法。

3. 基坑支护结构形式

基坑支护结构一般根据地质条件、基坑开挖深度以及对周边环境保护要求可以采取重力式水泥土墙、板式支护结构、土钉墙等形式。

在支护结构的设计与施工中,首先要考虑对周边环境的保护,其次要满足本工程地下结构施工的要求,同时还应尽可能降低造价、便于施工。

水泥土桩墙(或称深层搅拌桩)支护结构是近年发展起来的一种重力式支护结构。它是通过搅拌桩机将水泥与土进行搅拌,形成柱状的水泥加固土(搅拌桩)。用于支护结构的水泥土,其水泥掺量通常为 12%～15%(单位土体的水泥掺量与土的质量之比),水泥土的强度可达 0.8～1.2MPa,其渗透系数很小,一般不大于 10^{-6} cm/s。由水泥土搅拌桩搭接而成的水泥土墙,既具有挡土作用,又有隔水作用,适用于 4～6m 深的基坑,最大可达 7～8m。

水泥土墙通常由水泥土搅拌桩组成格栅式,格栅的置换率(水泥土墙的总面积∶加固土的面积)为 0.6～0.8。墙体的宽度 B、插入深度 D 根据基坑开挖深度 h 确定,一般 $B=$

$(0.6\sim0.8)h$,$D=(0.8\sim1.2)h$,如图 1-25 所示。

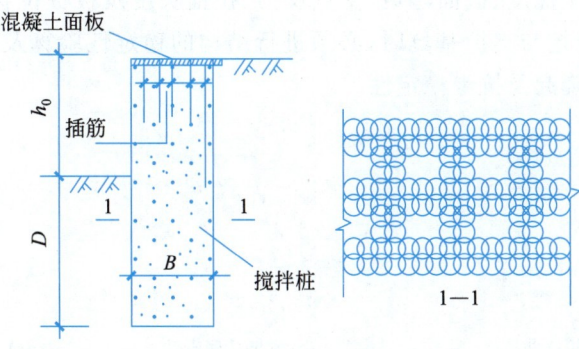

图 1-25　水泥土墙

板式支护结构由挡墙系统和锚撑系统两大系统组成,如图 1-26 所示。挡墙系统常见的形式有钢板桩、灌注桩排桩、SMW 工法、地下连续墙等。支撑一般采用大型钢管、H 型钢或格构式钢支撑,也可采用现浇钢筋混凝土支撑。拉锚的材料一般用钢筋、钢索、型钢或土锚杆。根据基坑开挖的深度及挡墙系统的截面性能可设置一道或多道支点,形成锚撑支护结构。支撑或拉锚与挡墙系统通过围檩、冠梁等连接成整体。基坑较浅,挡墙具有一定刚度时,可不设支点而采用悬臂式支护结构。

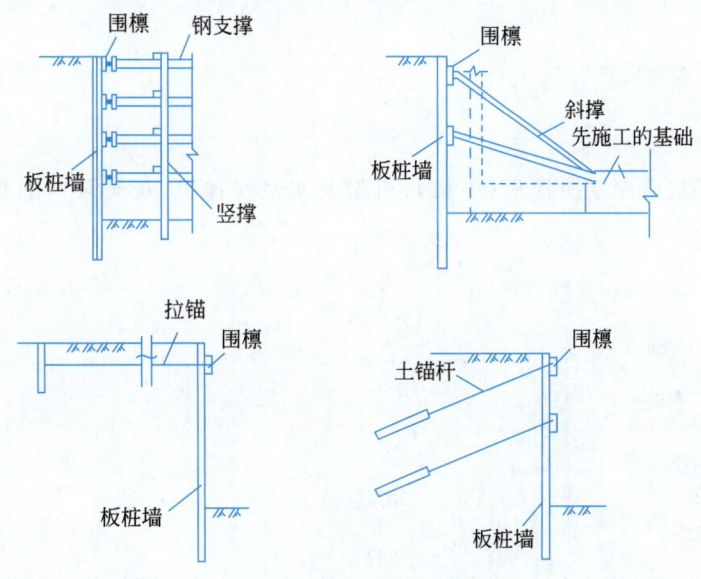

图 1-26　板式支护结构

4. 支护结构设计

支护结构的工程事故主要有以下几方面。

(1) 重力式支护结构破坏形式主要有倾覆、滑移、整体失稳、坑底隆起、管涌等。

(2) 非重力式支护结构(板式支护结)破坏形式有:①拉锚破坏或支撑压曲(图 1-27(a));②支护墙底部走动(桩墙入土不深)(图 1-27(b));③支护墙平面变形过大(图 1-27(c));④墙后

土体整体滑动失稳(图 1-27(d));⑤坑底隆起(图 1-27(e));⑥管涌(图 1-27(f))。

因此,板桩的入土深度、截面弯矩、支点反力、拉锚长度及板桩位移称为板式支护结构的设计五大要素。开挖与支护基坑时,必须进行结构的稳定性验算及内力计算。此外,根据情况,还应验算抗隆起及抗渗稳定性。

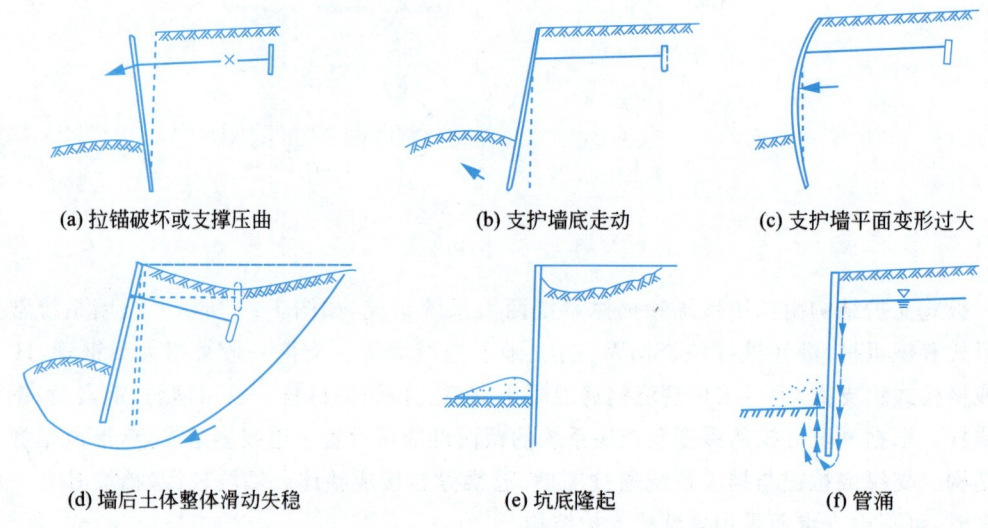

图 1-27 板桩工程事故的主要形式

1.5.3 基坑支护施工

1. 水泥土搅拌桩机械施工

深层搅拌桩机由深层搅拌机(主机)、机架及灰浆搅拌机、灰浆泵等配套机械组成,如图 1-28 所示。

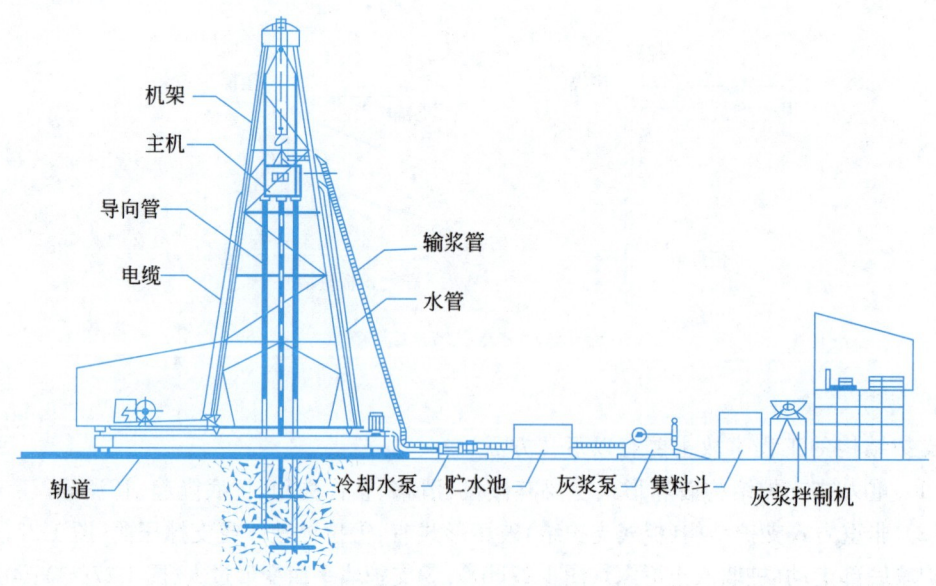

图 1-28 深层搅拌桩机机组

深层搅拌桩机常用的机架有三种形式,包括塔架式、桅杆式及履带式,前两种构造简便、易于加工,在我国应用较多,但其搭设及行走较困难。履带式搅拌桩机机械化程度高,塔架高度高,钻进深度深,但机械费用较高。图1-28所示为塔架式机架。

搅拌桩成桩工艺可采用"一次喷浆、二次搅拌"或"二次喷浆、三次搅拌"工艺,主要依据水泥掺入比及土质情况而定。水泥掺量较小,土质较松时,可用前者,反之可用后者。

"一次喷浆、二次搅拌"的施工工艺流程如图1-29所示。"二次喷浆、三次搅拌"的工艺是在图1-29步骤⑤作业时也进行注浆,以后再重复步骤④和⑤。

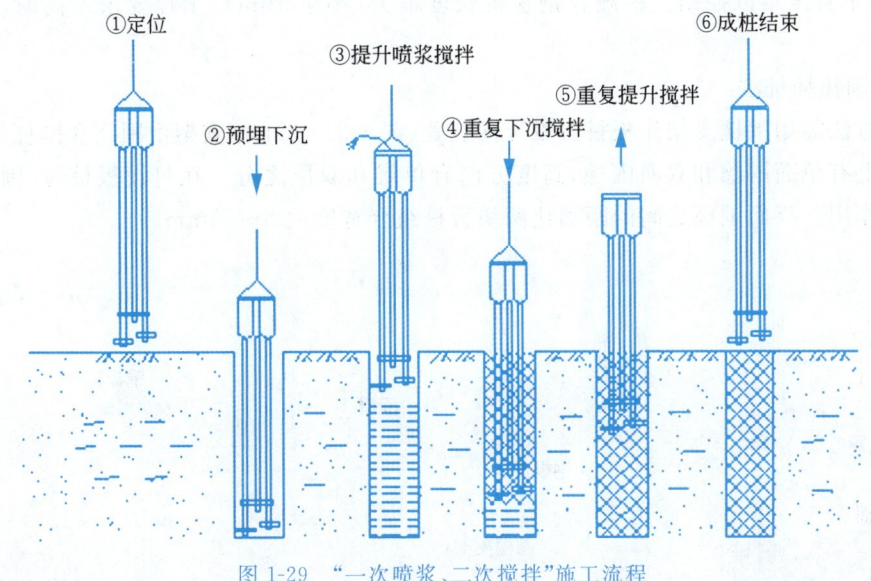

图1-29 "一次喷浆、二次搅拌"施工流程

质量要求如下:在水泥土搅拌桩施工中,应注意水泥浆配合比和搅拌制度、水泥浆喷射速率与提升速度的关系及每根桩的水泥浆喷注量,以保证注浆的均匀性与桩身强度。施工中,还应注意控制桩的垂直度以及桩的搭接等,以保证水泥土墙的整体性与抗渗性。

2. 钢板桩施工

钢板桩有平板形和波浪形两种,如图1-30所示。钢板桩之间通过锁口互相连接,形成一道连续的挡墙。由于锁扣的连接,钢板桩连接牢固,形成整体,具有较好的隔水性能。钢板桩截面积小,易于打入。U形、Z形等波浪式钢板桩截面抗弯能力较好。钢板桩在基础施工完毕后,还可拔出重复使用。

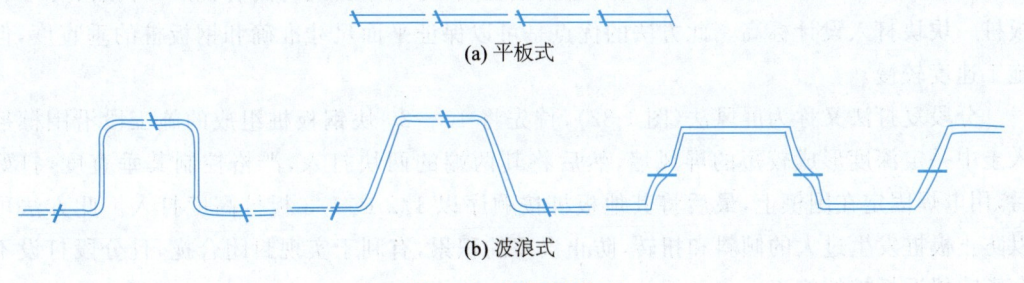

图1-30 钢板桩形式

板桩施工时,要正确选择打桩方法、打桩机械和流水段划分,保证打设后的板桩墙有足够的刚度和良好的防水作用,且板桩墙面平直,以满足基础施工的要求。对封闭式板桩墙,还要求封闭合拢。

对于钢板桩,通常有以下两种打桩方法。

1) 单独打入法

此方法是从一个角开始逐块插打,每块钢板桩自起打到结束中途不停顿。因此,桩机行走路线短,施工简便,打设速度快。但是,由于单块打入,易向一边倾斜,累计误差不易纠正,墙面平直度难以控制。一般在钢板桩长度不大(小于10m)、工程要求不高时,采用此方法。

2) 围檩插桩法

此方法需用围檩支架作板桩打设导向装置(图1-31)。围檩支架由围檩和围檩桩组成,在平面上有单面围檩和双面围檩,高度方向有单层和双层之分。在打设板桩时,围檩支架起导向作用。双面围檩之间的距离比两块板桩组合宽度大8~15mm。

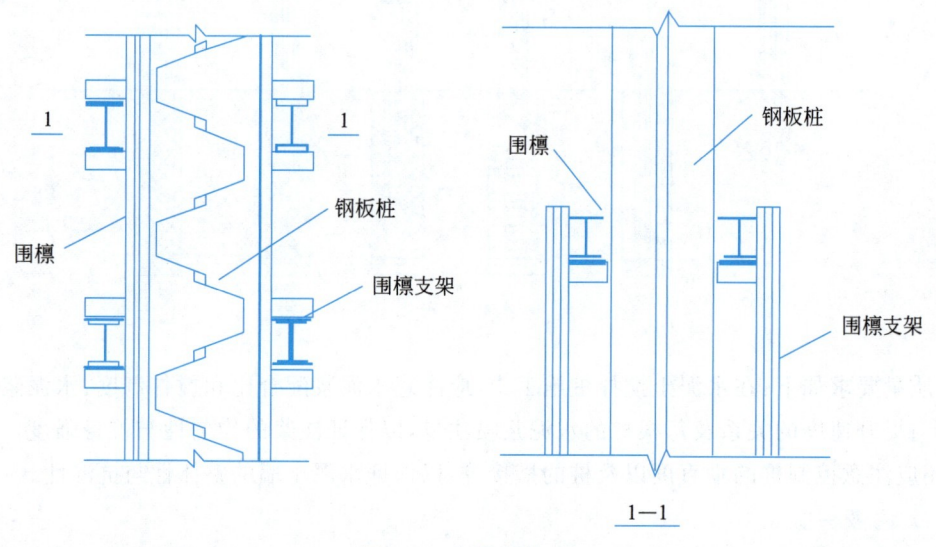

图1-31 围檩插桩法

在围檩插桩法施工中,可以采用封闭打入法和分段复打法。

封闭打入法是先在地面离板桩墙轴线一定距离筑起双层围檩支架,而后将钢板桩依次在双层围檩中全部插好,成为一个高大的钢板桩墙,待四角实现封闭合拢后,再按阶梯形将板桩一块块打入设计标高。此方法的优点是可以保证平面尺寸准确和钢板桩的垂直度,但施工速度较慢。

分段复打法又称为屏风法(图1-32),首先将10~20块钢板桩组成的施工段沿围檩插入土中一定深度形成较短的屏风墙,然后将其两端的两块打入,严格控制其垂直度,打好后,用电焊固定在围檩上,最后将其他板桩按顺序以1/2或1/3板桩高度打入。此方法可以防止板桩发生过大的倾斜和扭转,防止误差的积累,有利于实现封闭合拢,且分段打设不会影响邻近板桩的施工。

打桩锤根据板桩打入阻力确定,该阻力包括板桩端部阻力、侧面摩阻力和锁口阻力。桩锤不宜过重,以防因过大锤击而产生板桩顶部纵向弯曲,一般情况下,桩锤质量约为钢板桩质量的两倍。此外,选择桩锤时,还应考虑锤体外形尺寸,其宽度不能大于组合打入板桩块数的宽度之和。

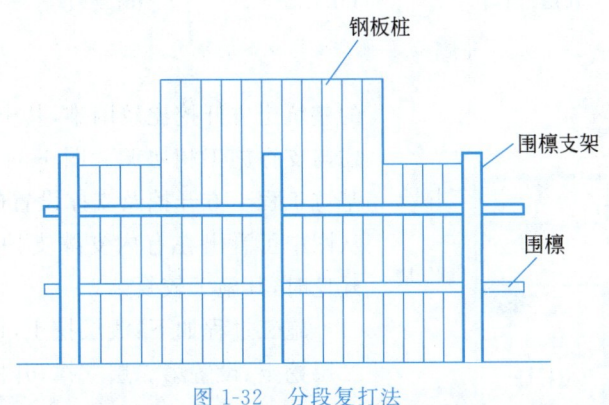

图 1-32　分段复打法

地下工程施工结束后,一般都要拔出钢板桩以便重复使用。拔出钢板桩时,要正确选择拔出方法与拔出顺序。由于板桩拔出时带土,往往会引起土体变形,对周围的环境造成危害,所以必要时应采取注浆填充等方法减小危害。

1.5.4　基坑土方开挖

基坑工程开挖常用的方法有直接分层开挖、内支撑分层开挖、盆式开挖、岛式开挖及逆作法开挖等,工程中可根据具体条件选用。在无内支撑的基坑中,土方开挖应遵循"土方分层开挖、垫层随挖随浇"的原则;在有支撑的基坑,应遵循"开槽支撑、先撑后挖、分层开挖、严禁超挖"的原则,垫层也应随挖随浇。此外,土方开挖的顺序、方法必须与设

微课:基坑
工程监测

计工况一致。开挖基坑(槽)土方时,应对支护结构、周围环境进行观察和监测,如出现异常情况,应及时处理,待恢复正常后方可继续施工。

1. 直接分层开挖

直接分层开挖包括放坡开挖及无支撑的基坑开挖。放坡开挖适用于基坑四周空旷、有足够的放坡场地,周围没有建筑设施或地下管线的情况。在软弱地基条件下,不宜挖深过大,一般控制在 6～7m,在坚硬土中则不受此限制。

放坡开挖施工方便,挖土机作业时没有障碍,工效高,可根据设计要求分层开挖,或一次挖至坑底;基坑开挖后,主体结构施工作业空间大,施工工期短。

无内支撑支护可分为悬臂式(图 1-33(a))、拉锚式(图 1-33(b)、(c))、重力式(图 1-33(d))、土钉墙(图 1-33(e))等类型。无内支撑支护的土壁可垂直向下开挖,因此,不需要在基坑边留出很大的场地,便于在基坑边较狭小、土质较差的条件下施工。同时,在地下结构完成后,其坑边回填土方工作量较小。

2. 有内支撑支护的基坑开挖

在基坑较深、土质较差的情况下,一般支护结构需在基坑内设置支撑。有内支撑支护

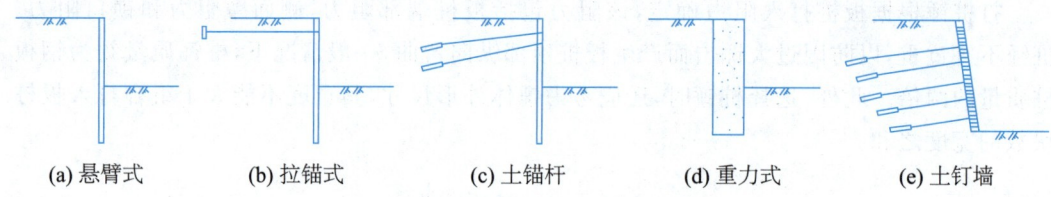

(a) 悬臂式　　(b) 拉锚式　　(c) 土锚杆　　(d) 重力式　　(e) 土钉墙

图 1-33　无内支撑支护的基坑开挖

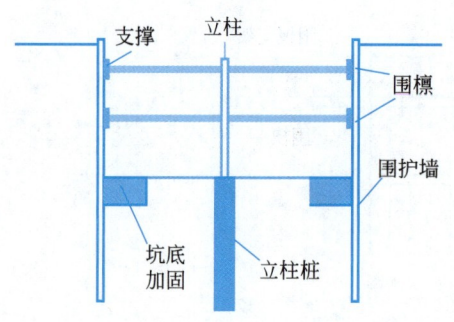

图 1-34　有内支撑支护的基坑土方开挖

的基坑土方开挖比较困难,其土方分层开挖主要考虑与支撑施工相协调。图 1-34 是一个两道支撑的基坑工程土方开挖及支撑设置的施工过程示意图,从图中可看出在有内支撑支护的基坑中进行土方开挖时,其施工较复杂。

施工过程如下:浅层挖土,设置第一层支撑;第二层挖土、设置第二层支撑;开挖第三层土。

3. 盆式开挖

盆式开挖适用于基坑面积大、支撑或拉锚作业困难且无法放坡的基坑。它的开挖过程是先开挖基坑中央部分,形成盆式(图 1-35(a)),此时可利用留位的土坡保证支护结构的稳定,土坡相当于"土支撑"。随后施工中央区域内的基础底板及地下室结构(图 1-35(b)),形成"中心岛"。在地下室结构达到一定强度后开挖留坡部位的土方,并按"随挖随撑,先撑后挖"的原则,在支护结构与"中心岛"之间设置支撑(图 1-35(c)),最后施工边缘部位的地下室结构(图 1-35(d))。盆式开挖方法支撑用量小、费用低、盆式部位土方开挖方便,这在基坑面积很大的情况下可显出其优越性,因而适用于大面积基坑施工中。但这种施工方法需对地下结构设置后浇带,或在施工中留设施工缝,将地下结构分两阶段施工,因此对结构整体性及防水性有一定的影响。

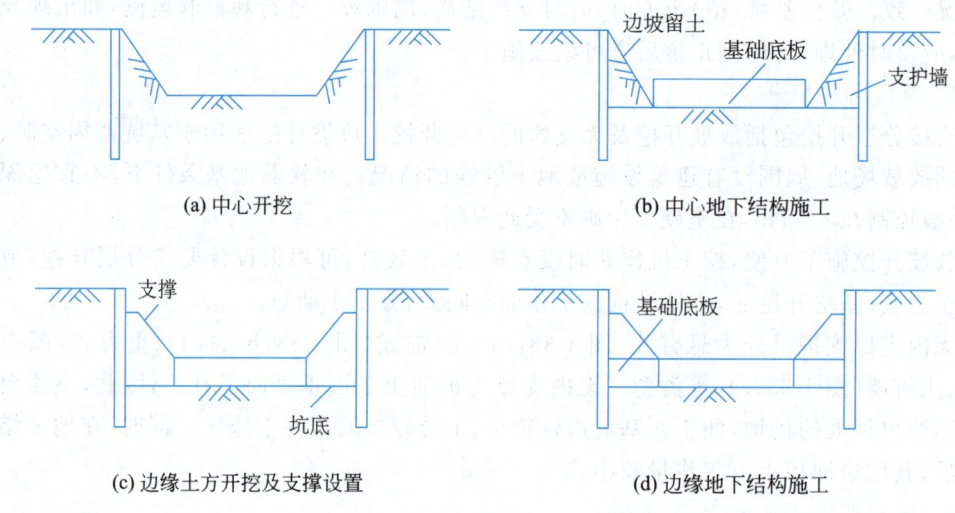

(a) 中心开挖　　　　　　　　　(b) 中心地下结构施工

(c) 边缘土方开挖及支撑设置　　(d) 边缘地下结构施工

图 1-35　盆式开挖

4. 岛式开挖

当基坑面积较大,而且地下室底板设计有后浇带或可以留设施工缝时,还可采用岛式开挖的方法,如图 1-36 所示。

这种方法与盆式开挖类似,但先开挖边缘部分的土方,将基坑中央的土方暂时留置,该土方具有反压作用,可有效防止坑底土的隆起,有利支护结构的稳定。必要时,还可以在留土区与挡土墙之间架设支撑。在边缘土方开挖到基底以后,先浇筑该区域的底板,以形成底部支撑,再开挖中央部分的土方。

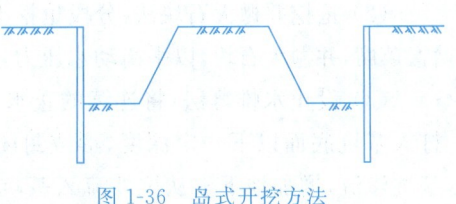

图 1-36　岛式开挖方法

1.5.5　基坑排水

在基坑开挖过程中,当基底低于地下水位时,由于土的含水层被切断,地下水会不断渗入坑内。雨期施工时,地面水也会不断流入坑内。如果不采取排水措施,把流入基坑内的水及时排走或把地下水位降低,不仅会使施工条件恶化,而且地基土被水泡软后,容易造成边坡塌方,并使地基的承载力下降。另外,当基坑下遇有承压含水层时,若不降水减压,则基底可能被冲溃破坏。因此,为了保证工程质量和施工安全,在基坑开挖前或开挖过程中,必须采取相应措施控制地下水位,使地基土在开挖及基础施工时保持干燥。

1. 动水压力与流砂

1) 流砂成因

基坑挖土至地下水位以下,当土质为细砂、粉砂、粉土的情况下,往往会出现一种称为"流砂"的现象,即土颗粒不断地从基坑边或基坑底部冒出的现象。

一旦出现流砂,土体边挖边冒流砂,土完全丧失承载力,致使施工条件恶化,基坑难以挖到设计深度,严重时还会引起基坑边坡塌方,邻近建筑也会因地基被掏空而出现开裂、下沉、倾斜甚至倒塌的情况。

动水压力是指水在土中渗流所产生的对土壤颗粒的冲击力,用 G_D 表示。动水压力的大小与水力坡度成正比,即水位差越大,渗透路径越短,则动水压力越大。

流砂产生的原因分为内因和外因。内因取决于土壤的性质,当土的孔隙率大、含水量高、黏粒含量少,粉粒含量多时,均易产生流砂现象,流砂现象经常发生在粉砂、细砂和粉土层中;外因是当动水压力超过土壤颗粒浮重度或有效重度(r')时,土壤颗粒就会被浮起,像水一样涌入基坑,从而产生流砂,即 $G_D = r_w I \geqslant r'$,I 为水力梯度,为水头差与水流路径的比值。

2) 防治方法

在细砂、粉砂、粉土层中,流砂的产生主要取决于动水压力的大小和方向。当动水压力方向向上且足够大时,土颗粒被带出而形成流砂;动水压力方向向下时,如发生土颗粒的流动,其方向向下,使土体更加稳定。因此,在基坑开挖中,防治流砂应从"治水"着手。

防治流砂的基本原则是减少或平衡动水压力;设法使动水压力方向向下;截断地下水流。其具体措施如下。

(1) 枯水期施工法:枯水期地下水位较低,基坑内外水位差小,动水压力小,不易产生流砂。

(2) 抢挖并抛大石块法:分段抢挖土方,使挖土速度超过冒砂速度,在挖至标高后立即铺竹、芦席,并抛大石块,以平衡动水压力,将流砂压住。此方法适用于治理局部或轻微的流砂。

(3) 设止水帷幕法:将连续的止水支护结构(如连续板桩、深层搅拌桩、密排灌注桩等)打入基坑底面以下一定深度,形成封闭的止水帷幕,从而使地下水只能从支护结构下端向基坑渗流,增加地下水从坑外流入基坑内的渗流路径,减小水力坡度,从而减小动水压力,防止流砂产生。

(4) 冻结法:将出现流砂区域的土进行冻结,阻止地下水的渗流,以防止流砂发生。

(5) 人工降低地下水位法:采用井点降水法(如轻型井点、管井井点、喷射井点等),使地下水位降低至基坑底面以下,地下水的渗流向下,则动水压力的方向也向下,水不能渗流入基坑内,从而有效地防止流砂的发生。此方法应用广泛,且较可靠。

2. 集水井降水法

集水井降水法一般适用于降水深度较小且土层为粗粒土层或渗水量较小的黏性土层。当基坑开挖较深,采用刚性土壁支护结构挡土,并形成止水帷幕时,基坑内降水也多采用集水井降水法。在井点降水仍有局部区域降水深度不足时,也可辅以集水井降水。

微课:基坑明排水

采用集水井降低地下水位时,坑下的土有时会变为流动状态,随着地下水流入基坑,进而形成流砂。因此,如降水深度较大,或土层为细砂、粉砂或在软土地区,采用集水井降水应注意防止产生流砂,必要时应采用井点降水法。无论采用何种降水方法,均应持续到基础施工完毕,且土方回填后方可停止降水。

集水坑的直径或宽度一般为 0.6~0.8m,其深度随着挖土的加深而加深,并保持集水井底低于排水沟底 0.5m 以上。坑壁可用砖垒筑,也可用竹筐、木板、钢筋笼等简易加固,并铺设 0.3m 厚的碎石滤水层,或采用双层滤水层(下部砾石约 0.1m 厚、上部粗砂约 0.1m 厚),以免由于抽水时间过长而将泥砂抽出,并防止坑底土被扰动。四周排水沟和集水井应设置在基础边线 0.4m 以外,并应处于地下水流的上游。集水井间距一般每隔 20~40m 设置一个。排水沟底纵向坡度一般不小于 0.3%。

集水井一般在基坑或沟槽开挖后设置,土方开挖到坑(槽)底后,先沿坑底的周围或中央开挖排水沟,并设置集水井。土方开挖后,地下水在重力作用下经排水沟流入集水井内,然后用水泵抽出坑外。如果开挖深度较大,地下水渗流严重,则应逐层开挖、逐层设置(图 1-37)。

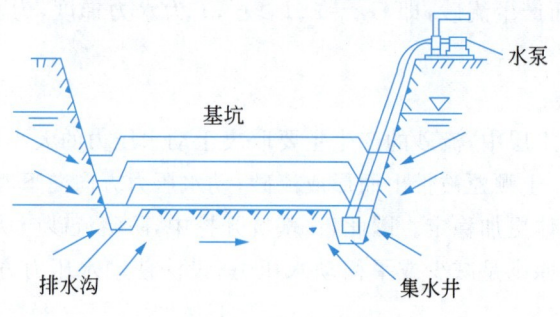

图 1-37 集水井降水

3. 井点降水法

井点降水就是在基坑开挖前,预先在基坑四周埋设一定数量的滤水管(井点管)。在基坑开挖前和开挖过程中,利用真空原理,不断抽出地下水,使地下水位降低到坑底以下。

微课:井点降水

井点降水的作用主要有以下几个方面:
(1) 防止地下水涌入坑内(图 1-38(a));
(2) 防止边坡由于地下水的渗流而引起塌方(图 1-38(b));
(3) 使坑底的土层消除了地下水位差引起的压力,可防止坑底的管涌(图 1-38(c));
(4) 降水后,使板桩减小横向荷载(图 1-38(d));
(5) 消除了地下水的渗流,防止流砂现象(图 1-38(e));
(6) 降低地下水位后,还能使土壤固结,增加地基土的承载能力。

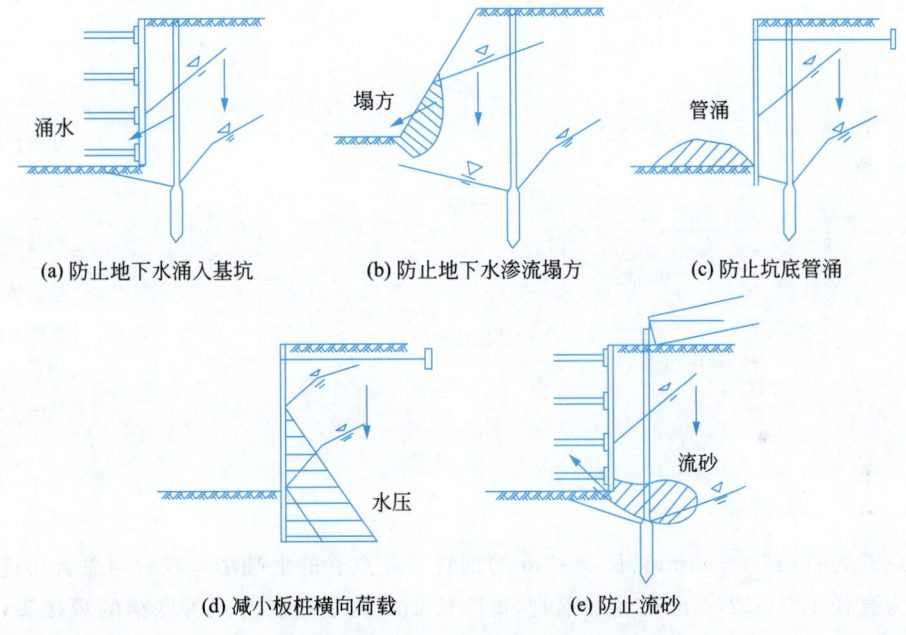

图 1-38 井点降水的作用

降水井点有轻型井点和管井两大类。一般根据土的渗透系数、降水深度、设备条件及经济比较等因素确定,可参照表 1-11 进行选择。各种降水井点中轻型井点应用最为广泛,下面重点介绍这种降水井点。

(1) 轻型井点降水设备组成。轻型井点降水设备(图 1-39)由管路系统和抽水设备组成。管路系统包括滤管、井点管、弯联管及集水总管。

图 1-40 所示滤管为进水设备,通常采用长 1.0～1.5m、直径 38～55mm 的无缝钢管,管壁钻有直径为 12～18mm、成梅花形排列的滤孔,管壁外包两层滤网,内层为 30～50 孔/cm^2 的黄铜丝或尼龙丝布的细滤网,外层为 3～10 孔/cm^2 的粗滤网或棕皮。为使流水畅通,在骨架管与滤网之间用塑料管或梯形铅丝隔开,塑料管沿骨架绕成螺旋形。滤网外面再绕一层粗铁丝保护网。滤管下端为一铸铁塞头。滤管上端与井点管连接。

表 1-11 各种井点的适用范围

降水类型	适用范围	
	土的渗透系数/(cm/s)	可能降低的水位深度/m
一级轻型井点	$10^{-5} \sim 10^{-2}$	3~6
多级轻型井点	$10^{-5} \sim 10^{-2}$	6~12
喷射井点	$10^{-6} \sim 10^{-3}$	8~20
电渗井点	$<10^{-6}$	宜配合其他形式降水使用
深井井管	$\geqslant 10^{-5}$	>10

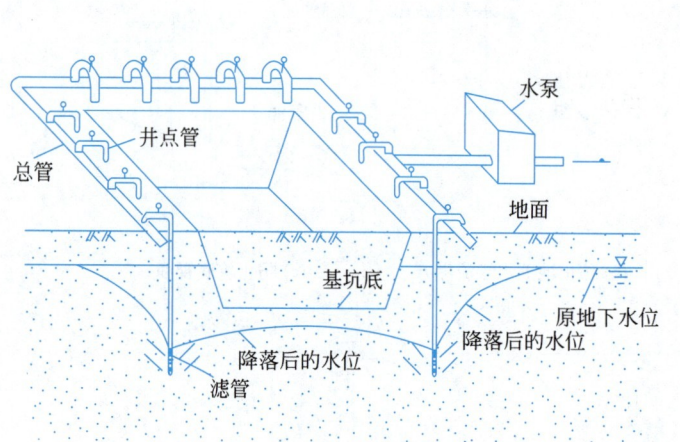

图 1-39 轻型井点降水设备

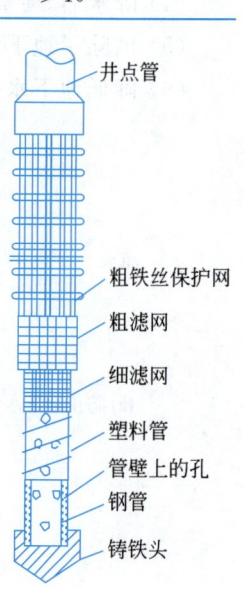

图 1-40 滤管构造

井点管为直径 38~55mm、长 5~7m 的钢管。井点管的上端用弯联管与总管相连。集水总管为直径 100~127mm 的无缝钢管,每段长 4m,其上端有井点管联结的短接头,间距为 0.8m、1.2m、1.6m、2.0m。

常用的抽水设备有干式真空泵、射流泵等。干式真空泵是由真空泵、离心泵和水气分离器(又称集水箱)等组成,其工作原理如图 1-41 所示。抽水时,先开动真空泵,将水气分离器内部抽成一定程度的真空,使土中的水分和空气受真空吸力作用而吸出,并进入水气分离器。当进入水气分离器内的水达一定高度时,即可开动离心泵。在水气分离器内,水和空气向两个方向流去:水经离心泵排出;空气集中在上部由真空泵排出,少量从空气中带来的水从放水口放出。

一套抽水设备的负荷长度(即集水总管长度)为 100m 左右。常用的 W5、W6 型干式真空泵,其最大负荷长度分别为 80m 和 100m,有效负荷长度为 60m 和 80m。

(2)轻型井点平面布置设计。根据基坑(槽)形状,轻型井点可采用单排布置(图 1-42(a))、双排布置(图 1-42(b))、环形布置(图 1-42(c)),当土方施工机械需进出基坑时,也可采用 U 形布置(图 1-42(d))。

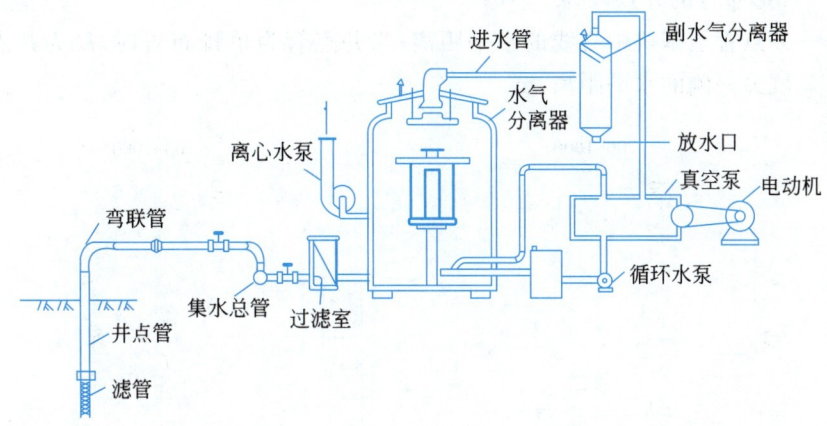

图 1-41 干式真空泵工作原理

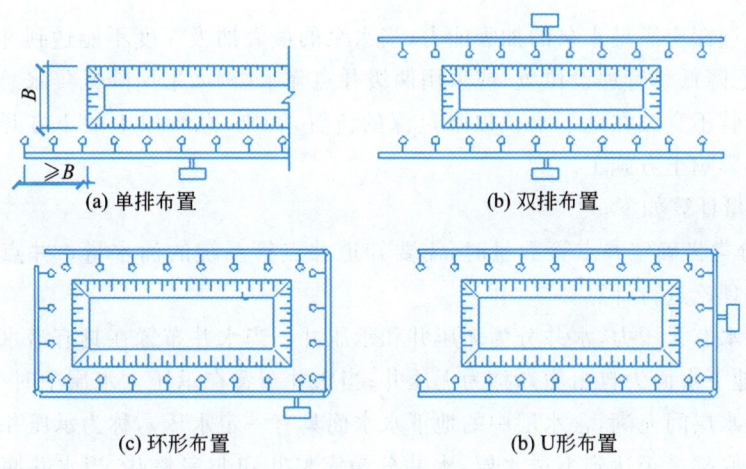

图 1-42 井点的平面布置

单排布置适用于基坑、槽宽度小于 6m,且降水深度不超过 5m 的情况。井点管应布置在地下水的上游一侧,两端的延伸长度不宜小于坑槽的宽度。

双排布置适用于基坑宽度大于 6m 或土质不良的情况。

环形布置适用于大面积基坑,如采用 U 形布置,则井点管不封闭的一段应在地下水的下游方向。

(3) 轻型井点高程布置。高程布置需确定井点管埋深,即滤管上口至总管埋设面的距离,主要考虑降低后的水位应控制在基坑底面标高以下,保证坑底干燥,如图 1-43 所示。高程布置可按式(1-27)计算:

$$h \geqslant h_1 + \Delta h + iL \tag{1-26}$$

式中 h——井点管埋深,m;

h_1——总管埋设面至基底的距离,m;

Δh——基底至降低后的地下水位线的距离,m,一般为 0.5~1.0m;

i——水力坡度,单排布置的井点,i 取 1/4~1/5;双排布置的井点,i 取 1/7;U 形或环形布置的井点，i 取 $1/10$；

L——井点管至基坑中心线的水平距离；当井点管为单排布置时，L 为井点管至基坑另一侧的水平距离，m。

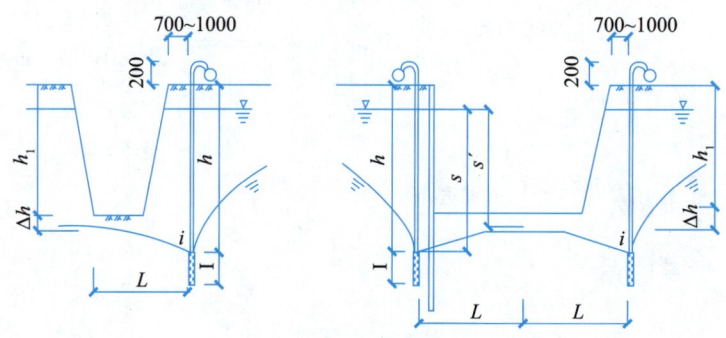

图 1-43　井点高程布置计算

井点管的埋深应满足水泵的抽吸能力，当水泵的最大抽吸深度不能达到井点管的埋置深度时，应考虑降低总管埋设位置，或采用两级井点降水，例如采用降低集水总管布置高度的方法。但总管不宜放在地下水位以下过深的位置，否则，总管以上的土方开挖会因为发生涌水现象而影响土方施工。

(4) 涌水量计算如下。

① 水井分类。确定井点管数量时，需要知道井点管系统的涌水量。井点管系统的涌水量根据水井理论进行计算。

根据地下水有无压力，水井分为无压井和承压井。当水井布置在具有潜水自由面的含水层中时（即地下水面为自由面），称为无压井；当水井布置在承压含水层中时（含水层中的水在两层不透水层间充满，含水层中的地下水水面具有一定水压），称为承压井。

根据水井底部是否达到不透水层，水井分为完整井和非完整井，当水井底部达到不透水层时称为完整井，否则称为非完整井。

因此，井分为无压完整井、无压非完整井、承压完整井、承压非完整井四大类，如图 1-44 所示。各类井的涌水量计算方法都不同，在实际工程中，应分清水井类型，进而采用相应的计算方法。下面分析无压完整井的涌水量计算问题。

② 水井涌水量计算。以无压完整井为例，计算群井涌水量。

目前有关水井的计算方法都是以法国水利学家裘布依（Dupuit）的水井理论为基础的。裘布依理论对无压完整井的基本假定如下：在抽水影响半径内，从含水层的顶面到底部任意点的水力坡度是一个恒值，并等于该点水面处的斜率；抽水前地下水是静止的，含水层是均质水平的；地下水为稳定流（不随时间变化）。

当均匀地在井内抽水时，井内水位开始下降。经过一定时间的抽水，井周围的水面由水平变成降低后的弯曲水面，最后该曲线渐趋稳定，成为向井边倾斜的水位降落漏斗。图 1-45 所示为无压完整井抽水时的水位变化情况。在纵剖面上，流线是一系列曲线；在横剖面上，水流的过水断面与流线垂直。

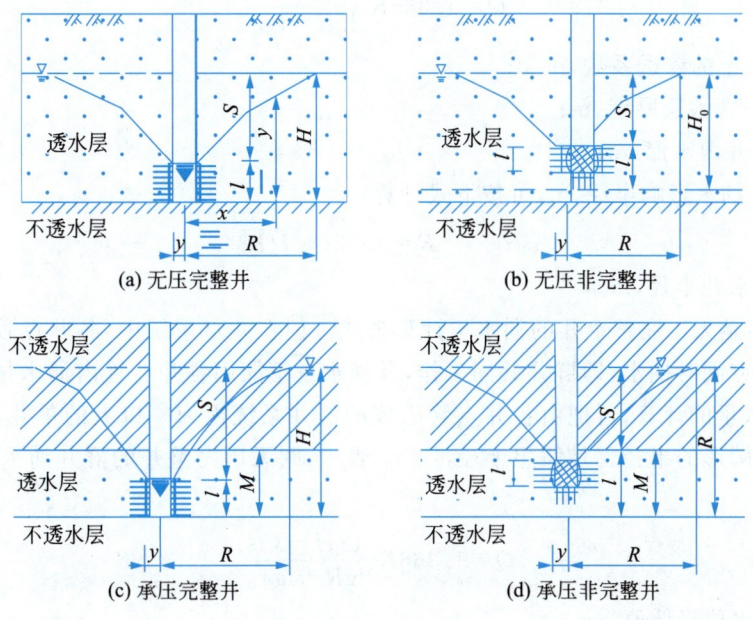

图 1-44 水井的分类

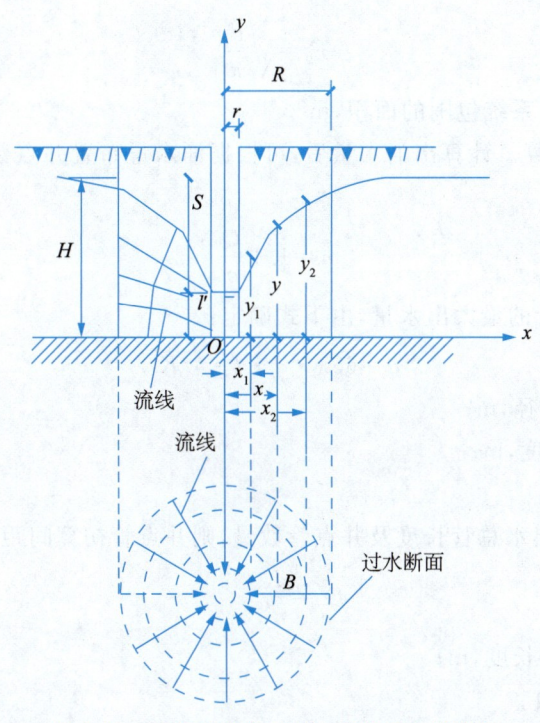

图 1-45 无压完整井(单井)涌水量计算简图

由此可建立单井涌水量的裘布依微分方程,最终可解出无压完整井单井涌水量 Q,计算公式如下:

$$Q = 1.366K \frac{H^2 - h^2}{\lg R - \lg r} \tag{1-27}$$

式中 K——土的渗透系数，m/d；

H——含水层厚度，m；

h——井内水深，m；

R——抽水影响半径，m，可按下式计算：

$$R = 1.95s\sqrt{HK} \tag{1-28}$$

r——水井半径，m。

式(1-27)是无压完整单井的涌水量计算公式。但在井点系统中，各井点管布置在基坑周围，许多井点同时抽水，即群井共同工作，其涌水量不能用各井点管内涌水量简单相加求得。群井涌水量的计算，可把由各井点管组成的群井系统视为一口大的单井，设该井为圆形的，则这个圆形的半径就是假想半径，用 x_0 表示，则无压完整井的群井涌水量 Q 的计算公式如下：

$$Q = 1.366K \frac{(2H-s)s}{\lg R - \lg x_0} \tag{1-29}$$

式中 s——水位降低值，m；

x_0——环状井点系统的假想半径，可用下式计算：

$$x_0 = \sqrt{\frac{F}{\pi}} \tag{1-30}$$

式中 F——环状井点系统包围的面积，m²。

③ 井点管数量计算。计算出涌水量后，可根据涌水量布置井点数量，井点管最少数量由下式确定：

$$n = 1.1 \frac{Q}{q} \tag{1-31}$$

式中 q——单根井管的最大出水量，由下式确定：

$$q = 65\pi \cdot d \cdot l \cdot \sqrt[3]{K} \tag{1-32}$$

式中 d——滤管的直径，m；

l——滤管的长度，m；

其他符号同前。

根据布置的井点集水总管长度及井点管数量，则井点管初算间距 D' 为

$$D' = \frac{L}{n'} \tag{1-33}$$

式中 L——集水总管长度，m；

n'——初算根数。

实际采用的井点管间距 D 应与总管上的接头尺寸相适应，即尽可能采用 0.8m、1.2m、1.6m 或 2.0m。实际采用的井点数一般应增加 10% 左右，以防因井点管堵塞等影响抽水效果，则实际根数 n 为

$$n = \frac{1.1L}{D} \tag{1-34}$$

式中　L——集水总管长度，m；
　　　D——实际采用的井点管间距。

将计算出来的间距与厂家生产的总管上弯连管间距 D 进行比较，取较小值，则可以计算出实际井点管的数量。

学习笔记

第 2 章　基础工程施工

> **教学目标**
> 1. 了解地基处理及加固的方法和施工工艺。
> 2. 了解不同类型的浅基础施工工艺。
> 3. 了解不同类型桩基础的构造组成和施工要点。

微课：地基与
基础概述

2.1　地基处理及加固

任何建筑物都必须有可靠的地基和基础。建筑物的全部重力（包括各种荷载）最终将通过基础传给地基，所以，对某些地基的处理及加固就成为基础工程施工中的一项重要内容。在施工过程中，如果地基土质过软或过硬，不符合设计要求，应本着使建筑物各部位沉降尽量趋于一致，以减小地基不均匀沉降的原则对地基进行处理。

在软弱地基上建造建筑物或构筑物，有时利用天然地基不能满足设计要求，需要对地基进行人工处理，以满足结构对地基承载力的要求。常用的人工地基处理方法有换土地基、重锤夯实、强夯、振冲、砂桩挤密、深层搅拌、堆载预压、化学加固等。

2.1.1　换土地基

当建筑物基础下的持力层比较软弱，不能满足上部荷载对地基的要求时，常采用换土地基来处理软弱地基。先将基础下一定范围内承载力低的软土层挖去，然后回填强度较大的砂、碎石或灰土等，并夯至密实。实践证明：换土地基可以有效解决某些荷载不大的建筑物地基问题，如一般的三四层房屋、路堤、油罐和水闸等地基。换土地基按其回填的材料可分为砂地基、碎（砂）石地基、灰土地基等。

微课：换填垫层
施工工艺

1. 砂地基和砂石地基

砂地基和砂石地基是将基础下一定范围内的土层挖去，然后用强度较大的砂或碎石等回填，并经分层夯实至密实，以起到提高地基承载力、减少沉降、加速软弱土层的排水固结、防止冻胀和消除膨胀土的胀缩等作用。该地基具有施工工艺简单、工期短、造价低等优点，适用于处理透水性较强的软弱黏性土地基，但不宜用于湿陷性黄土地基和不透水的黏性土地基，以免因聚水而引起地基下沉和承载力降低。

2. 灰土地基

灰土地基是将基础底面下一定范围内的软弱土层挖去,按一定体积配合比将石灰和黏性土拌合均匀,在最优含水量的情况下分层回填夯实或压实而成。该地基具有一定的强度、水稳定性和抗渗性,施工工艺简单,取材容易,费用较低,适用于处理1～4m厚的软弱土层。

2.1.2 强夯地基

强夯地基是用起重机械将重锤(一般8～30t)吊起从高处(一般6～30m)自由落下,给地基以冲击力和振动,从而提高地基土的强度并降低其压缩性的一种有效的地基加固方法。该方法效果好、速度快、节省材料、施工简便,但施工时噪声和振动较大,适用于碎石土、砂土、黏性土、湿陷性黄土及填土地基等的加固处理。

1. 机具设备

1) 起重机械

起重机宜选用起重能力为150kN以上的履带式起重机,也可采用专用三角起重架或龙门架作为起重设备。起重机械的起重能力应满足以下条件:当直接用钢丝绳悬吊夯锤时,应大于夯锤重力的3～4倍;当采用自动脱钩装置时,起重能力取大于1.5倍的锤重。

2) 夯锤

夯锤可用钢材制作,或用钢板为外壳,内部焊接钢筋骨架后浇筑C30混凝土制成。夯锤底面有圆形和方形两种,圆形不易旋转,定位方便,稳定性和重合性好,应用较广。锤底面积取决于表层土质,砂土一般为3～4m^2,黏性土或淤泥质土不宜小于6m^2。夯锤中宜设置若干上下贯通的气孔,以减少夯击时的空气阻力。

3) 脱钩装置

脱钩装置应具有足够的强度,且施工灵活。常用的工地自制自动脱钩器由吊环、耳板、销环、吊钩等组成,由钢板焊接制成。

2. 施工要点

(1) 强夯施工前,应进行地基勘察和试夯。通过对试夯前后的试验结果对比分析,确定正式施工时的技术参数。

(2) 强夯前应平整场地,周围做好排水沟,按夯点布置测量放线,确定夯位。地下水位较高时,应在表面铺0.5～2.0m中(粗)砂或砂石地基,其目的是在地表形成硬层,既可用于支承起重设备,又可确保机械通行、施工,还有利于消散强夯产生的孔隙水压力。

(3) 强夯施工须按试验确定的技术参数进行。一般以各个夯击点的夯击数作为施工控制值,也可采用试夯后确定的沉降量进行控制。夯击时,落锤应保持平稳,夯位准确,如错位或坑底倾斜过大,宜用砂土将坑底整平,才可进行下一次夯击。

(4) 每夯击一遍后,应测量场地平均下沉量,然后用土将夯坑填平,才可进行下一遍夯击。最后一遍的场地平均下沉量必须符合要求。

(5) 强夯施工最好在干旱季节进行,如遇雨天施工,夯击坑内或夯击过的场地有积水时,必须及时排除。冬期施工时,应将冻土击碎。

(6) 强夯施工时,应对每一夯实点的夯击能量、夯击次数和每次夯沉量等做好详细的现场记录。

2.1.3 振冲地基

振冲地基,又称为振冲桩复合地基,是以起重机吊起振冲器,启动潜水电机带动偏心块,使振冲器产生高频振动,同时开动水泵,通过喷嘴喷射高压水流成孔,然后分批填以砂石骨料形成一根根桩体,桩体与原地基构成复合地基,以提高地基的承载力,减少地基的沉降和沉降差的一种快速、经济、有效的加固方法。该方法具有技术可靠、机具设备简单、操作技术易于掌握、施工简便、节省三材、加固速度快、地基承载力高等特点。

振冲地基按加固机理和效果的不同,可分为振冲置换法和振冲密实法。振冲置换法适用于处理不排水、抗剪强度小于 20kPa 的黏性土、粉土、饱和黄土及人工填土等地基;振冲密实法适用于处理砂土和粉土等地基,不加填料的振冲密实法仅适用于处理黏土粒含量小于 10% 的粗砂、中砂地基。

2.1.4 地基局部处理及其他加固方法

1. 地基局部处理

1) 松土坑的处理

(1) 当坑的范围较小(在基槽范围内)时,可挖除坑中松软土,使坑底及四壁均见天然土为止,回填与天然土压缩性相近的材料。当天然土为砂土时,用砂或级配砂石回填;当天然土为较密实的黏性土时,则用 3∶7 灰土分层回填夯实;如为中密可塑的黏性土或新近沉积黏性土,可用 1∶9 或 2∶8 灰土分层回填夯实,每层厚度不大于 20cm。

(2) 当坑的范围较大(超过基槽边沿)或因条件限制,槽壁挖不到天然土层时,则应将该范围内的基槽适当加宽,加宽部分的宽度可按下述条件确定:用砂土或砂石回填时,基槽每边均应按 1∶1 坡度放宽;用 1∶9 或 2∶8 灰土回填时,按 0.5∶1 坡度放宽;用 3∶7 灰土回填时,如坑的长度<2m,基槽可不放宽,但应夯实灰土与槽壁接触处。

(3) 如果坑在槽内所占的范围较大(长度在 5m 以上),且坑底土质与一般槽底天然土质相同时,可将此部分基础加深,做 1∶2 踏步与两端相接,踏步数量根据坑深而定,但每步高不大于 0.5m,长不小于 1.0m。

(4) 对于较深的松土坑(如坑深大于槽宽或大于 5m 时),处理完槽底后,还应考虑适当加强上部结构的强度,方法是在灰土基础上 1~2 皮砖处(或混凝土基础内)、防潮层下 1~2 皮砖处及首层顶板处,加配 4 根直径为 8~12mm 的钢筋,跨过该松土坑两端各 1m,以防止产生过大的局部不均匀沉降。

(5) 如遇到地下水位较高、坑内无法夯实时,可将坑(槽)中软弱的松土挖去后,再用砂土、碎石或混凝土代替灰土回填。如坑底在地下水位以下时,回填前,先用粗砂与碎石(比例为 1∶3)分层回填夯实;在地下水位以上时,用 3∶7 灰土回填夯实至要求高度。

2) 砖井或土井的处理

(1) 砖井或土井在室外,且距基础边缘 5m 以内时,应先用素土分层夯实,回填到室外地坪以下 1.5m 处,将井壁四周砖圈拆除,或将松软部分挖去,然后用素土分层回填并夯实。

(2) 如果井在室内基础附近,可将水位降到最低可能的限度,用中、粗砂及块石、卵石或碎砖等回填到地下水位以上 0.5m。对于砖井,应将四周砖圈拆至坑(槽)底以下 1m 或更深些,然后用素土分层回填并夯实,如果井已回填,但不密实或有软土,可用大块石将下面软土挤紧,再分层回填素土夯实。

(3) 井在基础下时,应先用素土分层回填夯实至基础底下 2m 处,将井壁四周松软部分挖去,有砖井圈时,将砖井圈拆至槽底以下 1.0~1.5m。当井内有水时,应用中、粗砂及块石、卵石或碎砖回填至水位以上 0.5m,再按上述方法处理;当井内已填有土,但不密实,且挖除困难时,可在部分拆除后的砖石井圈上加钢筋混凝土盖封口,上面用素土或 2∶8 灰土分层回填并夯实至槽底。

(4) 若井在房屋转角处,且基础部分或全部压在井上,除用以上方法回填处理外,还应对基础进行加强处理。当基础压在井上部分较少时,可采用从基础中挑梁的方法解决。当基础压在井上部分较多且用挑梁的方法较困难或不经济时,则可将基础沿墙长方向向外延长出去,使延长部分落在天然土上。落在天然土上基础的总面积应等于或稍大于井圈范围内原有基础的面积,并在墙内配筋或用钢筋混凝土梁进行加强。

(5) 当井已淤填但不密实时,可用大块石将下面软土挤密,再用上述方法回填处理。如果井内不能夯填密实且上部荷载又较大时,可在井内设灰土挤密桩或石灰桩处理;如果井在大体积混凝土基础下,可在井圈上加钢筋混凝土盖板封口,上部再用素土或 2∶8 灰土回填密实,使基土内附加应力传布范围比较均匀,但要求盖板至基底的高差大于井径。

3) 局部软硬土的处理

(1) 当基础下局部遇基岩、旧墙基、大孤石、老灰土、化粪池、大树根、砖窑底等,均应尽可能挖除,以防止建筑物由于局部落于较硬物上而造成不均匀沉降,使上部建筑物开裂。

(2) 若基础一部分落于基岩或硬土层上,另一部分落于软弱土层上,且基岩表面坡度较大时,应在软土层上采用现场钻孔灌注桩至基岩;或在软土部位做混凝土或砌块石支承墙(或支墩)至基岩;或将基础以下基岩凿去 0.3~0.5m,填以中粗砂或土砂混合物作软性褥垫,使之能调整岩土交界部位地基的相对变形,避免应力集中,出现裂缝;或采取加强基础和上部结构的刚度,来克服软硬地基的不均匀变形。

(3) 如果基础一部分落于原土层上,另一部分落于回填土地基上,可在填土部位用现场钻孔灌注桩或钻孔爆扩桩直至原土层,使该部位的上部荷载直接传至原土层,以避免地基产生不均匀沉降。

2. 其他地基加固方法

1) 砂石桩地基

砂石桩地基采用类似沉管灌注桩的机械和方法,通过冲击和振动,将砂挤入土中。这种方法经济、简单且有效。对于砂土地基,可通过振动或冲击的挤密作用,使地基达到密实,从而增加地基承载力,降低孔隙比,减少建筑物沉降,提高砂基抵抗振动液化的能力。对于黏性土地基,可起到置换和排水砂井的作用,加速土的固结,形成置换桩与固结后软黏土的复合地基,显著地提高地基的抗剪强度。这种桩适用于挤密松散砂土、素填土和杂填土等地基。饱和软黏土地基,由于其渗透性较小,抗剪强度较低,灵敏度较大,要使砂桩本身挤密并使地基土变密实往往较困难,反而会破坏土的天然结构,使其抗剪强度降低,因此要慎重对待这类工程。

2）水泥土搅拌桩地基

水泥土搅拌桩地基是利用水泥作为固化剂，通过特制的深层搅拌机械，在地基深处就地将软土和固化剂（浆液或粉体）强制搅拌，利用固化剂和软土之间产生的一系列物理、化学反应，使软土硬结成具有一定强度的优质地基。该方法具有无振动、无噪声、无污染、无侧向挤压，对邻近建筑物影响较小，以及施工期较短、造价低廉、效益显著等特点，适用于加固较深较厚的淤泥、淤泥质土、粉土和含水量较高且地基承载力不大于120kPa的黏性土地基，对超软土效果更为显著。多用于墙下条形基础、大面积堆料厂房地基，在深基开挖时，用于防止坑壁和边坡塌滑、坑底隆起以及做地下防渗墙等工程。

3）预压地基

预压地基是在建筑物施工前，在地基表面分级堆土或设置其他荷重，使地基土压密、沉降、固结，从而提高地基强度和减少建筑物建成后的沉降量。待达到预定标准后，再卸载、建造建筑物。该方法使用材料、机具方法简单直接，施工操作方便，但堆载预压需要一定的时间，对深厚的饱和软土，排水固结所需的时间较长，同时需要大量堆载材料。该方法适用于各类软弱地基，包括天然沉积土层或人工充填土层，较广泛用于冷藏库、油罐、机场跑道、集装箱码头、桥台等沉降要求较低的地基。实践证明，利用堆载预压法可以取得一定的效果，但能否满足工程要求，则取决于地基土层的固结特性、土层的厚度、预压荷载的大小和预压时间等因素。因此，该方法在使用上受到一定的限制。

4）注浆地基

注浆地基是指利用化学溶液或胶结剂，通过压力灌注或搅拌混合等措施将土粒胶结起来的地基处理方法。该法具有设备工艺简单、加固效果好、可提高地基强度、消除土的湿陷性、降低压缩性等特点，适用于局部加固新建或已建的建（构）筑物基础、稳定边坡以及防渗帷幕等，也适用于湿陷性黄土地基，对于黏性土、素填土、地下水位以下的黄土地基，经试验有效时也可采用，但不宜用于长期受酸性污水侵蚀的地基。化学加固能否获得预期的效果，主要取决于能否根据具体的土质条件选择适当的化学浆液（溶液和胶结剂）和采用有效的施工工艺。

总之，用于地基加固处理的方法较多，除上面介绍的几种以外，还有高压喷射注浆地基等。

2.2 浅埋式钢筋混凝土基础施工

在基础设计中，一般工业与民用建筑多采用天然浅基础，它造价低、施工简便。常用的浅基础有条式基础、杯形基础、筏式基础和箱形基础等。

微课：浅基础类型及基本构造

2.2.1 条式基础

条式基础包括柱下钢筋混凝土独立基础和墙下钢筋混凝土条形基础。这种基础的抗弯和抗剪性能良好，可在竖向荷载较大、地基承载力不高以及承受水平力和力矩等荷载情况下使用。因条式基础的高度不受台阶宽高比的限制,故适用于需要"宽基浅埋"的情况。

1. 构造要求

(1) 锥形基础(条形基础)边缘高度 h 不宜小于 200mm。阶梯形基础的每阶高度 h_1 宜为 300~500mm。

(2) 垫层厚度一般为 100mm,混凝土强度等级为 C10,基础混凝土强度等级不宜低于 C15。

(3) 底板受力钢筋的最小直径不宜小于 8mm,间距不宜大于 200mm。有垫层时,钢筋保护层的厚度不宜小于 35mm;无垫层时,不宜小于 70mm。

(4) 插筋的数量和直径应与柱内纵向受力钢筋相同。插筋的锚固及柱的纵向受力钢筋的搭接长度应按规定执行。

2. 施工要点

(1) 基坑(槽)应进行验槽,应挖去局部软弱土层,用灰土或砂砾分层回填夯实至与基底相平。应把基坑(槽)内的浮土、积水、淤泥、垃圾、杂物清除干净。验槽后应立即浇筑地基混凝土,以免扰动地基土。

(2) 待垫层达到一定强度后,在其上弹线、支模。铺放钢筋网片时,底部用与混凝土保护层同厚度的水泥砂浆垫塞,以保证位置正确。

(3) 浇筑混凝土前,应清除模板上的垃圾、泥土和钢筋上的油污等杂物,模板应浇水加以湿润。

(4) 基础混凝土宜分层连续浇筑完成。阶梯形基础的每一台阶高度内应分层浇捣,每浇筑完一个台阶,应等待 0.5~1.0h,待其初步沉实后,再浇筑上层,以防止下台阶混凝土溢出,进而在上台阶根部出现"烂脖子",台阶表面应基本抹平。

(5) 锥形基础的斜面部分模板应随混凝土浇捣分段支设并顶紧压牢,以防止模板上浮变形,边角处的混凝土应注意捣实。严禁斜面部分不支模,需用铁锹拍实。

(6) 基础上有插筋时,要加以固定,保证插筋位置的正确,防止浇捣混凝土时发生移位。待混凝土浇筑完毕,外露表面应覆盖浇水养护。

2.2.2 杯形基础

杯形基础常用作钢筋混凝土预制柱基础。基础中预留凹槽(即杯口),然后插入预制柱,临时固定后,在四周空隙中灌细石混凝土。其形式有一般杯口基础、双杯口基础和高杯口基础等。

2.2.3 筏式基础

筏式基础由钢筋混凝土底板、梁等组成,适用于地基承载力较低且上部结构荷载很大的情况。其外形和构造像倒置的钢筋混凝土楼盖,整体刚度较大,能有效将各柱子的沉降调整均匀。筏式基础一般分为梁板式和平板式。

1. 构造要求

(1) 混凝土强度等级不宜低于 C20,钢筋无特殊要求,钢筋保护层厚度不小于 35mm。

(2) 基础平面布置应尽量对称,以减小基础荷载的偏心距。底板厚度不宜小于

200mm,梁截面和板厚按计算确定,梁顶高出底板顶面不小于 300mm,梁宽不小于 250mm。

(3) 底板下一般宜铺设厚度为 100mm 的 C10 混凝土垫层,每边宽出基础底板不小于 100mm。

2. 施工要点

(1) 施工前,如果地下水位较高,可采用人工降低地下水位至基坑底以下不少于 500mm,以保证在无水情况下进行基坑开挖和基础施工。

(2) 施工时,可以先在垫层上绑扎底板、梁的钢筋和柱子锚固插筋,浇筑底板混凝土,待达到 25% 设计强度后,在底板上支梁模板,继续浇筑梁部分混凝土;也可以将底板和梁模板同时支好,混凝土一次连续浇筑完成,两侧模板采用支架支承并固定牢固。

(3) 浇筑混凝土时,一般不留施工缝;必须留设施工缝时,应按相关规定进行处理,并应设置止水带。

(4) 基础浇筑完毕,表面应覆盖和洒水养护,并防止地基被水浸泡。

2.2.4 箱形基础

箱形基础是由钢筋混凝土底板、顶板、外墙以及一定数量的内隔墙构成的封闭箱体,基础中部可在内隔墙开门洞作地下室。该基础具有整体性好、刚度大,调整不均匀沉降能力及抗振能力强,可消除因地基变形使建筑物开裂的可能性,减少基底处原有地基自重应力,降低总沉降量等特点,适用于软弱地基上面积较小、平面形状简单、上部结构荷载大且分布不均匀的高层建筑物的基础,以及对沉降有严格要求的设备基础或特种构筑物基础。

1. 构造要求

(1) 箱形基础在平面布置上尽可能对称,以减少荷载的偏心,防止基础过度倾斜。

(2) 混凝土强度等级不应低于 C20,基础高度一般取建筑物高度的 1/12~1/8,不宜小于箱形基础长度的 1/18~1/16,且不小于 3m。

(3) 底、顶板的厚度应满足柱或墙冲切验算要求,并根据实际受力情况通过计算确定。底板厚度一般取隔墙间距的 1/10 或 1/8,为 300~1000mm,顶板厚度为 200~400mm,内墙厚度不宜小于 200mm,外墙厚度不应小于 250mm。

(4) 为保证箱形基础的整体刚度,平均每平方米基础面积上的墙体长度不应小于 400mm,或墙体水平截面面积不得小于基础面积的 1/10,其中纵墙配置量不得小于墙体总配置量的 3/5。

2. 施工要点

(1) 开挖基坑时,如果地下水位较高,应采取措施降低地下水位至基坑底以下 500mm 处,并尽量减少对基坑底土的扰动。采用机械开挖基坑时,在基坑底面以上 200~400mm 厚的土层,需用人工挖除并清理,基坑验槽后,应立即进行基础施工。

(2) 施工时,基础底板、内外墙和顶板的支模、钢筋绑扎和混凝土浇筑,可分块进行,外墙接缝应设止水带。

(3) 基础的底板、内外墙和顶板宜连续浇筑。为防止出现温度收缩裂缝,一般应设置贯通后浇带,带宽不宜小于 800mm。在后浇带处钢筋应贯通,顶板浇筑 2~4 周后,用比设计强度提高一级的细石混凝土将后浇带填灌密实,并加强养护。

(4) 基础施工完毕,应立即进行回填土。停止降水时,应验算基础的抗浮稳定性,抗浮稳定系数不宜小于1.2。如不能满足上述条件,应采取有效措施,如继续抽水直至上部结构,荷载加上后能满足抗浮稳定系数要求为止,或在基础内采取灌水或加重物等,防止基础上浮或倾斜。

2.3 桩基础工程

一般建筑物都应该充分利用地基土层的承载能力,而尽量采用浅基础。但若浅层土质不良,无法满足建筑物对地基变形和强度方面的要求时,可以利用下部坚实土层或岩层作为持力层,这就需采取有效的施工方法建造深基础。深基础主要有桩基础、墩基础、沉井和地下连续墙等,其中以桩基础最为常用。

2.3.1 桩基的作用

桩基一般由设置在土中的桩和承接上部结构的承台组成。桩的作用在于将上部建筑物的荷载传递到深处承载力较大的土层上;或使软弱土层挤压,以提高土壤的承载力和密实度,减少地基沉降,从而保证建筑物的稳定性。

绝大多数桩基的桩数不止一根,而将各根桩在上端(桩顶)通过承台连成一体。根据承台与地面的相对位置不同,一般有低承台与高承台桩基之分。低承台的承台底面位于地面以下,高承台则高出地面以上。一般来说,采用高承台主要是为了减少水下施工作业和节省基础材料,常用于桥梁和港口工程中。低承台桩基承受荷载的条件比高承台好,特别是在水平荷载作用下,承台周围的土体可以发挥一定的作用。在一般房屋和构筑物中,大多使用低承台桩基。

2.3.2 桩基分类

(1) 桩基按承载性质分为摩擦型桩和端承型桩。

摩擦型桩又可分为摩擦桩和端承摩擦桩。摩擦桩是指在极限承载力状态下,桩顶荷载由桩侧阻力承受,桩端阻力小到可以忽略不计的桩;端承摩擦桩是指在极限承载力状态下,柱顶荷载主要由桩侧及桩尖共同承受的桩。

微课:桩基础基本知识

端承型桩又可分为端承桩和摩擦端承桩。端承桩是指在极限承载力状态下,桩顶荷载由桩端阻力承受,桩侧阻力小到可以忽略不计的桩;摩擦端承桩是指在极限承载力状态下,桩顶荷载主要由桩端阻力承受的桩。

(2) 桩基按桩的使用功能分为竖向抗压桩、竖向抗拔桩、水平受荷载桩、复合受荷载桩。

(3) 桩基按桩身材料分为混凝土桩、钢桩、组合材料桩。

(4) 桩基按成桩方法分为非挤土桩(如干作业法桩、泥浆护壁法桩、套筒护壁法桩)、部分挤土桩(如部分挤土灌注桩、预钻孔打入式预制桩等)、挤土桩(如挤土灌注桩、挤土预制桩等)。

(5) 桩基按桩制作工艺分为预制桩和灌注桩。

2.4 静力压桩施工工艺

1. 特点及原理

静力压桩是指在软土地基上,利用静力压桩机或液压压桩机用无振动的静压力(自重和配重)将预制桩压入土中的一种沉桩新工艺,较广泛应用在我国沿海软土地基上。与锤击沉桩相比,它具有施工无噪声、无振动、节约材料、降低成本、提高施工质量、沉桩速度快等优点,特别适用于扩建工程和城市内桩基工程施工。其工作原理是通过安置在压桩机上的卷扬机的牵引,由钢丝绳、滑轮及压梁,将整个桩机的自重力(800~1500kN)反压在桩顶上,以克服桩身下沉时与土的摩擦力,迫使预制桩下沉。

2. 压桩机械设备

压桩机有两种类型:一种是机械静力压桩机,由压桩架(桩架与底盘)、传动设备(卷扬机、滑轮组、钢丝绳)、平衡设备(铁块)、量测装置(测力计、油压表)及辅助设备(起重设备、送桩)等组成;另一种是液压静力压桩机,由液压吊装机构、液压夹持、压桩机构(千斤顶)、行走及回转机构、液压及配电系统、配重铁等部分组成。液压静力压桩机具有体型轻巧、使用方便等特点。

3. 压桩工艺方法

1) 施工顺序

静力压桩的施工顺序如下:测量定位→桩机就位→吊桩插桩→桩身对中调直→静压沉桩→接桩→再静压沉桩→终止压桩→切割桩头。

2) 压桩方法

用起重机将预制桩吊运或用汽车运至桩机附近,再利用桩机自身设置的起重机将其吊入夹持器中,夹持油缸将桩从侧面夹紧,压桩油缸做伸程动作,将桩压入土层中。伸长完成后,夹持油缸回程松夹,压桩油缸回程,重复上述动作,可实现连续压桩操作,直至把桩压入预定深度土层中。

3) 桩拼接的方法

钢筋混凝土预制长桩在起吊、运输时受力极为不利,因此一般先将长桩分段预制,再在沉桩过程中接长。常用的接头连接方法有以下两种。

(1) 浆锚接头:用硫磺水泥或环氧树脂配制成的粘结剂,把上段桩的预留插筋粘结于下段桩的预留孔内。

(2) 焊接接头:在每段桩的端部预埋角钢或钢板,施工时与上、下段桩身相接触,用扁钢贴焊连成整体。

4) 施工要点

(1) 压桩应连续进行,因故停歇时间不宜过长,否则压桩力将大幅度增长而导致桩压不下去或桩机被抬起。

(2) 压桩的终压控制很重要。对纯摩擦桩,终压时以设计桩长为控制条件;对长度大于 21m 的端承摩擦型静压桩,应以设计桩长控制为主,以终压力值作对照;对一些设计承载力较高的桩基,终压力值宜尽量接近压桩机满载值;对长为 14~21m 的静压桩,应以终压力达满载值为终压控制条件;对桩周土质较差且设计承载力较高的桩,宜复压 1~2 次;对长度小于 14m 的桩,宜连续多次复压;特别对长度小于 8m 的短桩,应适当增加连续复压的次数。

(3) 可通过桩的终止压力值大致判断单桩竖向承载力。如果判断的终止压力值不能满足设计要求,应立即采取送桩加深处理或补桩,以保证桩基的施工质量。

2.5 现浇混凝土桩施工工艺

现浇混凝土桩(也称为灌注桩)是一种直接在现场桩位上使用机械或人工等方法成孔,然后在孔内安装钢筋笼,浇筑混凝土而成的桩。按其成孔方法不同,可分为钻孔灌注桩、沉管灌注桩、人工挖孔灌注桩、旋挖成孔灌注桩等。

2.5.1 钻孔灌注桩

钻孔灌注桩是指利用钻孔机械钻出桩孔,并在孔中浇筑混凝土(或先在孔中吊放钢筋笼)而成的桩。根据钻孔机械的钻头是否在土壤的含水层中施工,钻孔灌注桩又有泥浆护壁成孔和干作业成孔两种施工方法。

1. 泥浆护壁成孔灌注桩

泥浆护壁成孔灌注桩适用于地下水位较高的地质条件,按设备又分为冲抓钻、冲击回转钻及潜水钻成孔法。冲抓钻和冲击回转钻成孔法适用于碎石土、砂土、黏性土及风化岩地基,潜水钻成孔法适用于黏性土、淤泥、淤泥质土及砂土。

微课:泥浆护壁成孔灌注桩

1) 施工设备

施工设备主要有冲击钻机、冲抓钻机、回转钻机及潜水钻机,这里主要介绍潜水钻机。

潜水钻机由防水电机、减速机构和钻头等组成。电机和减速机构装设在具有绝缘和密封装置的电钻外壳内,且与钻头紧密连接在一起,因此能共同潜入水下作业。目前使用的潜水钻机(QSZ-800 型)钻孔直径为 400~800mm,最大钻孔深度为 50m。潜水钻机既适用于水下钻孔,也可用于地下水位较低的干土层钻孔。

2) 施工方法

钻机钻孔前,应做好场地平整,挖设排水沟,设泥浆池制备泥浆,做试桩成孔,设置桩基轴线定位点和水准点,放线定桩位及其复核等准备工作。钻孔时,先安装桩架及水泵设备,桩位处挖土埋设孔口护筒,起定位、保护孔口、存扩泥浆等作用。桩架就位后,钻机进行钻孔时,应在孔中注入泥浆,并始终保持泥浆液面高于地下原土水位 1.0m 以上,起护壁、携渣、润滑钻头、降低钻头发热、减少钻进阻力等作用。在黏土、亚黏土层中钻孔时,可注入清水以造浆护壁、排渣。钻孔进尺速度应根据土层类别、孔径大小、钻孔深度和供水量确定,对淤泥和淤泥质土不宜大于 1m/min,其他土层以钻机不超负荷为准,风化岩或其他硬土层以钻机不产生跳动为准。

钻孔深度达到设计要求后,必须进行清孔。对以原土造浆的钻孔,可使钻机空转不进尺,同时注入清水,等孔底残余的泥块已磨浆,排出泥浆比重降至1.1左右(以手触泥浆无颗粒感觉),即可认为清孔已合格。对注入制备泥浆的钻孔,可采用换浆法清孔,至换出泥浆比重在1.15～1.25为合格。

清孔完毕后,应立即吊放钢筋笼和浇筑水下混凝土。埋设钢筋笼前,应在其上设置定位钢筋环、混凝土垫块,或在孔中对称设置3～4根导向钢筋,以确保保护层厚度符合要求。水下浇筑混凝土通常采用导管法施工。

3) 质量要求

(1) 要求护筒中心与桩中心偏差不应大于50mm,其埋深在黏土中不小于1m,在砂土中不小于1.5m。

(2) 泥浆比重在黏土和亚黏土中应控制在1.1～1.2,在较厚夹砂层应控制在1.1～1.3,在穿过砂夹卵石层或易于塌孔的土层中应控制在1.3～1.5。

(3) 必须设法清除孔底沉渣,要求端承桩沉渣厚度不得大于50mm,摩擦桩沉渣厚度不得大于150mm。

(4) 水下浇筑混凝土应连续施工,孔内泥浆用潜水泵回收到储浆槽里沉淀,导管应始终埋入混凝土中0.8～1.3m,并保持埋入混凝土面以下1m。

2. 干作业成孔灌注桩

干作业成孔灌注桩适用于在地下水位以上的干土层中桩基的成孔施工。

1) 施工设备

施工设备主要有螺旋钻机、钻孔扩机、机动或人工洛阳铲等,这里主要介绍螺旋钻机。

常用的螺旋钻机有履带式和步履式两种。履带式螺旋钻机一般由W1001履带车、支架、导杆、鹅头架滑轮、电动机头、螺旋钻杆及出土筒组成。步履式螺旋钻机的行走度盘为步履式,在施工时用步履进行移动,步履式机下装有活动轮子,施工完毕后,装上轮子,由机动车牵引到另一工地。

2) 施工方法

钻机钻孔前,应做好现场准备工作。钻孔场地必须平整、碾压或夯实,雨季施工时,需要加白灰碾压以保证钻孔行车安全。钻机按桩位就位时,钻杆要垂直对准桩位中心,放下钻机使钻头触及土面。钻孔时,开动转轴旋动钻杆钻进,先慢后快,避免钻杆摇晃,并随时检查钻孔偏移,如有问题,应及时纠正。施工中,应注意钻头在穿过软硬土层交界处时保持钻杆垂直,缓慢进尺。在钻进含砖头、瓦块的杂填土或含水量较大的软塑黏性土层中时,应尽量减小钻杆晃动,以免扩大孔径及增加孔底虚土。出现钻杆跳动、机架摇晃、钻不进等异常现象时,应立即停止并进行检查。在钻进过程中,应随时清理孔口积土,遇到地下水、缩孔、坍孔等异常现象时,应会同有关单位研究处理。

钻孔至要求深度后,可用钻机在原处空转清土,然后停止回转,提升钻杆卸土。如果孔底虚土超过容许厚度,可用辅助掏土工具或二次投钻清底。清孔完毕后,应用盖板盖好孔口。

桩孔钻成并清孔后,先吊放钢筋笼,后浇筑混凝土。为防止孔壁坍塌,避免雨水冲刷,成孔径检查合格后,应及时浇筑混凝土。若土层较好,没有雨水冲刷,从成孔至混凝土浇筑的时间间隔也不得超过24h。灌注桩的混凝土强度等级不得低于C15,坍落度一般采用80～100mm,混凝土应连续浇筑,分层捣实,每层的高度不得大于1.5m;当混凝土浇筑到桩顶时,应适当超过桩顶标高,以保证在凿除浮浆层后,桩顶标高和质量符合设计要求。

3) 质量要求

(1) 垂直度容许偏差1%。

(2) 孔底虚土容许厚度不大于100mm。

(3) 桩位允许偏差规定如下:单桩、条形桩基沿垂直轴线方向和群桩基础边沿的偏差为1/6桩径;条形桩基沿顺轴方向和群桩基础中间桩的偏差为1/4桩径。

3. 施工中常遇问题及处理方法

1) 孔壁坍塌

在钻孔过程中,如发现排出的泥浆中不断出现气泡,或泥浆突然漏失,表示有孔壁坍塌现象出现。孔壁坍塌的主要原因是土质松散,泥浆护壁不好,护筒周围未用黏土紧密填封,以及护筒内水位不高。钻进时,如出现孔壁坍塌,首先应保持孔内水位,并加大泥浆比重,以稳定钻孔的护壁。如果坍塌严重,应立即回填黏土,待孔壁稳定后再钻孔。

2) 钻孔偏斜

钻杆不垂直,钻头导向部分太短,导向性差,土质软硬不一,或者遇上孤石等,都会引起钻孔偏斜。主要防治措施有以下几点:①钻头加工精确,钻杆安装垂直,操作时应注意观察;②钻孔偏斜时,可提起钻头,上下反复扫钻几次,以削去硬土;③如果纠正无效,应于孔中部回填黏土至偏孔处0.5m以上重新钻进。

3) 孔底虚土

在干作业施工中,由于钻孔机械结构所限,孔底常残存一些虚土,它来自扰动残存土、孔壁坍落土以及孔口落土。施工时,如孔底虚土较多,必须将其清除,以免虚土影响承载力。

4) 断桩

水下灌注混凝土桩的质量除混凝土本身质量外,是否断桩是鉴定其质量的关键。灌注时要注意三方面的问题:①力争首批混凝土浇灌一次成功;②分析地质情况,研究解决对策;③要严格控制现场混凝土配合比。

2.5.2 沉管灌注桩

沉管灌注桩是指利用锤击打桩法或振动打桩法,将带有活瓣式桩靴或预制钢筋混凝土桩尖的钢管沉入土中,然后边浇筑混凝土(或先在管内放入钢筋笼)边锤击或振动拔管而成。前者称为锤击沉管灌注桩,后者称为振动沉管灌注桩。

1. 锤击沉管灌注桩

锤击沉管灌注桩采用落锤、蒸汽锤或柴油锤将钢套管沉入土中成孔,然后灌注混凝土或钢筋混凝土,抽出钢管而成。

1) 施工设备

锤击沉管机械设备为锤击沉管灌注桩桩机。

2) 施工方法

施工时,先将桩机就位,吊起桩管,垂直套入预先埋好的预制混凝土桩尖,压入土中。

桩管与桩尖接触处应垫以稻草绳或麻绳垫圈,以防止地下水渗入管内。当检查桩管与桩锤、桩架等在同一垂直线上(偏差<0.5%),即可在桩管扣上桩帽,起锤沉管。先用低锤轻击,观察无偏移后方可进行正常施工,直至符合设计要求的深度,并检查管内无泥浆或水进入,即可灌注混凝土。桩管内混凝土应尽量灌满,然后开始拔管。拔管要均匀,第一次拔管高度应控制在能容纳第二次所需灌入的混凝土量为限,不宜过高。拔管时,应保持连续密锤、低击不停,并控制拔出速度。对一般土层,以不大于 1m/min 为宜;在软弱土层及软硬土层交界处,应控制在 0.8m/min 以内。桩锤冲击频率视锤的类型而定:单动汽锤采用倒打拔管不低于 70 次/min,自由落锤轻击不得少于 50 次/min。在未拔到桩顶设计标高之前,不得中断倒打或轻击。拔管时,应注意使管内的混凝土量保持略高于地面,直到桩管全部拔出地面为止。

上述是单打灌注桩的施工工艺。为了提高桩的质量和承载能力,常采用复打扩大灌注桩。其施工方法如下:在第一次单打法施工完毕并拔出桩管后,清除桩管外壁和桩孔周围地面上的污泥,立即在原桩位上再次安放桩尖,做第二次沉管,使未凝固的混凝土向四周挤压扩大桩径,然后灌注第二次混凝土,拔管方法与第一次相同。复打施工时,需注意前后两次沉管的轴线应重合,复打必须在第一次灌注的混凝土初凝之前进行。

3) 质量要求

(1) 锤击沉管灌注桩混凝土强度等级不应低于 C20;混凝土坍落度,在有筋时宜为 80~100mm,无筋时宜为 60~80mm;碎石粒径,有筋时不大于 25mm,无筋时不大于 40mm;桩尖混凝土强度等级不得低于 C30。

(2) 当桩的中心距为桩管外径的 5 倍以内或小于 2m 时,均应跳打,中间空出的桩须待邻桩混凝土达到设计强度的 50% 以后,方可施打。

(3) 桩位允许偏差规定如下:群桩不大于 $0.5d$(d 为桩管外径);对于两个桩组成的基础,在两个桩的连线方向偏差不应大于 $0.5d$,垂直方向则不应大于 $d/6$;墙基由单桩支承的,平行墙的方向偏差不大于 $0.5d$,垂直墙的方向不大于 $d/6$。

2. 振动沉管灌注桩

振动沉管灌注桩是采用激振器或振动冲击锤将钢套管沉入土中成孔而成的灌注桩,其沉管原理与振动沉桩完全相同。

1) 施工设备

振动沉管机械设备为振动沉管灌注桩桩机。

2) 施工方法

施工时,先安装桩机,将桩管下端活瓣合起来,对准桩位,徐徐放下桩管,压入土中,确认无偏斜,即可开动激振器沉管。当桩管下沉到设计要求的深度后,停止振动,立即利用吊斗向管内灌满混凝土,并再次开动激振器,边振动边拔管,同时在拔管过程中继续向管内浇筑混凝土。如此反复进行,直至桩管全部拔出地面后,即形成混凝土桩身。

振动灌注桩可采用单振法、反插法或复振法施工。

(1) 单振法。在沉入土中的桩管内灌满混凝土,开动激振器 5~10s,开始拔管,边振边拔。每拔 0.5~1.0m,停拔振动 5~10s,如此反复,直到桩管全部拔出。在一般土层内拔管速度宜为 1.2~1.5m/min;在较软弱土层中,不得大于 0.8~1.0m/min。单振法施工速度快,混凝土用量少,但桩的承载力低,适用于含水量较少的土层。

(2) 反插法。在桩管内灌满混凝土后,先振动再开始拔管。每次拔管高度为0.5～1.0m,向下反插深度为0.3～0.5m,如此反复进行,并始终保持振动,直至桩管全部拔出地面。反插法能扩大桩的截面,从而提高桩的承载力,但混凝土耗用量较大,一般适用于饱和软土层。

(3) 复振法。施工方法及要求与锤击沉管灌注桩的复打法相同。

3) 质量要求

(1) 振动沉管灌注桩的混凝土强度等级不宜低于C15;混凝土坍落度,在有筋时宜为80～100mm,无筋时宜为60～80mm;骨料粒径不得大于30mm。

(2) 在拔管过程中,桩管内应随时保持不少于2m高度的混凝土,以便有足够的压力,防止混凝土阻塞在管内。

(3) 振动沉管灌注桩的中心距不宜小于桩管外径的4倍,否则应采取跳打。相邻的桩施工时,其间隔时间不得超过混凝土的初凝时间。

(4) 为满足桩的承载力要求,必须严格控制最后两个2min的沉管贯入度,其值按设计要求或根据试桩和当地长期的施工经验确定。

(5) 桩位允许偏差同锤击沉管灌注桩。

3. 常见问题及处理

1) 断桩

断桩一般都发生在地面以下软硬土层的交接处,并多数发生在黏性土中,很少出现在砂土及松土中。产生断桩的主要原因如下:桩距过小,受邻桩施打时挤压的影响;桩身混凝土终凝不久就受到振动和外力;软硬土层间传递水平力大小不同,对桩产生剪应力。

处理方法如下:经检查有断桩后,应将断桩段拔去,略增大桩的截面面积或加箍筋后,再重新浇筑混凝土;或者在施工过程中采取预防措施,如施工中控制桩中心距不小于桩径的3.5倍;采用跳打法或控制时间间隔的方法,使邻桩混凝土达设计强度等级的50%后,再施打中间桩。

2) 瓶颈桩

瓶颈桩是指桩的某处直径缩小形似"瓶颈",其截面面积不符合设计要求,多数发生在黏性土、土质软弱、含水率高特别是饱和的淤泥或淤泥质软土层中。产生瓶颈桩的主要原因是在含水率较大的软弱土层中沉管时,土受挤压产生很高的孔隙水压,拔管后便挤向新灌的混凝土,造成缩颈。拔管速度过快,混凝土量少、和易性差,混凝土出管扩散性差等也会造成瓶颈桩。

处理方法:施工中,应保持管内混凝土略高于地面,使之有足够的扩散压力;拔管时,应采用复打或反插法,并严格控制拔管速度。

3) 吊脚桩

吊脚桩是指桩的底部混凝土隔空或混进泥砂而形成松散层的桩。其产生的主要原因为预制钢筋混凝土桩尖承载力或钢活瓣桩尖刚度不够,沉管时被破坏或变形,导致水或泥砂进入桩管;拔管时,桩靴未脱出或活瓣未张开,混凝土未及时从管内流出。

处理方法:应拔出桩管,填砂后重打,或者采取密振动慢拔,开始拔管时先反插几次再正常拔管等预防措施。

4) 桩尖进水、进泥

桩尖进水、进泥常发生在地下水位较高或含水量较大的淤泥和粉泥土土层中,产生的主要原因为钢筋混凝土桩尖与桩管接合处或钢活瓣桩尖闭合不紧密;钢筋混凝土桩尖被打破或钢活瓣桩尖变形。

处理方法:将桩管拔出,清除管内泥砂,修整桩尖钢活瓣变形缝隙,用黄砂回填桩孔后重打;若地下水位较高,待沉管至地下水位时,先在桩管内灌入0.5m厚度的水泥砂浆作封底,再灌1m高度混凝土增压,然后继续下沉桩管。

2.5.3 人工挖孔灌注桩

人工挖孔灌注桩是指桩孔采用人工挖掘方法进行成孔,然后安放钢筋笼,浇筑混凝土而成的桩。其优点为设备简单,无噪声、无振动、不污染环境,对施工现场周围原有建筑物的影响小,施工速度快,可按施工进度要求决定同时开挖桩孔的数量,必要时,各桩孔可同时施工;土层情况明确,可直接观察到地质变化,能清除干净桩底沉渣,施工质量可靠;尤其是当高层建筑选用大直径的灌注桩,而其施工现场又在狭窄的市区时,采用人工挖孔比机械挖孔具有更好的适应性。其缺点是人工消耗量大,开挖效率低,安全操作条件差等。

1. 施工设备

施工设备可根据孔径、孔深和现场具体情况选用,常用的有电动葫芦、提土桶、潜水泵、鼓风机和输风管、镐、锹、土筐、照明灯、对讲机及电铃等。

2. 施工工艺

施工时,为确保挖土成孔施工安全,必须考虑预防孔壁坍塌和流砂现象发生的措施。因此,施工前,应根据水文地质资料,拟订出合理的护壁措施和降、排水方案。护壁方法很多,可以采用现浇混凝土护壁、喷射混凝土护壁、混凝土沉井护壁、砖砌体护壁、钢套管护壁、型钢-木板桩工具式护壁等多种。下面介绍应用较广的现浇混凝土护壁式人工挖孔桩的施工工艺流程。

(1) 按设计图纸放线、定桩位、做井圈。

(2) 开挖桩孔土方。采取分段开挖,每段高度取决于土壁保持直立状态而不塌方的能力,一般取0.5~1.0m为一个施工段。开挖范围为设计桩径加护壁的厚度。

(3) 支设护壁模板。模板高度取决于开挖土方施工段的高度,一般为1m,由4~8块活动钢模板组合而成,支撑有锥度的内模。

(4) 放置操作平台。内模支设后,将用角钢和钢板制成的两个半圆形合成的操作平台吊放入桩孔内,置于内模顶部,用于放置料具和浇筑混凝土。

(5) 浇筑护壁混凝土。护壁混凝土起防止土壁塌陷和防水的双重作用,因此浇筑时要注意捣实。上、下段护壁要错位搭接50~75mm(咬口连接),以便连接起上、下段。

(6) 拆除模板继续下段施工。当护壁混凝土达到1MPa(常温下约经24h)后,才可拆除模板,开挖下段的土方,再支模浇筑护壁混凝土,如此循环,直至挖到设计要求的深度。

(7) 排出孔底积水,浇筑桩身混凝土。当桩孔挖到设计深度,并检查孔底土质已达到设计要求后,再在孔底挖成扩大头。待桩孔全部成型后,用潜水泵抽出孔底的积水,然后立即浇筑混凝土,待浇筑至钢筋笼的底面设计标高时,再吊入钢筋笼就位,并继续浇筑桩身混凝土形成桩基。

3. 质量要求

（1）必须保证桩孔的挖掘质量。桩孔挖成后,应有专人下孔检验,检查土质是否符合勘察报告,扩孔几何尺寸与设计是否相符等,孔底虚土残渣情况要作为隐蔽验收记录归档。

（2）桩孔中心线的平面位置偏差不大于20mm,桩的垂直度偏差不大于桩长,桩径不得小于设计直径。

（3）钢筋骨架应保证不变形,箍筋与主筋应点焊。钢筋笼吊入孔内后,应保证其与孔壁间有足够的保护层。

（4）混凝土坍落度宜在100mm左右,用浇灌漏斗桶直落,避免离析,必须振捣密实。

4. 安全措施

应特别重视人工挖孔桩的施工安全。工人在桩孔内作业,应严格按照安全操作规程施工,并有切实可靠的安全措施。孔下操作人员必须戴安全帽；孔下有人时,孔口必须有监护人员；护壁要高出地面150～200mm,以防止杂物滚入孔内；孔内必须设置应急软爬梯,供人员上、下井；使用的电葫芦、吊笼等应安全可靠,并配有自动卡紧保险装置,不得使用麻绳和尼龙绳吊挂或脚踏井壁凸缘上或下,使用前,必须检验其安全起吊能力；每日开工前,必须检测井下的有毒、有害气体,并应有足够的安全防护措施；桩孔开挖深度超过10m时,应有专门向井下送风的设备。

孔口四周必须设防护栏。应及时将挖出的土石方运离孔口,不得将其堆放在孔口四周1m范围内,机动车辆的通行不得对井壁的安全造成影响。

施工现场的一切电源、电路的安装和拆除必须由持证电工操作；电器必须严格接地、接零和使用漏电保护器。各孔用电必须分闸,严禁一闸多用。孔上电缆必须架空2.0m以上,严禁拖地和埋压在土中,孔内电缆、电线必须有防磨损、防潮、防断等保护措施。照明应采用安全矿灯或12V以下的安全灯。

2.5.4 旋挖成孔灌注桩

旋挖成孔灌注桩是近年大力推广的一种先进的桩基施工工艺,有取代泥浆护壁成孔灌注桩的趋势。工艺原理如下：旋挖钻机通过钻头和钻杆的旋转,借助钻具自重和钻机加压系统,边旋转边切削地层,并将土装入钻斗内,再将钻斗提出孔外卸土,取土卸土、循环往复,成孔直至设计深度。该桩型适用于黏土、粉土、砂土、填土、碎石土及风化岩层。根据地基条件差异,旋挖成孔方式主要有干作业旋挖成孔、湿作业旋挖成孔、套管护壁作业旋挖成孔三种。本小节重点讲述干作业旋挖成孔。

1. 旋挖钻机的优缺点

优点：旋挖钻机全液压驱动、计算机控制,能精确定位钻孔、自动校正钻孔垂直度量测钻孔深度,工效是循环钻机的20倍；施工效率高、振动小、噪声低,无泥浆或排浆量小,是常用的桩基施工机械。

缺点：质量较大,设备较昂贵,维修复杂,钻机行走对场地路面要求较高。

2. 旋挖钻机构造

旋挖钻机组成由液压履带式伸缩底盘、动力头、钻杆、旋转动力装置等部件组成,旋挖钻机钻具有钻斗和钻头两种。

旋挖钻斗钻进时,将土屑切削入斗筒内,提升钻斗至孔外卸土而成孔,主要用于含水量较大的砂土、淤泥、黏土、淤泥质亚黏土、砂砾层、卵石层和风化软基岩等地层中的无循环钻进;螺旋钻头钻进时,土进入钻头螺纹中,卸土时提起钻头,反向旋转将土甩出而成孔,主要用于地下水位以上软岩、小粒径的砾石层、中风化以下岩层的无循环钻进。在施工过程中,应根据设计图中的桩径、桩深、地层情况选用合适型号的旋挖钻具。

3. 干作业旋挖成孔

干作业旋挖成孔适用于地下水位以上的素填土、黏性土、粉土、砂土、碎石土及风化岩层等无须护壁措施的相对较好地质条件的场地。

4. 旋挖灌注桩质量控制要点

(1) 正式施工前,施工单位应按施工方案进行试成孔。在同一场地内,当地质情况较复杂、差异性较大时,应根据不同地质情况进行试成孔。

微课:平面图和剖面图

试成孔应验证施工方案所选择的旋挖钻机和成孔方法的可行性,明确成孔过程中的主要参数及当遇到地下水丰富、塌孔、缩孔等异常情况时的处理方法,同时复核地质勘探报告与现场地质实际是否吻合。试成孔完成后,应邀请参建各方共同点评,形成点评纪要。

(2) 承包单位应向监理报验定位、放线成果,并进行复线。

① 根据规划办给定的基准点进行测量、放线、定桩位。

② 根据桩位平面图放出桩位中心位置,并插钢钉,以钢钉为圆心,拉线画圆,沿定位环撒白灰线,校核无误后作为孔桩定位依据。

③ 桩位放线允许偏差:群桩为 20mm,单排桩为 10mm。

④ 及时收集定位放线资料。

⑤ 旋挖成孔灌注桩轴线的控制点和水准点应设在不受施工影响的地方。开工前,经复核后,应妥善保护,施工中应经常复测。

(3) 检查施工场地是否满足钻机安装就位条件:地面承载能力大于 150kPa;桩位附近应平整,坡度应不大于 2°。

(4) 根据地质勘察报告,确定本场地最深桩位。施工顺序必须由深至浅进行,以确保刚性角相关要求。

(5) 认真控制护筒的埋设质量,具体如下。

① 护筒埋设应准确、稳定,护筒中心与桩位中心的偏差不得大于 50mm,护筒倾斜度不得大于 1%。

② 护筒用不小于 8mm 厚的钢板制作,其内径应大于钻头直径 100mm,上部宜开 1~2 个溢浆孔。

③ 护筒埋设深度:在黏性土中不小于 1.0m,砂性土不宜小于 1.5m。护筒顶标高应高出地下水位和施工最高水位 1.5~2.0m。在无水地层,钻孔因护筒顶部设有溢浆口,护筒顶应高出地面 0.3m,其高度尚应满足孔内泥浆面高度的要求。

④ 下放护筒后,护筒四周应夯填密实的黏土,护筒应埋置在稳定的土层中,否则应换

填黏土并夯密实,其厚度一般为0.5m。

⑤ 受水位涨落影响或水下施工的钻孔灌注桩,护筒应加高、加深,必要时应打入不透水层。

⑥ 用水准仪将高程引到护筒顶部,检查其平面位置,用设有十字控制点检查护筒的倾斜程度(垂直度),若超过范围应重新埋设。

⑦ 采用旋挖钻机埋设护筒时,应先采用稍大口径的钻头钻至预定位置,提出钻头后,再用钻斗将钢护筒压入预定深度。

(6) 稳定液应满足以下要求。

① 出泥浆稳定液一般采用黏土或膨润土加水调制而成,并根据现场具体情况加入工业用碱、重晶石、纤维素等材料。

② 现场应配备稳定液搅拌设备和稳定液测试仪器。测试仪器应包括黏度计、比重计、含砂量杯、量筒等。

③ 现场应设稳定液池,其容积不宜小于成孔体积的1.5~2.0倍。

④ 稳定液制备宜采用膨润土,用黏土代替时,含砂率不应大于4%;造浆率不应小于$5m^3/t$,塑性指数不应小于25。

⑤ 根据施工的具体情况,可有选择地加入适量的分散剂、增黏剂、加重剂和堵漏剂等处理剂。

⑥ 稳定液用水的pH值宜为中性,钙离子浓度应小于$100×10^{-6}mol/L$。

⑦ 稳定液配制前,黏土应进行水化,时间一般不少于12h。

⑧ 孔口采用护筒时,液面不宜低于孔口1.0m,且高于地下水位1.5m以上。

⑨ 液面应保持稳定。

(7) 成孔过程控制要点如下。

① 钻机就位后,观察钻杆是否保持垂直稳固、位置准确。施工中应随时通过目测、仪器测量(全站仪、经纬仪)检查桩杆垂直度,从而保证成孔的垂直度。

② 旋挖钻进成孔的一般规定如下:旋挖成孔应采用跳挖方式,钻头倒出的渣土距孔口最小距离应大于6m,并应及时清除外运;旋挖成孔时,各种机械必须按既定线路行驶,不得压坏成型桩;钻孔深度常用专用测绳进行测量,深度需达到设计要求;在钻进过程中,应根据试成孔确定的参数控制进尺速度,设专职记录员记录成孔过程的各项参数,记录应及时、准确、完整、真实;应随时清理孔口积土,遇地下水、塌孔、缩孔等异常情况时,应及时处理。

③ 终孔检查的注意事项如下:根据钻机取出的岩芯进行判断是否进入中风化岩层,待达到设计的嵌岩深度后,将取出的岩芯送实验室进行试压,如达到设计要求,则停止钻进,并记录测量深度。反之,则继续钻至取出的岩芯强度达到设计要求为止。

对端承桩,应对比钻出的岩芯与试验桩岩芯的岩性。如果与试验桩取出的岩芯的岩性相吻合,即可终孔。反之,则需加深钻进或会同设计、地勘人员做进一步研究。摩擦桩钻至设计深度时,由旁站监理工程师确认终孔钻深。成孔后,应检测钻孔的平面位置、孔深、倾斜度、全深的孔径等。成孔质量标准如下:孔径不小于设计孔径;孔深不小于设计规定;倾斜度小于1%。

(8) 应严格控制清孔过程,确保清孔质量。旋挖成孔灌注桩的清孔质量,将直接影响成桩质量,现场监理工程师对此过程必须旁站;孔底沉渣的要求如下:端承桩不小于

50mm，摩擦型桩不小于100mm。

(9) 孔底沉渣过多的原因及控制措施如下。

① 沉渣过多主要有如下原因：清孔不彻底，湿作业法钻孔时清孔泥浆比重过小；钢筋笼吊放时未垂直对中，碰剐孔壁泥土塌落孔底，清孔后混凝土灌注时间间隔过长，泥浆沉淀；混凝土灌注塌孔。

② 控制措施主要有以下几个方面：终孔后，用清孔钻斗进行清孔；清孔采用优质泥浆，控制泥浆比重；钢筋笼垂直缓慢放入；提高混凝土初灌时对孔底的冲击力，导管下口距孔底控制在0.3~0.5m，初灌混凝土量应满足导管管端埋入混凝土不少于0.8m，利用混凝土的冲击力使沉渣上浮；适当延长清孔时间；采用机械连接或焊接工艺以加快钢筋笼加工速度。根据桩长预估尺寸，先加工好部分钢筋笼，仅留最后一节不加工，可大大提高加工速度；采用高压送风、高压水、高压灌浆等措施产生巨大冲力溅除孔底沉渣。

(10) 塌孔的原因及处理措施如下。

塌孔的主要原因有：①泥浆塌孔：泥浆材料、比重、pH不合格，地层漏浆，泥浆补充不及时等；②操作塌孔：提防钻头过快、钻进速度太快、对不准孔心撞击孔壁、泥浆扰动等；③支撑破坏塌孔：墓穴朽木折断，孔壁大块石、漂石被剐下；④地下河冲塌孔壁；⑤大型机械对有振动流动性地层的振动造成塌孔；⑥涌水塌孔：承压水压力被释放，涨潮造成涌水塌孔。

预防措施与处理方法包括：①原生土层塌孔时，采用泥浆护壁，正确选择泥浆比重、pH，预测并保证泥浆位，及时补充泥浆；②选择合理的钻进工艺；③避开与大型机械同时作业，钻孔灌注后，8h内桩孔5m范围内不准大型机械通过；④用全长护筒封闭回填土层；⑤如遇塌孔，准确测量垮塌层的深度，用C20混凝土或M20砂浆分层灌入孔内，封区垮塌层，混凝土或砂浆初凝后重新钻孔；⑥通过在桩周围打孔预注喷浆方式固化岩层；⑦采用反压低标号混凝土。

(11) 严格控制钢筋笼的形成质量如下。

① 钢筋笼长度超过4m时，应每隔2m设一道直径不小于12mm的焊接加劲箍筋；桩径大于2m时，加劲箍筋直径不小于18mm。

② 钢筋笼同一截面主筋接头数量不得大于50%；双面搭接焊缝长度不得小于$5d$，单面搭接焊缝长度不得小于$10d$。

③ 钢筋笼主筋宜设置保护层间隔件，每组保护层间隔件竖向间距不应大于3m，宜对称设置，每组不宜小于4块。

④ 钢筋笼加劲箍筋的内支撑筋宜采用井字形或三角形，直径同加劲箍筋直径。桩径小于800mm时，钢筋笼加劲箍筋宜设在主筋外侧。

⑤ 钢筋应具有出厂日期和质量证明书，检验合格后方可使用。制作前，先将主筋调直，清除钢筋表面油污和杂物等，准确控制下料长度。

⑥ 钢筋笼在钢筋加工厂集中制作，每节长度不大于18m。长度大于18m的钢筋笼分节时，宜分段制作，主筋接头按规范要求错开。两节钢筋笼焊接的一端宜预留1~2m箍筋不绑扎，以便于主筋在孔口连接时进行施工。

(12) 应控制钢筋笼的运输及安装质量如下。

① 搬运和安装钢筋笼时，应采用有效措施防止钢筋笼变形，安放应对准孔位中心，避

免碰撞孔壁,宜采用吊车吊装,并缓慢垂直自由下放。

② 分段制作的钢筋笼在孔口对接安装时,应从垂直的两个方向校正钢筋笼的垂直度。

③ 声测管的安装宜与钢筋笼的安装同步进行。

④ 钢筋笼安装就位后,应立即固定,钢筋笼吊装的吊点不宜少于4个。

(13) 声测管埋设的相关要求如下:

① 对材质的要求(提前送样、封样):有足够的强度和刚度,保证在混凝土灌注过程中不会变形、破损,外壁与混凝土粘结良好,不产生剥离缝,影响测试结果。材质应有较大的透声率,既要保证发射换能器的声波能量尽可能多地进入被测混凝土中,又要使经混凝土传播后的声波能量尽可能多地被接收换能器接收,提高测试精度。声测管宜采用专用金属声测管,其内径宜为50~60mm,管的接长不宜采用焊接连接。

② 埋设数量及布置方法如下:当桩径不大于800mm时,声测管数量不应小于2根,对称布置。当桩径大于800mm且不大于2000mm时,声测管数量不应少于3根,三角形对称布置。当桩径大于2000mm时,声波管数量不应小于4根。

③ 连接接头应有足够的强度和刚度,保证声测管不致因受力而弯折、脱开,并有足够的水密性,在较高的静水压力下不漏浆。接口内壁应保持平整通畅,不应有焊渣、毛刺等凸出物,以免妨碍接头上下移动。安装完毕,声波管的上端应用螺纹盖或木塞封口,以免落入异物,阻塞管道。

(14) 应严格控制混凝土灌注质量:对于作业成孔混凝土灌注,灌注桩身混凝土应采用导管,导管下口距孔底不宜大于2m;灌注桩顶以下5m范围内混凝土时,在灌注过程中,应使用插入式振捣器振实,每次灌注高度不得大于1.5m,桩顶宜超灌0.3m以上。

学习笔记

第 3 章 砌体工程施工

> **教学目标**
>
> 1. 了解脚手架的使用安全技术;了解其他脚手架的搭设;了解砌体施工安全技术;了解砌体工程常见质量问题及处理。
> 2. 熟悉常用的垂直运输机械。
> 3. 掌握钢管脚手架的搭设技术;掌握砖砌体施工技术。

3.1 砌筑用脚手架

3.1.1 脚手架分类及搭设

脚手架是指施工现场为了便于工人操作,并解决垂直和水平运输问题而搭设的各种支架。一般在混凝土结构浇筑、砖墙砌筑、装饰和粉刷、管道安装、设备安装等方面,都需要搭设脚手架,它在建筑安装施工中占有特别重要的地位。

随着建筑施工技术的发展,脚手架的种类也越来越多。从搭设材质上说,有竹、木和钢管脚手架。按搭设的立杆排数,又可分单排架、双排架和满堂架;按搭设的用途,又可分为砌筑架、装修架;按搭设的位置,可分为外脚手架和内脚手架。

1. 外脚手架

搭设在建筑物或构筑物的外围的脚手架称为外脚手架。常见的外脚手架包括落地式脚手架、悬挑脚手架、吊篮脚手架、附着式升降脚手架、门式钢管脚手架等。

1)落地式脚手架

落地式脚手架是指可以放在地面上固定的脚手架,一般来讲建筑物多高,其架子就要搭多高。单排脚手架由落地的许多单排立杆与大、小横杆和扫地杆等绑扎或扣接而成;双排脚手架由落地的许多里、外两排立杆与大、小横杆和扫地杆等绑扎或扣接而成,如图 3-1 所示。

2)悬挑脚手架

悬挑脚手架用外脚手架杆件钢管或型钢做挑梁,一端固定在楼板上,另一端悬出建筑物以外,在上面绑两根大横杆,确定脚手架的宽度,在这个悬挑杆上搭设脚手架,就叫作悬挑脚手架,分为每层一挑、多层悬挑两种。悬挑脚手架是一种建筑中使用到的简易设施,包括脚手架部分和悬挑结构两部分,脚手架部分一般采用扣件式钢管脚手架,悬挑部分一般采用附着钢三角式或悬臂钢梁式,如图 3-2 和图 3-3 所示。

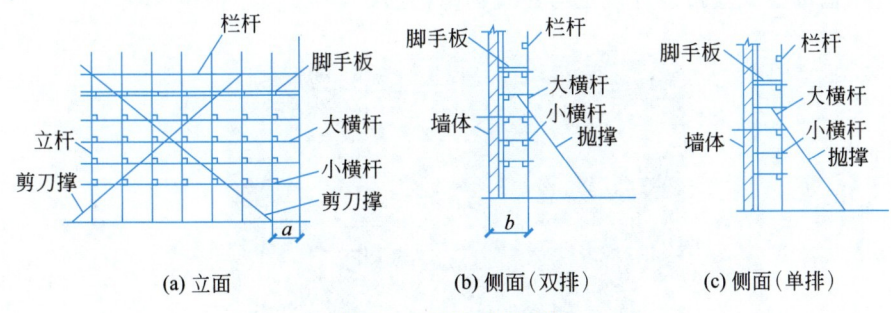

图 3-1 落地式脚手架

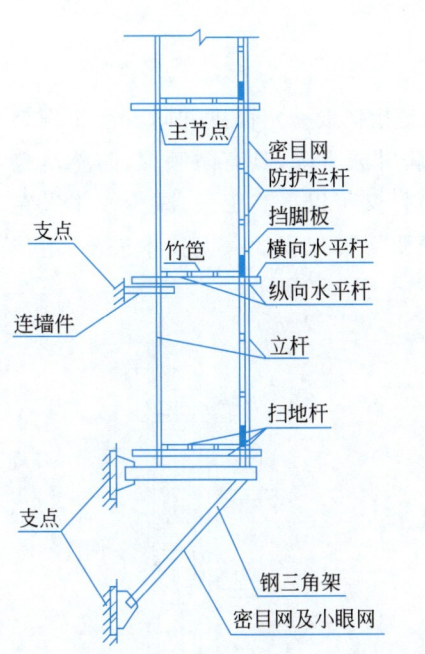

图 3-2 附着钢三角式悬挑脚手架

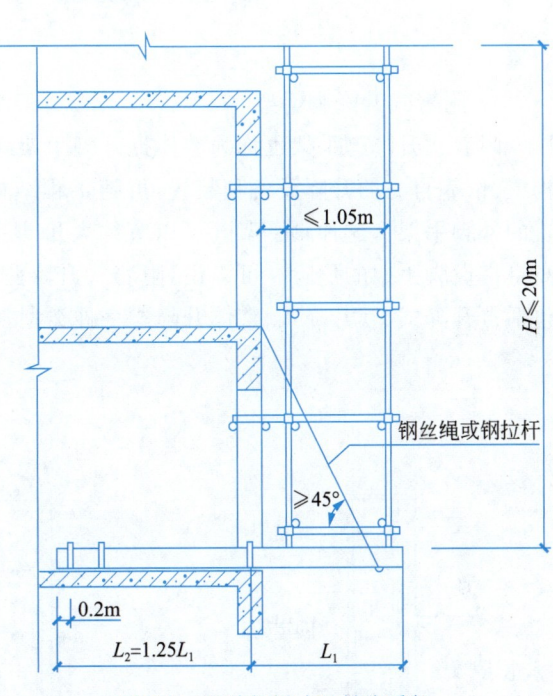

图 3-3 悬臂钢梁式悬挑脚手架

每层一挑搭设方法如下:将立杆底部顶在楼板、梁或墙体等建筑部位,向外倾斜固定后,在其上部搭设横杆、铺脚手板形成施工层,施工一个层高,待转入上层后,再重新搭设脚手架,提供上一层施工。

多层悬挑搭设方法如下:将全高的脚手架分成若干段,每段搭设高度不超过 20m,利用悬挑梁或悬挑架作脚手架基础分段悬挑,分段搭设脚手架,可以利用此种方法搭设超过 50m 的脚手架,悬挑脚手架外立面需满设剪刀撑。

3) 吊篮脚手架

吊篮脚手架是指事后组装成一定长度、宽度的作业平台,经过钢丝绳悬挂在由修建物顶部伸出的挑梁上,采用手搬葫芦或电动葫芦,使作业平台沿钢丝绳上下挪动,为施工人员提供挪动的作业平台,如图 3-4 所示。吊篮的最大长度不得超过 8m,宽度为 0.8~1.0m,高度不应超过两层,每层高度不得超过 2m。吊篮顶部需设护头棚,外侧和两端用安全网封严。悬挂吊篮的挑梁应按设计规定与建筑物结构固定牢靠。

图 3-4 吊篮脚手架

4）附着式升降脚手架

附着式升降脚手架也称为整体提升脚手架或爬架，是指搭设一定高度并附着于工程结构上，依靠自身的升降设备和装置，可随工程结构逐层爬升或下降，具有防倾覆、防坠落装置的外脚手架。这种脚手架既可以节约大量脚手架材料，又可以提高工效，减少了工人在高空搭设脚手架的危险。可以说，附着式升降脚手架是脚手架工程的一大技术进步，主要包括自升降式、互升降式、整体升降式三种类型，如图3-5～图3-7所示。

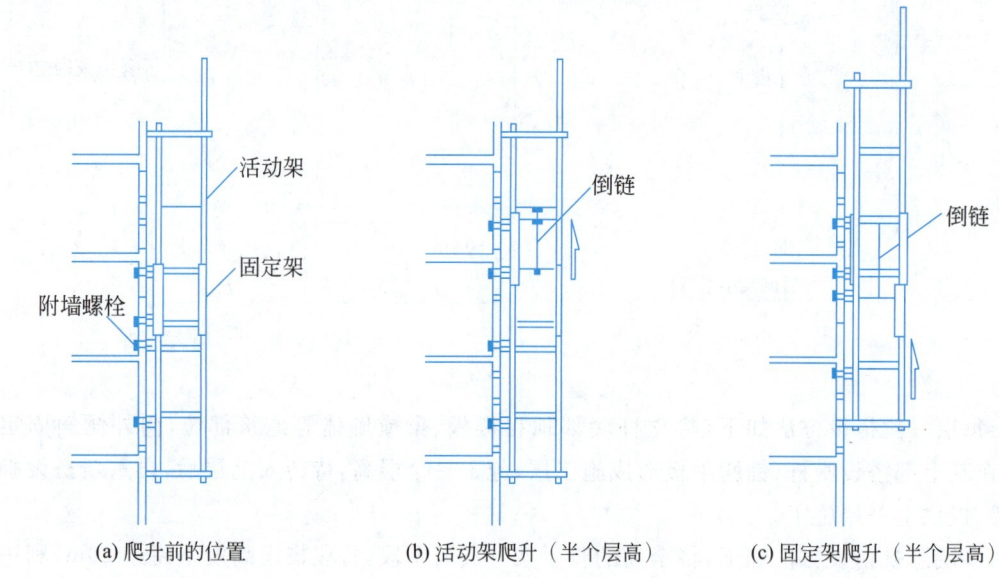

(a) 爬升前的位置　　(b) 活动架爬升（半个层高）　　(c) 固定架爬升（半个层高）

图 3-5 自升降式脚手架爬升过程

5）门式钢管脚手架

门式钢管脚手架是一种工厂生产、现场搭设的脚手架，是当今国际上应用最普遍的脚手架之一。它是由门架、交叉支撑、连接棒、挂扣式脚手板或水平架、锁臂等组成基本结构，再设置水平加固杆、剪刀撑、扫地杆、封口杆、托座与底座，并采用连墙件与建筑物主体结构相连的一种标准化钢管脚手架，如图3-8所示。

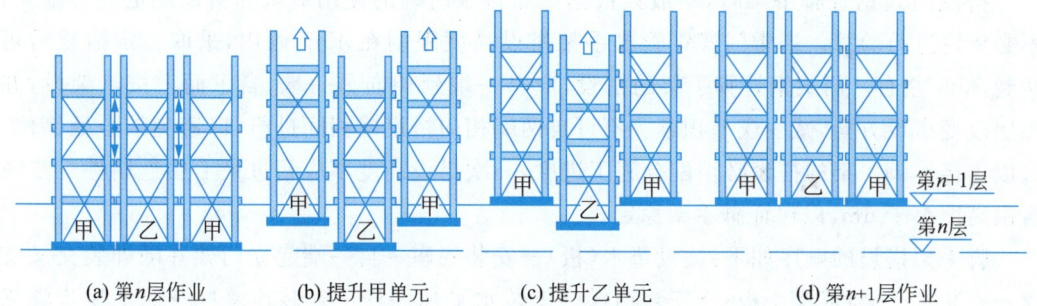

图 3-6 互升降式脚手架爬升过程

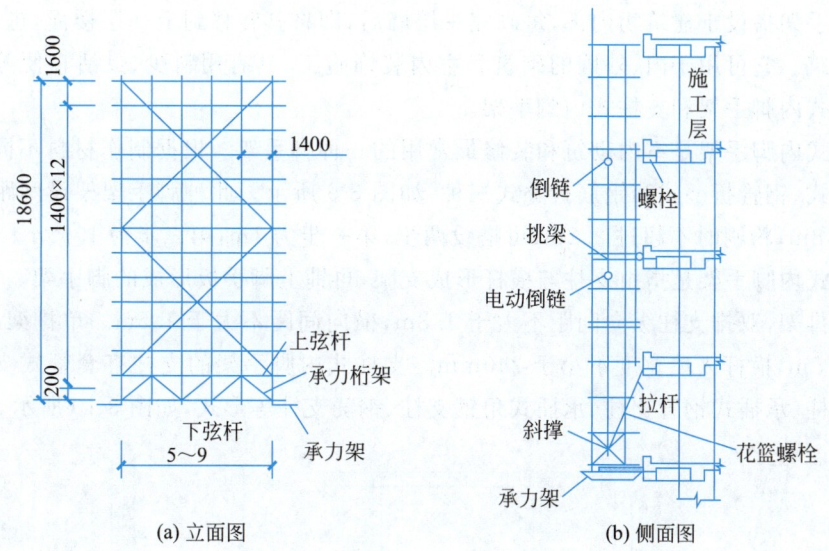

图 3-7 整体升降式脚手架

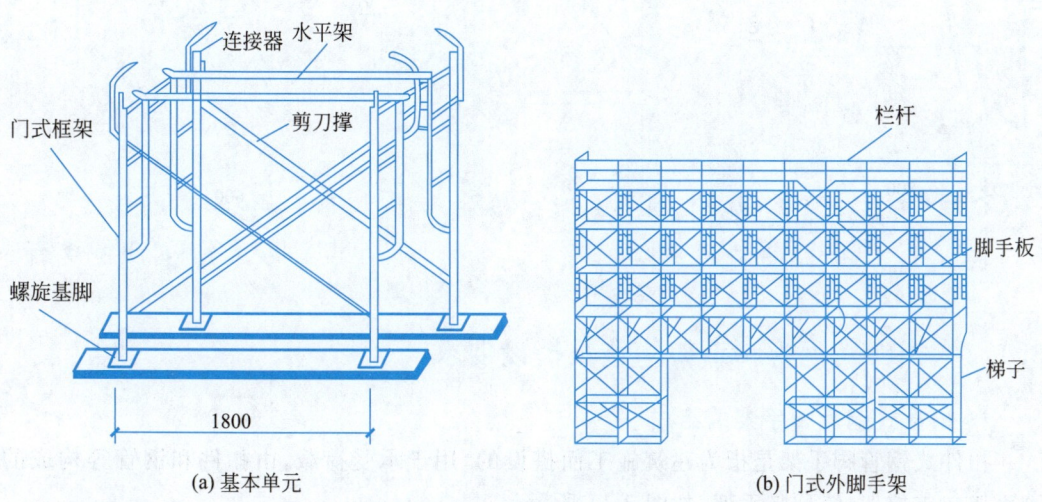

图 3-8 门式钢管脚手架

搭设门式钢管脚手架时,一般只根据产品目录所列的使用荷载和搭设规定进行施工,不必要再进行验算。通常门式钢管脚手架搭设高度限制在45m以内,采取一定措施后可达到80m左右。门式钢管脚手架的搭设,应自一端延伸向另一端,自下而上按步架设,并逐层改变搭设方向,减少误差积累。不可自两端相向搭设或相间进行,以避免结合处错位,难以连接。脚手架的搭设必须配合施工进度,一次搭设高度不应超过最上层连墙件三步或自由高度小于6m,以保证脚手架稳定。

脚手架搭设的顺序如下:铺设垫木(板)→安装底座→自一端起立门架并随即装交叉支撑→安装水平架(或脚手板)→安装钢梯→安装水平加固杆→安装连墙杆→照上述步骤逐层向上安装→按规定位置安装剪刀撑→装配顶步栏杆。

2. 内脚手架

内脚手架搭设于建筑物内部,每砌完一层墙后,即将其转移到上一层楼面,进行新的一层砌体砌筑。它可用于内、外墙的砌筑和室内装饰施工,具有用料少、灵活轻便等优点,主要有马凳式内脚手架和支柱式内脚手架。

马凳式内脚手架是室内砌筑和装修最常用的一种脚手架。根据制作材料不同,可分为角钢折叠式、钢管折叠式和钢筋折叠式三种,如图3-9所示。此种脚手架架设间距:砌筑时不超过1.8m,粉刷时不超过2.2m;可搭设两步,第一步为1m,第二步为1.65m。

支柱式内脚手架是指由支柱与横杆形成支架,再铺上脚手板形成的脚手架。可搭成双排架或单排架,双排支柱纵向间距不大于1.8m,横向间距不大于1.5m。单排架支柱距墙不大于1.5m,横杆入墙宽度不小于240mm。支柱式内脚手架的支柱有套管式支柱、双联式钢管支柱、承插式钢管支柱、承插式角钢支柱、钢筋支柱等形式,如图3-10所示。

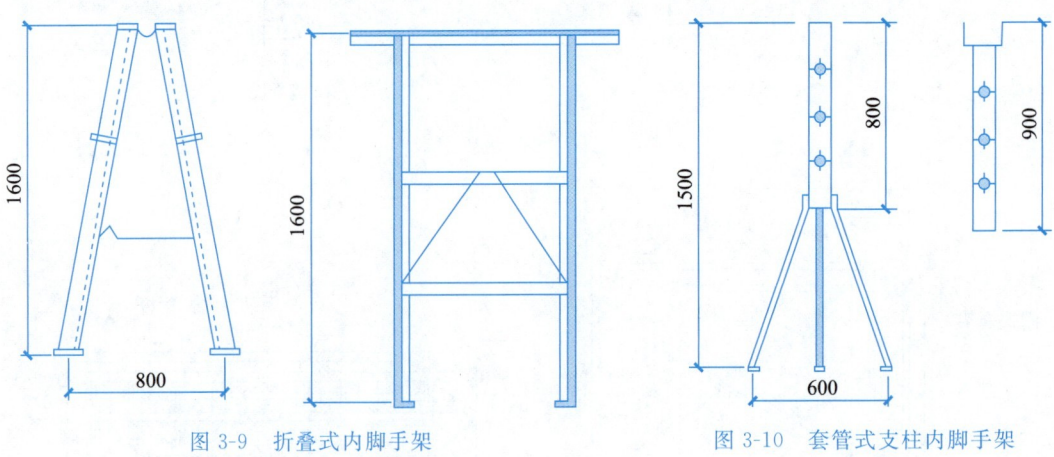

图3-9 折叠式内脚手架　　　　图3-10 套管式支柱内脚手架

3.1.2 扣件式钢管脚手架构造及搭设要求

1. 扣件式钢管脚手架的组成

扣件式钢管脚手架是指为建筑施工而搭设的,用于承受荷载,由扣件和钢管等构成的脚手架与支撑架,统称脚手架,如图3-11所示。

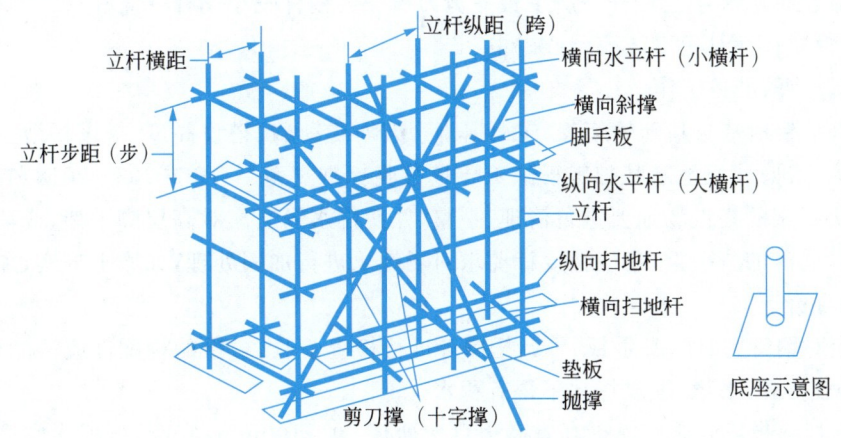

图 3-11　扣件式钢管脚手架构成示意图

钢管一般有两种:一种外径 48mm,壁厚 3.5mm;另一种外径 51mm,壁厚 3mm;根据其所在位置和作用不同,可分为立杆、水平杆、扫地杆、剪刀撑等。脚手架钢管宜采用 $\phi 48.3 \times 3.6$ 钢管。每根钢管的最大质量不应大于 25.8kg。

扣件是钢管与钢管之间的连接件,其形式有三种,即旋转扣件、对接扣件、直角扣件,如图 3-12 所示。

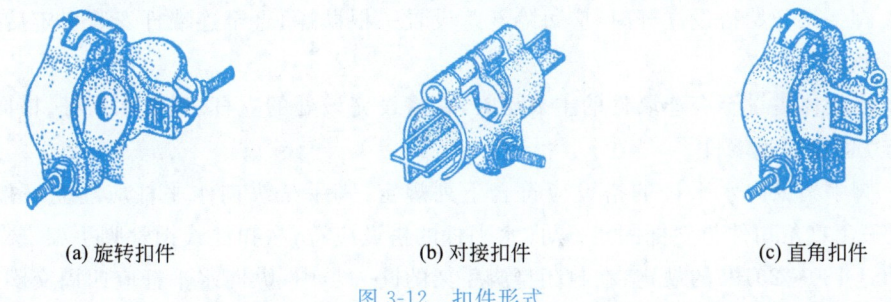

(a) 旋转扣件　　　　(b) 对接扣件　　　　(c) 直角扣件

图 3-12　扣件形式

旋转扣件用于两根任意角度相交钢管的连接。

对接扣件用于两根钢管对接接长的连接。

直角扣件用于两根垂直相交钢管的连接,它依靠扣件与钢管之间的摩擦力来传递荷载。

2. 扣件式钢管脚手架搭设流程

扣件式钢管脚手架一般由钢管杆件、扣件、底座、脚手板、安全网等组成。

搭设流程如下:在牢固的地基弹线、立杆定位→摆放扫地杆→竖立杆并与扫地杆扣紧→装扫地小横杆,并与立杆和扫地杆扣紧→安装第一步大横杆,并与各立杆扣紧→安装第一步小横杆→安装第二步大横杆→安装第二步小横杆→加设临时斜撑杆,上端与第二步大横杆扣紧(安装连接件后拆除)→安装第三、四步大横杆和小横杆→安装二层与柱拉杆→接立杆→加设剪刀撑→铺设脚手板,绑扎防护及挡脚板、立挂安全网。

拆除原则是由上而下,后搭者先拆,先搭者后拆。

同一部位拆除顺序是栏杆→脚手板→剪刀撑→大横杆→小横杆→立杆。

3. 扣件式钢管脚手架搭设要求

1) 搭设前的准备工作

(1) 脚手架地基与基础的施工,应根据脚手架所受荷载、搭设高度、搭设场地土质情况与现行国家标准《建筑地基基础工程施工质量验收标准规范》(GB 50202—2018)有关规定进行。对脚手架的搭设场地要进行清理、平整,并使排水畅通。对高层脚手架,或荷载较大而场地土软弱时的脚手架,还应按设计要求对场地土进行加固处理,如原土夯实、加设垫层(碎石或素混凝土)。

(2) 应对钢管、扣件、脚手板、可调托撑等进行检查验收,合格的构配件应按品种、规格分类,并堆放整齐、平稳,堆放场地不得有积水。

(3) 立杆垫板或底座底面标高宜高于自然地坪 50～100mm;底座、垫板均应准确地放在定位线上;垫板用长度不少于 2 跨、厚度不小于 50mm、宽度不小 200mm 的木垫板;脚手架基础经验收合格后,应按施工组织设计的要求放线定位。

2) 搭设过程

(1) 单、双排脚手架必须配合施工进度搭设,一次搭设高度不应超过相邻连墙件两步;如果超过相邻连墙件两步,无法设置连墙件时,应采取撑拉固定等措施与建筑结构拉结。

(2) 扣件螺栓拧紧扭力矩不应小于 40N·m,且不应大于 65N·m。

(3) 每搭完一步脚手架后,应按规定校正步距、纵距、横距及立杆的垂直度。

(4) 脚手架开始搭设立杆时,应每隔 6 跨设置一根抛撑,直至连墙件安装稳定后,方可根据情况拆除。

(5) 当架体搭设至有连墙件的主节点时,在搭设完该处的立杆、纵向水平杆、横向水平杆后,应立即设置连墙件。

(6) 脚手架纵向水平杆的搭设应符合下列规定:脚手架纵向水平杆应随立杆按步搭设,并应采用直角扣件与立杆固定;纵向水平杆的搭设应符合《扣件式钢管脚手架安全技术规范》(JGJ 130—2019)的规定;在封闭型脚手架的同一步中,纵向水平杆应四周交圈设置,并应用直角扣件与内外角部立杆固定。

(7) 脚手架横向水平杆搭设应符合下列规定:作业层上非主节点处的横向水平杆根据支承脚手板的需要间距设置,最大间距不应大于纵距的 1/2;当使用冲压钢脚手板、木脚手板、竹串片脚手板时,双排脚手架横向水平杆两端均应采用直角扣件固定在纵向水平杆上;单排脚手架横向水平杆的一端应用直角扣件固定在纵向水平杆上,另一端应插入墙内,插入长度不应小于 180mm;双排脚手架横向水平杆的靠墙一端至墙装饰面的距离不应大于 100mm;当使用竹笆脚手板时,双排脚手架横向水平杆的两端应用直角扣件固定在立杆上;单排脚手架横向水平杆的一端应用直角扣件固定在立杆上,另一端插入墙内,插入长度不应小于 180mm。

3) 扣件式钢管脚手架的拆除

(1) 架体的拆除应从上而下逐层进行,严禁上、下同时作业。

(2) 同层杆件和构配件必须按先外后内的顺序拆除;剪刀撑、斜撑杆等加固杆件必须在拆卸至该部位杆件时再拆除。

(3) 作业脚手架连墙件必须随架体逐层拆除,严禁先将连墙件整层或数层拆除后再拆架体。在拆除作业过程中,当架体的自由端高度超过 2 步时,必须加设临时拉结。

(4) 模板支撑脚手架的安装与拆除作业应符合现行国家标准《混凝土结构工程施工规范》(GB 50666—2011)的规定。

(5) 脚手架的拆除作业不得重锤击打、撬别。拆除的杆件、构配件应采用机械或人工运至地面,严禁从高处向地面抛掷。

3.2 垂直运输机械

3.2.1 塔式起重机

塔式起重机是建筑工地上最常用的一种起重设备,又名塔吊,以一节一节的接长(简称"标准节")来吊施工用的砌块、钢筋、混凝土、钢管等施工原材料,塔吊是工地上一种必不可少的设备。

布置塔式起重机时,应保证其起重高度与起重量满足工程需求,同时起重臂的工作范围应尽可能地覆盖整个建筑,以使材料运输切实到位。此外,主材料的堆放、搅拌站的出料口等均应尽可能地布置在起重机的工作半径内。

1. 塔式起重机分类

1) 按有无行走机构分类

塔式起重机可分为移动式塔式塔吊和固定式塔式塔吊。

移动式塔式塔吊根据行走装置的不同又可分为轨道式、轮胎式、汽车式、履带式四种。轨道式塔式塔吊如图 3-13(a)所示。轨道式塔式塔吊塔身固定于行走底架上,可在专设的轨道上运行,稳定性好,能带负荷行走,工作效率高,因此广泛应用于建筑安装工程。轮胎式、汽车式和履带式塔式塔吊无轨道装置,移动方便,但不能带负荷行走,稳定性较差。

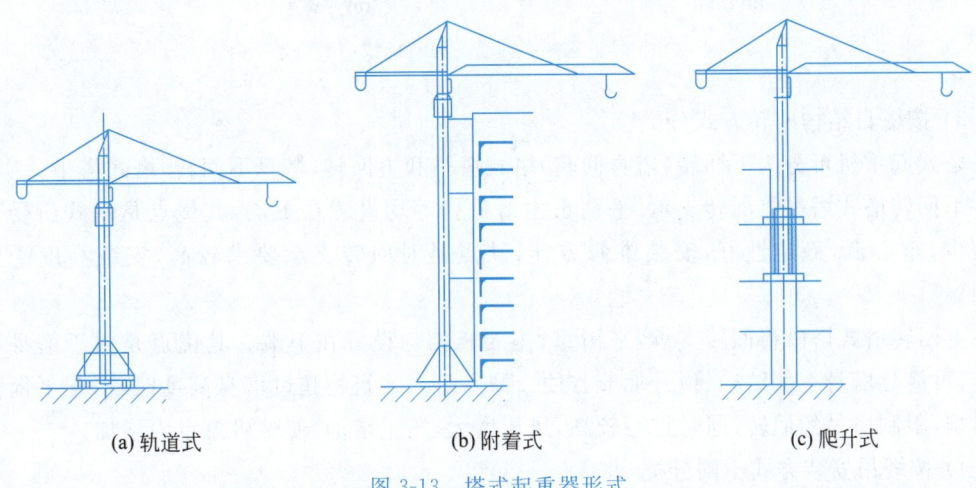

(a) 轨道式　　(b) 附着式　　(c) 爬升式

图 3-13　塔式起重器形式

固定式塔式塔吊根据装设位置的不同,又分为附着自升式(见图 3-13(b))和爬升式

(见图 3-13(c))两种,附着自升塔式塔吊能随建筑物升高而升高,适用于高层建筑,建筑结构仅承受由塔吊传来的水平荷载,附着方便,但占用结构用钢多;内爬式塔吊在建筑物内部(电梯井、楼梯间),借助一套托架和提升系统进行爬升,顶升较烦琐,但占用结构用钢少,不需要装设基础,全部自重及荷载均由建筑物承受。

2) 按起重臂构造特点分类

塔式起重机可分为俯仰变幅起重臂(动臂)和小车变幅起重臂(平臂)塔式塔吊。

俯仰变幅起重臂塔式塔吊靠起重臂升降来实现变幅,如图 3-14(a)所示。其优点是能充分发挥起重臂的有效高度,机构简单,缺点是最小幅度被限制在最大幅度的 30% 左右,不能完全靠近塔身,变幅时负荷随起重臂一起升降,不能带负荷变幅。

小车变幅起重臂塔式塔吊靠水平起重臂轨道上安装的小车行走实现变幅,如图 3-14(b)所示。其优点是变幅范围大,载重小车可驶近塔身,能带负荷变幅,缺点是起重臂受力情况复杂,对结构要求高,且起重臂和小车必须处于建筑物上部,塔尖安装高度比建筑物屋面要高出 15~20m。

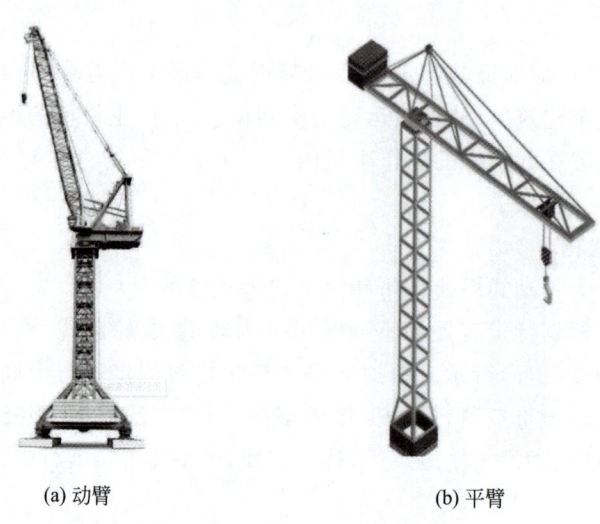

(a) 动臂　　　　　　　　(b) 平臂

图 3-14　塔式起重机起重臂构造

3) 按塔身结构回转方式分类

塔式起重机可分为下回转(塔身回转)塔式塔吊和上回转(塔身不回转)塔式塔吊。

下回转塔式塔吊将回转支承、平衡重主要机构等均设置在下端,其优点是塔式所受弯矩较少,重心低,稳定性好,安装维修方便,缺点是对回转支承要求较高,安装高度受到限制。

上回转塔式塔吊将回转支承、平衡重、主要机构均设置在上端。其优点是由于塔身不回转,可简化塔身下部结构、顶升加节方便。缺点是当建筑物超过塔身高度时,由于平衡臂的影响,限制塔吊的回转,同时重心较高,风压增大,压重增加,使整机总重力增加。

4) 按塔吊安装方式不同分类

塔式起重机可分为能进行折叠运输、自行整体架设的快速安装塔式塔吊和需借助辅机进行组拼和拆装的塔式塔吊。

能进行折叠运输、自行整体架设的快速安装式塔机都属于中小型下回转塔机,主要用于工期短、要求频繁移动的低层建筑上,主要优点是能提高工作效率,节省安装成本,省时省工省料,缺点是结构复杂,维修量大。

需借助辅机进行组拼和拆装的塔式塔吊主要用于中高层建筑及工作幅度大,起重量大的场所,是建筑工地上的主要机种。

5) 按有无塔尖的结构分类

塔式起重机可分为平头塔式塔吊和尖头塔式塔吊。

平头塔式塔吊是最近几年发展起来的一种新型塔式塔吊,如图 3-15(a)所示。其特点是在原自升式塔机的结构上取消了塔尖及其前、后拉杆部分,增强了大臂和平衡臂的结构强度,大臂和平衡臂直接相连。其优点是整机体积小,安装便捷安全,降低运输和仓储成本,起重臂耐受性能好,受力均匀一致,对结构及连接部分损坏小,部件设计可标准化、模块化、互换性强,减少设备闲置,提高投资效益,缺点是在同类型塔机中平头塔机价格稍高。

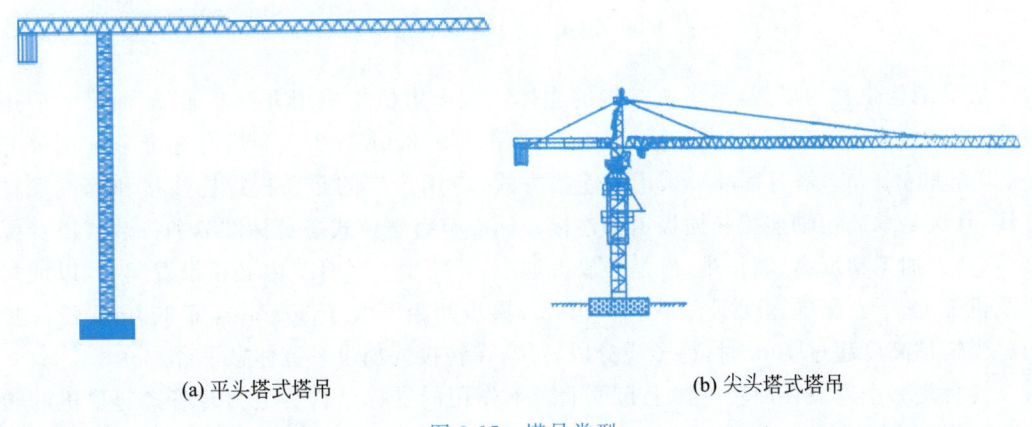

(a) 平头塔式塔吊   (b) 尖头塔式塔吊

图 3-15 塔吊类型

尖头塔式塔吊能回转,但只有在尖头起仰的角度不同的长度内起吊,起吊半径区域比较小,但是起吊能力基本和位置没关系,且基本固定。

6) 按塔身加节形式分类

塔式起重机可分为塔身下加节、塔身中加节和塔身上加节,如图 3-16 所示。

2. 塔式起重机构造

塔式起重机由金属结构、工作机构和电气系统三部分组成。金属结构包括塔身、动臂、底座、附着杆等。工作机构有起升、变幅、回转和行走四部分。电气系统包括电动机、控制器、配电框、连接线路、信号及照明装置等。

1) 金属结构

塔机的金属结构由起重臂、塔身、转台、承座、平衡臂、底架、塔尖等组成。

起重臂构造形式为小车变幅水平臂架,有单吊点、双吊点和起重臂与平衡臂连成一体的锤头式小车变幅水平臂架。锤头式小车变幅水平臂架装设于塔身顶部,形状如锤头,塔身如锤柄,不设塔尖,故又叫平头式。平头式的结构形式更简单,更有利于受力,减轻自重,可简化构造。小车变幅臂架大多采用正三角形的截面。

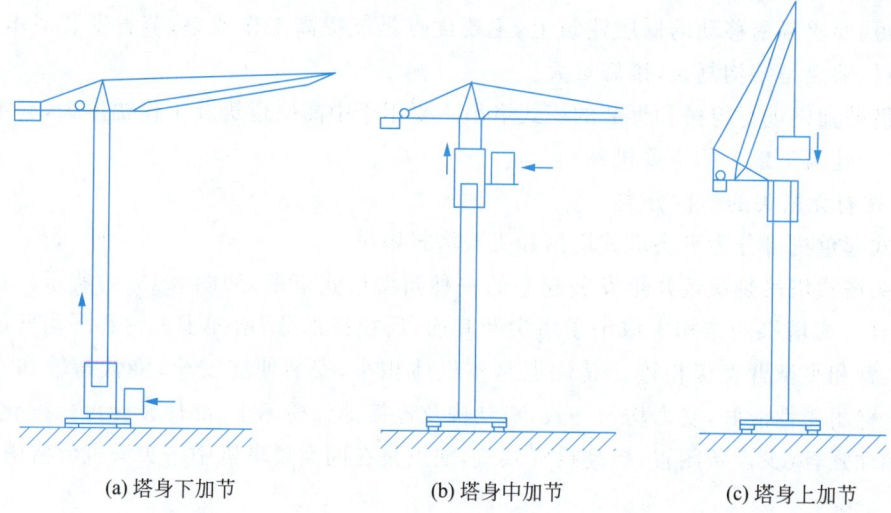

(a) 塔身下加节　　(b) 塔身中加节　　(c) 塔身上加节

图 3-16　塔式起重机塔身加节形式

塔身结构也称为塔架,是塔机结构的主体。现今塔机均采用方形断面,断面尺寸应用较广的有 1.2m×1.2m,1.4m×1.4m,1.6m×1.6m,2.0m×2.0m;塔身标准节常用尺寸是 2.5m 和 3.0m。塔身标准节采用的连接方式,应用最广的是盖板螺栓连接和套柱螺栓连接,其次是承插销轴连接和插板销轴连接。标准节有整体式塔身标准节和拼装式塔身标准节,后者加工精度高,制作难,但是堆放占地小,运费少。塔身节内必须设置爬梯,以便司机及机工上、下。爬梯宽度不宜小于 500mm,梯步间距不大于 300mm,每 500mm 设一护圈。当爬梯高度超过 10m 时,梯子应分段转接,在转接处加设一道休息平台。

转台是一个安装在回转支撑上起承上启下作用的支撑结构。上回转塔式起重机的转台多采用型钢和钢板组焊成的工字形断面环梁结构,它支撑着塔顶结构和回转塔架,并通过回转支撑及承座将上部荷载传给塔身结构,转台两侧各装有一台回转机构。

上回转塔机均需设平衡重,其功能是支承平衡重,用以构成设计上所要求的作用方面与起重力矩方向相反的平衡力矩。除平衡重外,还常在其尾部装设起升机构,起升机构之所以同平衡重一起安放在平衡臂尾端,一则可发挥部分配重作用;二则增大绳卷筒与塔尖导轮间的距离,以利于钢丝绳的排绕,并避免发生乱绳现象。

小车变幅塔式起重机采用的底架可分为十字形底架和带撑杆的十字形底架、带撑杆的井字形底架、带撑杆的水平框架式杆件拼装底架和塔身偏置式底架。

塔尖的功能是承受臂架拉绳及平衡臂拉绳传来的上部荷载,并通过回转塔架、转台、承座等的结构部件式直接通过转台传递给塔身结构。自升塔顶有截锥柱式、前倾或后倾截锥柱式、人字架式及斜撑架式。

2) 工作机构

塔机的工作机构有:起升机构、变幅机构、回转机构、液压顶升机构和行走机构。

(1) 起升机构包括电动机、联轴节、变速箱、制动器、卷筒等,还包括滑轮组、吊钩及吊钩高度限位装置。起升机构的调速装置通常采用涡流制动器调速、晶闸管交流定子调压调速、双速或多速交流电动机调速、闭环电磁联轴器(LMD)调速系统。驱动方式可以分为四大类,即绕线式电机驱动起升机构、笼型电动机驱动起升机构、交流电机组驱动起升机构和液压驱动起升机构。前两类起升机构应用最广,后两类仅在极少数重型塔机上采用。

(2) 变幅机构由一台变幅卷扬机完成变幅动作。对于小车变幅塔式起重机,变幅机构又称小车牵引机构,它由电动机经联轴节和安装在卷筒内部的少齿差行星齿轮减速器驱动卷筒,经过钢丝绳牵引小车沿水平吊臂上的轨道行走。

(3) 回转机构将塔式起重机在全幅的工作范围内旋转,当塔式起重机的臂长很大时,回转的惯性力就很大,除了在转台上装置双排滚柱轴承或交叉滚柱轴承,还需要考虑装置具有一定的调速和制动性能的回转机构。回转机构由支撑装置(带齿轮的轴承)与回转驱动机构两大部分组成。前者用来支持塔式起重机回转部分,后者用来驱动塔式起重机的旋转。回转支撑装置主要有定柱式、转柱式和转盘式三大类,常用的是定柱式和转盘式。

(4) 液压顶升系统用于完成塔身的顶升接高工作。当需要接高塔身时,由塔式起重机吊起一节塔身标准中间节,开动油泵电动机,使顶升液压油缸工作,顶起顶升套架及上部结构,当顶升到超过一个塔身标准节高度时,将套架定位销就位锁紧,并提起液压顶升油缸的活塞杆,形成引入标准节的空间。当吊起标准节引入后,安装连接螺栓,将其紧固在原塔身上,再次使顶升套架落下,紧固过渡节和刚接高的标准节相连的螺栓,完成顶升接高工作。若按相反顺序操作,即可完成自行拆塔工作。液压顶升系统工作油路图采用平衡回路,以提高顶升套架下落时的稳定性,使顶升可靠、安全。

(5) 行走机构由两个主动行走台车和两个从动台车组成。一般主、从动台车按对角线对称布置。主动行走台车由电动机经液力耦合器、涡轮减速器和开式齿轮减速后驱动行走轮。行走机构采用液力耦合器,可以保证行走机构启动和停车平稳,无冲击。为适应塔式起重机的转弯要求,顺利地通过曲线轨道,在塔式起重机的行走机构中,有两个行走台车或行走轮装在与起重机底架铰接的摆动支架上。塔式起重机转弯时,摆动支架、台车绕垂直轴一起转动。

3) 电气系统

电气系统包括电动机、控制器、配电柜、连接线路、信号及照明装置等。

3. 塔式起重机安全规程

1) 操作前检查

(1) 上班前,必须进行交接班手续,检查机械履历书及交接班记录等的填写情况及记载事项。

(2) 操作前应松开夹轨器,按规定的方法将夹轨器固定。清除行走轨道的障碍物,检查跨轨两端行走限位止挡离端头不小于 2~3m,并检查道轨的平直度、坡度和两条轨道的高差是否符合塔机的有关安全技术规定,路基不得有沉陷、溜坡、裂缝等现象。

(3) 轨道安装后,必须符合下列规定:两轨道的高度差不大于 1/1000。纵向和横向的坡度均不大于 1/1000。轨距与名义值的误差不大于 1/1000,其绝对值不大于 6mm。钢轨接头间隙为 2~4mm,接头处两轨顶高度差不大于 2mm,两根钢轨接头必须错开 1.5m。

(4) 检查各主要螺栓的紧固情况,焊缝及主角钢无裂纹、开焊等现象。

(5) 检查机械传动的齿轮箱、液压油箱等的油位符合标准。

(6) 检查各部制动轮、制动带(蹄)无损坏,制动灵敏;吊钩、滑轮、卡环、钢丝绳应符合标准;安全装置(力矩限制器、重量限制器、行走、高度变幅限位及大钩保险等)灵敏、可靠。

(7) 操作系统、电气系统接触良好,无松动、无导线裸露等现象。

(8) 对于带有电梯的塔机,必须验证各部安全装置安全可靠。

(9) 配电箱在送电前,联动控制器应在零位。合闸后,检查金属结构部分无漏电方可上机。

(10) 所有电气系统必须有良好的接地或接零保护。每20m作一组接地,不得与建筑物相连,接地电阻不得大于4Ω。

(11) 起重机各部位在运转中1m以内不得有障碍物。

(12) 操作塔式起重机前,应进行空载运转或试车,确认无误后,方可投入生产。

2) 安全操作

(1) 操作中平移起重物时,重物应高于其所跨越障碍物高度至少100mm。

(2) 起重机行走到接近轨道限位时,应提前减速停车。

(3) 起吊重物时,不得提升悬挂不稳的重物,严禁在提升的物体上附加重物,起吊零散物料或异形构件时,必须用钢丝绳捆绑牢固,应先将重物吊离地面约50cm停住,确定制动、物料绑扎和吊索具,确认无误后,方可指挥起升。

(4) 起重机在夜间工作时,必须有足够的照明。

(5) 起重机在停机、休息或中途停电时,应将重物卸下,不得把重物悬吊在空中。

(6) 操作室内,无关人员不得进入,禁止放置易燃物和妨碍操作的物品。

(7) 起重机严禁乘运或提升人员。起落重物时,重物下方严禁站人。

(8) 起重机的臂架和起重物件必须遵守与高低压架空输电线路的安全距离的规定。

(9) 两台塔式起重机同在一条轨道上或两条平行的或相互垂直的轨道上进行作业时,应保持两机之间任何部位的安全距离,最小不得低于5m。

(10) 遇有下列情况时,应暂停吊装作业:遇有恶劣气候如大雨、大雪、大雾和施工作业面有六级(含六级)以上的强风影响安全施工时;起重机发生漏电现象;钢丝绳严重磨损,达到报废标准;安全保护装置失效或显示不准确。

(11) 司机必须经由扶梯上、下,上、下扶梯时,严禁手携工具物品。

(12) 严禁由塔机上向下抛掷任何物品或便溺。

(13) 冬季在塔机操作室取暖时,应采取防触电和火灾的措施。

(14) 凡有电梯的塔式起重机,必须遵守电梯的使用说明书中的规定,严禁超载和违反操作程序。

(15) 多机作业时,应避免两台或两台以上塔式起重机在回转半径内重叠作业。当有特殊情况需要重叠作业时,必须保证臂杆的垂直安全距离和起吊物料时相互之间的安全距离,并有可靠安全技术措施,经主管技术领导批准后方可施工。

(16) 动臂式起重机在重物吊离地面后,可以同时进行起重、回转、行走三种动作,但变幅只能单独进行,严禁带载变幅。允许带载变幅的起重机,在满负荷或接近满负荷时,不得变幅。

(17) 起升卷扬不安装在旋转部分的起重机,在起重作业时,不得顺一个方向连续回转。

(18) 装有机械式力矩限制器的起重机,在多次变幅后,必须根据回转半径和该半径的额定负荷,对超负荷限位装置的吨位指示盘进行调整。

(19) 弯轨路基必须符合规定,起重机拐弯时,应在外轨面上撒上砂子,内轨轨面及两翼涂上润滑脂。配重箱应转至拐弯外轮的方向。严禁在弯道上进行吊装作业或吊重物转弯。

3) 停机后检查

(1) 塔式起重机停止操作后,必须选择塔式起重机回转时无障碍物和轨道中间合适的位置及臂顺风向停机,并锁紧全部的夹轨器。

(2) 凡是回转机构带有常闭或制动装置的塔式起重机,在停止操作后,司机必须搬开手柄,松开制动,以便起重机能在大风吹动下顺风向转动。

(3) 应将吊钩起升到距起重臂最小距离不大于 5m 位置,吊钩上严禁吊挂重物。在未采取可靠措施时,不得采用任何方法限制起重臂随风转动。

3.2.2 施工电梯、井架和龙门架

施工电梯又称为外用施工电梯,是一种安装于建筑物外部,运送施工人员和建筑器材用的垂直提升机械。建筑施工电梯可附着在外墙或其他建筑物结构上,随着建筑物主体结构施工而接高,如图 3-17 所示。采用施工电梯运送施工人员上、下楼层可节省工时,减轻工人体力消耗,提高劳动生产率。其高度可达 100m,可载运货物 1.0~1.2t,或载人 12~15 人。

井架是砌筑工程垂直运输的常用设备之一,既可以采用型钢或钢管加工成定型产品,也可以采用脚手架部件搭设,如图 3-18 所示。井架的特点是稳定性好,运输量大,可以搭设较大高度。近几年来各地对井架的搭设和使用有许多新发展,除了常用的木井架、钢管井架、型钢井架等,所有多立杆式脚手架的杆件和框式脚手架的框架都可用以搭设不同形式和不同井孔尺寸的单孔井架或多孔井架。有的工地在单孔井架使用中,除了设置内吊盘,还在井架两侧增设一个或两个外吊盘,分别用两台或三台卷扬机提升,同时运行,大大增加了运输量。

龙门架是由两组格构式立杆和横梁(天轮梁)组合而成的门式起重设备,如图 3-19 所示。龙门架的起重高度一般为 15~30m,起重量为 0.6~1.2t。

井架、龙门架由架体、提升与传动机构、吊笼、稳定机构、安全保护装置和电气控制系统等组成。

1. 架体

架体的主要构件有底架、立柱、导轨和天梁。

2. 提升与传动机构

卷扬机按构造形式分为可逆式卷扬机和摩擦式卷扬机。提升机卷扬机应符合《建筑卷扬机》(GB/T 1955—2019)的规定,并且应能够满足额定起重量、提升高度、提升速度等参数的要求。卷扬机卷筒应符合下列要求:卷扬机卷筒边缘外周至最外层钢丝绳的距离不应小于钢丝绳直径的 2 倍,且应有防止钢丝绳滑脱的保险装置;卷筒与钢丝绳直径的比值不应小于 30。

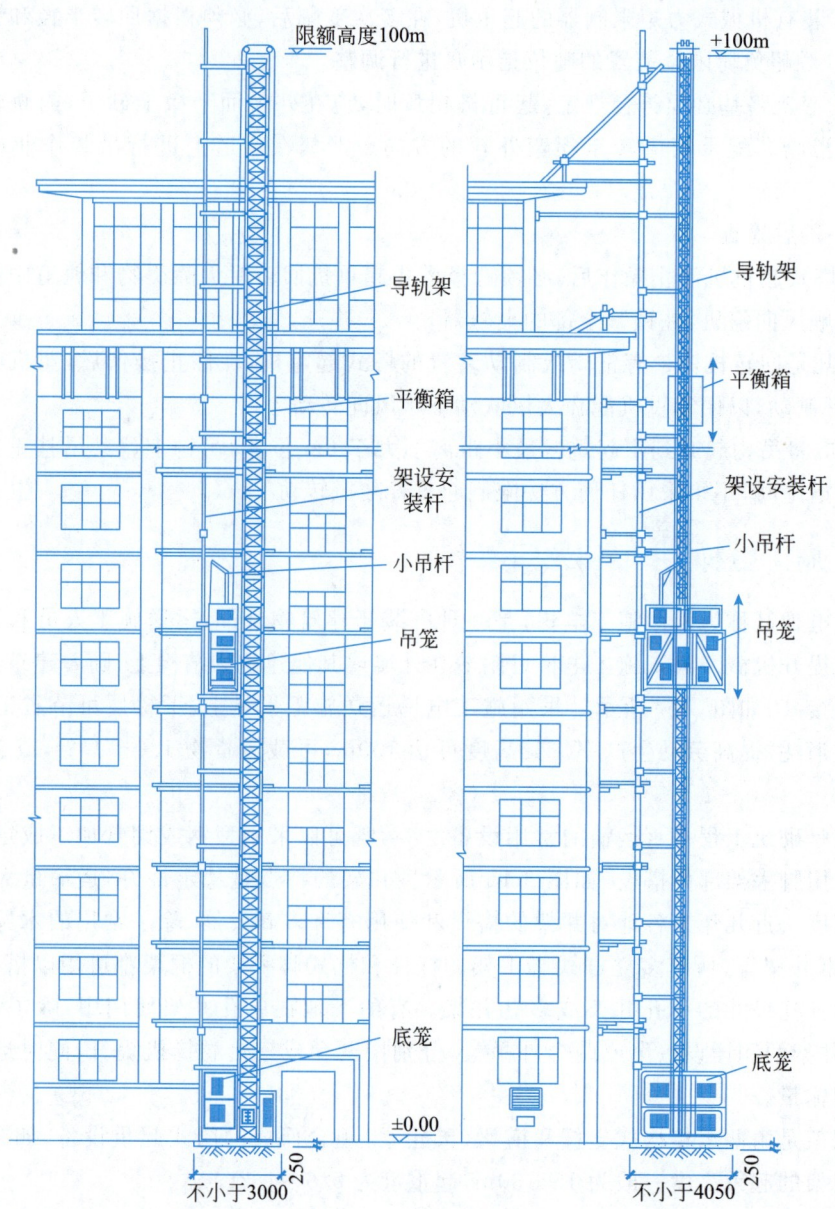

图 3-17 施工电梯

滑轮与钢丝绳装在天梁上的滑轮称为天轮,装在架体底部的滑轮称地轮,钢丝绳通过天轮、地轮及吊笼上的滑轮穿绕后,一端固定在天梁的销轴上,另一端与卷扬机卷筒锚固。

导靴是安装在吊笼上沿导轨运行的装置,可防止吊笼运行中偏移或摆动,保证吊笼垂直上下运行。

3. 吊笼(吊篮)

吊笼(吊篮)是装载物料沿提升机导轨做上下运行的部件。吊笼(吊篮)的两侧应设置高度不小于 100cm 的安全挡板或挡网。

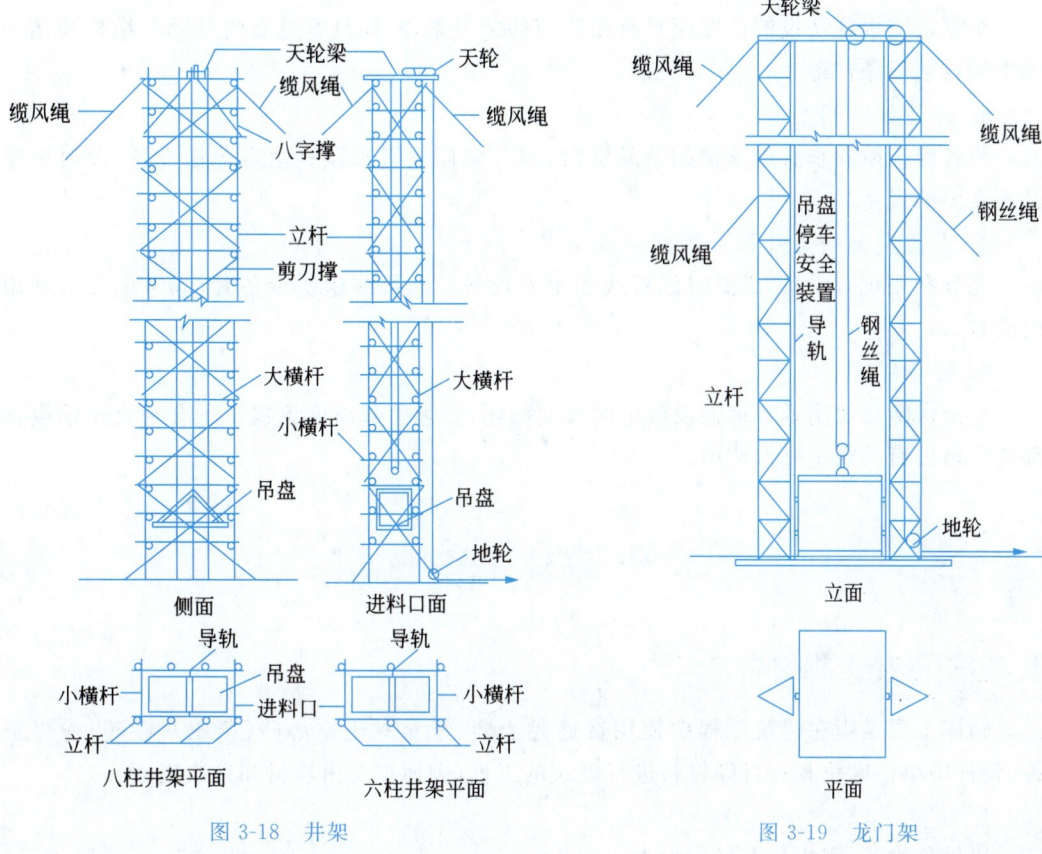

图 3-18 井架　　　　　图 3-19 龙门架

4. 稳定机构

井架(龙门架)的稳定性能主要取决于井架(龙门架)的基础、附墙架、缆风绳及地锚。

3.2.3 垂直运输设备设置要求

垂直运输设施的设置应根据施工现场的具体情况来选择,并应在考虑使垂直运输机械满足施工要求的前提条件下,也能够充分发挥设备效能。

1. 覆盖面和供应面

塔吊覆盖面是指塔吊起重幅度为半径的圆形吊运覆盖面积。井架、龙门架等垂直运输设施的供应面是指借助水平运输手段所能达到的供应范围。

2. 供应能力

垂直运输设施的供应能力等于每次吊运材料的体积、质量或件数与吊运次数的乘积。由于设备一些难以避免的因素对供应能力的影响,应在算得的供应能力数值的基础上乘以 0.50～0.75 的折减系数,并应使垂直运输设施的供应能力满足高峰工作量的需要。

3. 提升高度

设备的提升高度能力应比实际需要的高度高,其高出程度不少于 3m,以确保安全。

4. 水平运输手段

在考虑垂直运输设施时,必须同时考虑与其配合的水平运输手段。

5. 装设条件

垂直运输设施装设的位置应具有相适应的装设条件,如具有可靠的基础与结构拉结和水平运输通道条件等。

6. 设备效能的发挥

当各施工阶段垂直运输量相差悬殊时,应分阶段设置和调整垂直运输设备,及时拆除已不需要的设备。

7. 设备拥有的条件和今后利用问题

充分利用现有设备,必要时添置或加工新设备。购买或租赁设备时,应考虑今后利用的前景。

8. 安全保障

安全保障是使用垂直运输设施中的首要问题,必须引起高度重视。所有垂直运输设备都要严格按有关规定操作使用。

3.3 砌体工程施工

3.3.1 砌体工程材料

砌体工程是指在建筑工程中使用普通黏土砖、承重黏土空心砖、蒸压灰砂砖、粉煤灰砖、各种中小型砌块和石材等材料进行砌筑的工程,砌体主要由块材和砂浆组成。

1. 块材

块材分为砖、砌块与石材三大类。

1) 烧结普通砖

烧结普通砖由黏土、页岩、煤矸石或粉煤灰为主要原料,经过焙烧而成的实心或孔洞率不大于规定值且外形尺寸符合规定的砖。其规格为 240mm×115mm×53mm(长×宽×高),如图 3-20 所示,强度等级可以分为 MU30、MU25、MU20、MU15、MU10。烧结普通砖中的黏土砖,因其毁田取土,能耗大、块体小、施工效率低、砌体自重大、抗震性差等缺点,截止到 2010 年年底,我国城市城区禁止使用实心黏土砖。

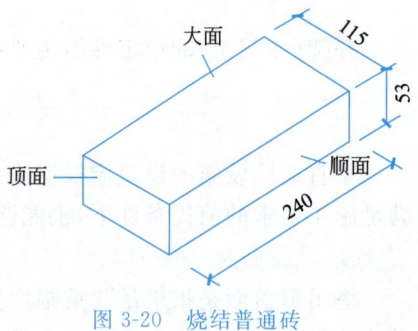

图 3-20 烧结普通砖

2) 烧结多孔砖

烧结多孔砖是以黏土、页岩、煤矸石等为主要原料,经过焙烧而成的承重多孔砖。其规格有 190mm×190mm×90mm 和 240mm×115mm×90mm 两种,分为 MU30、MU25、MU20、MU15、MU10 五个强度等级。

3) 烧结空心砖

烧结空心砖是以黏土、页岩、煤矸石等为主要材料,经焙烧而成的空心砖。长度有 240mm、290mm,宽度有 140mm、180mm、190mm,高度有 90mm、115mm,强度等级分为 MU5.0、MU3.0、MU2.0,因而一般用于非承重墙体。

4）蒸压粉煤灰砖

蒸压粉煤灰砖以粉煤灰、生石灰为主要原料，可掺入适量石膏等外加剂和其他集料，经坯料制备、压制成型、高压蒸汽养护而制成，如图 3-21 所示，产品代号为 AFB。根据现行行业标准《蒸压粉煤灰砖》(JC 239—2014) 的规定，蒸压粉煤灰砖按强度分为 MU30、MU25、MU20、MU15、MU10 五个强度等级。

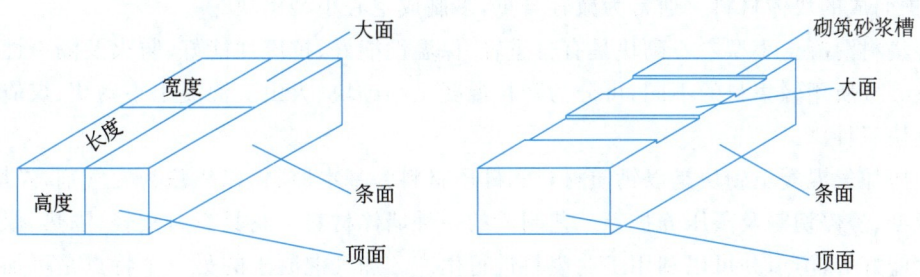

图 3-21 蒸压粉煤灰砖各部分名称

蒸压粉煤灰砖可用于工业与民用建筑的墙体和基础，但用于基础或用于易受冻融和干湿交替作用的建筑部位时，必须使用 MU15 及以上强度等级的砖。蒸压粉煤灰砖不得用于长期受热（200℃以上）、受急冷急热和有酸性介质侵蚀的建筑部位。为避免或减少收缩裂缝的产生，用蒸压粉煤灰砖砌筑的建筑物，应适当增设圈梁及伸缩缝。

5）炉渣砖

炉渣砖是以燃烧后的煤渣为主要原料，配以一定数量的石灰和少量石膏，加水搅拌、陈伏、轮碾、成型和蒸汽养护而制成的砖，呈黑灰色，表观密度为 1500～2000kg/m³。炉渣砖按其抗压和抗折强度分为 MU20、MU15、MU10 三个强度等级。根据外观质量分为一等和二等两个质量等级。该类砖可用于一般工程的内墙和非承重外墙，但不得用于受高温和受急冷急热交替作用或有酸性介质侵蚀的部位。

6）灰砂砖

灰砂砖是用石灰和天然砂经混合搅拌、陈伏、轮碾、加压成型、蒸压养护而制成的砖。用料中石灰约占 10%～20%。其表观密度为 1800～1900kg/m³。灰砂砖分为 MU25、MU20、MU15 和 MU10 四个强度等级。根据尺寸偏差和外观质量、强度和抗冻性分为优等品(A)、一等品(B) 和合格品(C) 三个质量等级。

灰砂砖可用于工业与民用建筑的墙体和基础。但由于灰砂砖中的某些水化产物（氢氧化钙、碳酸钙等）不耐酸，也不耐热，因此不得用于长期受热高于 200℃ 和受急冷、急热交替作用或有酸性介质侵蚀的建筑部位，也不宜用于有流水冲刷的部位。

7）砌筑用砌块

砌块是用于砌筑的、规格尺寸比砖大的人造块材，是建筑工程常用的新型墙体材料之一，如图 3-22 所示。一般为直角六面体，也有各种异形的砌块。砌块的原材料丰富，制作简单，施工效率较高，适用性强。按产品主规格尺寸，可分为大型砌块

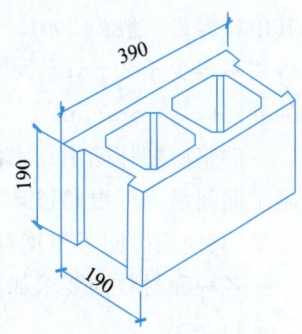

图 3-22 砌筑用砌块

（高度大于980mm）、中型砌块（高度为380～980mm）和小型砌块（高度大于115mm、小于380mm）。砌块高度一般不大于长度或宽度的6倍，长度不超过高度的3倍，目前我国以中、小型砌块使用较多。常见的砌筑用砌块为混凝土小型空心砌块、轻集料混凝土小型空心砌块和蒸压加气混凝土砌块等。

混凝土砌块是以水泥为胶结材料，以砂、石或炉渣、煤矸石等为集料，经加水搅拌、成型、养护而成的块体材料。通常为减轻自重，多制成空心小型砌块。

轻集料混凝土小型空心砌块具有自重轻、保温性能好、抗震性能好、防火及隔声性能好等特点。按所用轻集料的不同，可分为陶粒混凝土小砌块、火山渣混凝土小砌块、煤渣混凝土小砌块三种。

蒸压加气混凝土砌块是以钙质材料和硅质材料为基本原料，以铝粉为发气剂，经搅拌、浇注成型、静停切割及蒸压养护等工艺制成的一种墙体材料。它具有自重轻、隔热、保温及吸声性能好等优点，并可以利用工业废料进行生产。加气混凝土的另一个特点是可加工性能好，这种材料可锯可刨，可钻孔，可钉钉子。根据生产所用的主要材料不同，可分为水泥矿渣砂加气混凝土、水泥石灰砂加气混凝土及水泥石灰粉煤灰加气混凝土三种。

8）砌筑用石材

砌筑用石材分为毛石、料石两类。毛石又分为乱毛石和平毛石。乱毛石是指形状不规则的石块；平毛石是指形状不规则，但有两个平面大致平行的石块。料石按其加工面的平整程度分为细料石、半细料石、粗料石和毛料石四种。料石的宽度、厚度均不宜小于200mm，长度不宜大于厚度的4倍。石材按其质量密度大小分为轻石和重石两类，质量密度不大于1800kg/m³的是轻石，质量密度大于1800kg/m³的是重石。根据石材的抗压强度值，将石材分为MU20、MU30、MU40、MU50、MU60、MU80、MU100七个强度等级。

2. 砂浆

砌筑砂浆分为三类：水泥砂浆、混合砂浆和非水泥砂浆。水泥砂浆通常仅在要求高强度砂浆与砌体处于潮湿环境下时使用；混合砂浆是一般砌体中最常使用的砂浆类型；非水泥砂浆通常仅用于强度要求不高的砌体，比如临时设施、简易建筑等。

砂浆的强度是以边长为70.7mm的立方体试块在标准养护（温度(20 ± 5)℃、正常湿度条件、室内不通风处）下，经过28d龄期后的平均抗压强度值。强度等级划分为M15、M10、M7.5、M5、M2.5、M1和M0.4七个等级。砂浆应具有良好的流动性和保水性。

砌筑砂浆应采用机械搅拌，搅拌机械包括活门卸料式、倾翻卸料式或立式砂浆搅拌机，其出料容量一般为200L。自投料完算起，搅拌时间应符合下列规定：水泥砂浆和水泥混合砂浆不得少于2min；水泥粉煤灰砂浆和掺用外加剂的砂浆不得少于3min；掺用有机塑化剂的砂浆应为3～5min。

砂浆应随拌随用。水泥砂浆和水泥混合砂浆应分别在拌成后3h和4h内使用完毕；当施工期间最高气温超过30℃时，必须分别在拌成后2h和3h内使用完毕；对掺用缓凝剂的砂浆，其使用时间可根据具体情况延长。

各种原材料的要求如下。

1）水泥

水泥砂浆采用的水泥，其强度等级不宜大于32.5级；水泥混合砂浆采用的水泥，其强度等级不宜大于42.5级。水泥进场使用前,应分批对其强度和安定性进行复验。当在使用过程中不可保证水泥质量,或水泥出厂超过3个月(快硬硅酸盐水泥超过1个月)时,应反复试验,并按其结果使用。不同品种的水泥不得混合使用。

2) 砂

砂宜采用中砂,其中毛石砌体宜用粗砂。

砂的含泥量要求如下:对水泥砂浆和强度等级不小于M5的水泥混合砂浆,不应超过5%;对强度等级小于M5的水泥混合砂浆,不应超过10%。

3) 水

拌制砂浆需采用不含有害物质的水,水质应符合国家现行标准《混凝土用水标准》(JGJ63—2006)的规定。

4) 外掺料

砂浆中的外掺料包括石灰膏、黏土膏、电石膏和粉煤灰等。采用混合砂浆时,应将生石灰熟化成石灰膏,并用滤网过滤,使其充分熟化,熟化时间不得少于7d;磨细生石灰粉的熟化时间不得少于2d。配制水泥石灰砂浆时,不得采用脱水硬化的石灰膏。

5) 外加剂

凡在砂浆中掺入有机塑化剂、早强剂、缓凝剂、防冻剂等,应经检验和试配符合要求后,方可使用。

3.3.2 砖砌体施工

1. 砖墙组砌方式

砖墙的组砌方式是指砖在墙体中的排列方式。在砖墙组砌中,把砖的长向沿墙面砌筑的称为顺砖,把砖的短向沿墙面砌筑的称为丁砖。每排列一层砖则称为一皮砖,上、下皮砖之间的水平灰缝称为横缝,左、右两块砖之间的垂直缝称为竖缝。具体砖墙的厚度如表3-1所示。

微课:墙体的设计要求认知

表3-1 砖墙厚度尺寸　　　　　　　　　　　　单位:mm

墙名称	1/4砖墙	1/2砖墙	3/4砖墙	一砖墙	一砖半墙	两砖墙
标志尺寸	60	120	180	240	370	490
构造尺寸	50	115	178	240	365	490

常见的砖墙的组砌方式有一顺一丁式、梅花丁式、三顺一丁式、全顺式、两平一侧式,如图3-23所示。

(1) 一顺一丁式:指由一皮中全部顺砖与一皮中全部丁砖间隔砌成。上、下皮竖缝相互错开1/4砖长。这种砌筑形式适合于砌一砖、一砖半及二砖墙。

(2) 梅花丁式:由每皮中丁砖与顺砖相间隔砌成,上皮丁砖坐中于下皮顺砖,上、下皮竖缝相互错开1/4砖长。这种砌筑形式适合于砌一砖及一砖半墙。

(3) 三顺一丁式:由三皮中全部顺砖与一皮中全部丁砖相隔砌成。上、下皮顺砖间竖缝相互错开1/2砖长;上、下皮顺砖与丁砖间竖缝相互错开1/4砖长。这种砌筑形式适合

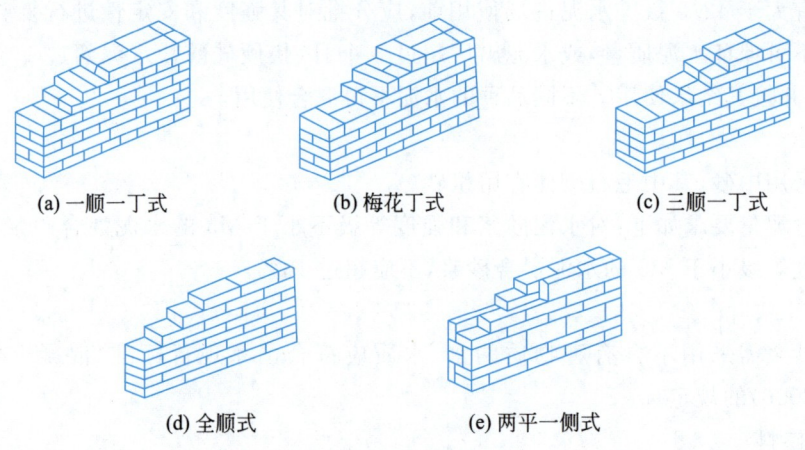

图 3-23 砖墙的组砌方式

于砌一砖及一砖半墙。三顺一丁易产生内部通缝,一般不提倡此种组砌方式。

(4) 全顺式:各皮砖均为顺砖,上、下皮竖缝相互错开 1/2 砖长。这种形式仅适合于砌半砖墙。

(5) 两平一侧式:每层由两皮顺砖与一皮侧砖组合相间砌筑而成,主要用来砌筑 3/4 厚砖墙。

2. 砖砌体施工工艺

墙体砌筑应在基础完成检验合格,并办好隐蔽验收资料后进行。

具体工艺流程如下:基础验收,墙体放线(绑扎构造柱钢筋)→材料见证取样,配制砂浆→确定组砌方式,摆砖摆底→盘角,立杆挂线→砌筑砖墙→(安装构造柱模板、浇混凝土)→自检验收,养护→办理质量验收手续等工序。

1) 墙体放线

砌墙前先在基础防潮层或楼面上定出各层标高,并用水泥砂浆或 C10 细石混凝土找平,然后根据龙门板(见图 3-24)上标示的轴线弹出墙身轴线、边线及门窗洞口位置。二楼以上墙的轴线可以用经纬仪或垂球将轴线引测上去。

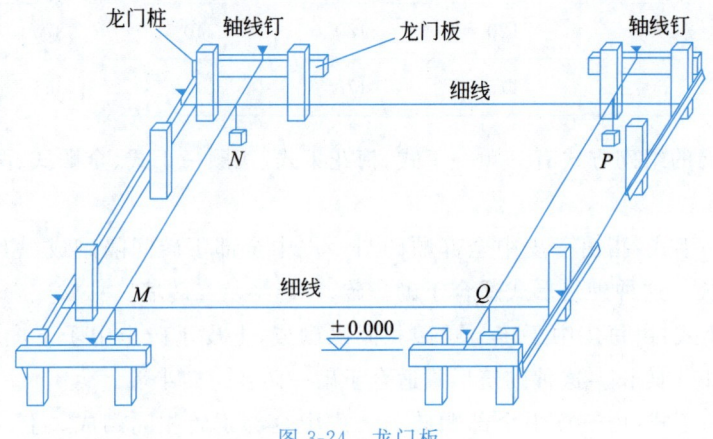

图 3-24 龙门板

2）配制砂浆

砂浆的品种、强度必须符合设计要求,按试配调整后确定的配合比进行计量配料,并满足规范对砌筑砂浆制作和抽检制作试块的要求。

3）摆砖

摆砖是指在放线的基面上按选定的组砌方式用干砖试摆。摆砖的目的是核对所放的墨线在门窗洞口、附墙垛等处是否符合砖的模数,以尽可能减少砍砖。

4）立皮数杆

皮数杆是指在其上画有每皮砖和灰缝厚度以及门窗洞口、过梁、楼板等高位置的一种木制标杆,如图3-25所示。砌筑时用来控制墙体竖向尺寸及各部位构件的竖向标高,并保证灰缝厚度的均匀性。皮数杆一般设置在房屋的四大角以及纵横墙的交接处,如墙面过长时,应每隔10～15m立一根。皮数杆需用水准仪统一竖立,其基准标高用水准仪校正。

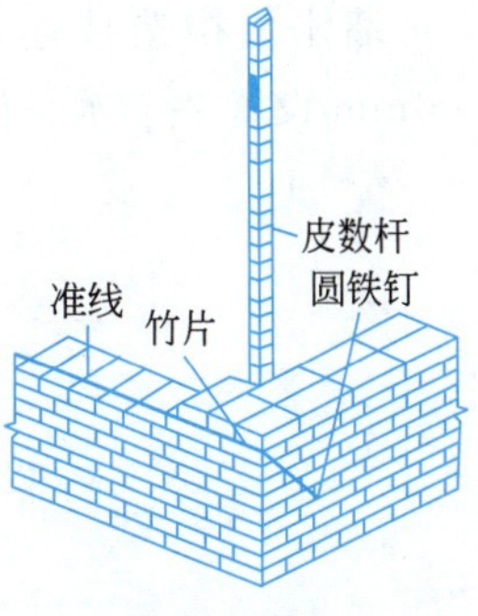

5）盘角、挂线

墙角是控制墙面横平竖直的主要依据,砖砌通常先在墙角以皮数杆进行盘角,墙角砖层高度必须与皮数杆刻度相符合,墙角砌好后,即可挂小线,作为砌筑中间墙体的依据,每砌一皮或两皮,准线向上移动一次,做到"三皮一吊,五皮一靠"。墙角必须双向垂直。以保证墙面平整,一般一砖墙、一砖半墙可单面挂线,一砖半墙以上则应用双面挂线。

图3-25 立皮数杆

6）砌筑砖墙

砖砌体的砌筑方法有"三一"砌砖法、挤浆法、刮浆法和满口灰法。其中,"三一"砌砖法和挤浆法最为常用。"三一"砌砖法即一块砖、一铲灰、一揉压,并随手将挤出的砂浆刮去的砌筑方法。这种砌法的优点是灰缝容易饱满,粘结性好,墙面整洁,故实心砖砌体宜采用"三一"砌砖法。

清水墙砌完后,要进行墙面修正及勾缝。墙面勾缝应横平竖直,深浅一致,搭接平整,不得有丢缝、开裂和粘结不牢等现象。砖墙勾缝宜采用凹缝或平缝,凹缝深度一般为4～5mm。勾缝完毕,应进行墙面、柱面和落地灰的清理。

3. 砖砌体砌筑要求

砌筑砖砌体时,砖应提前1～2d浇水湿润,以免砖过多吸收砂浆中的水分而影响其粘结力,同时可除去砖面上的粉末。烧结普通砖、烧结多孔砖的含水率应控制在10%～15%之间;灰砂砖、粉煤灰砖的含水率应控制在5%～8%。

1）楼层标高的控制

（1）利用皮数杆传递。

（2）用钢尺沿某一墙角的±0.000标高起向上直接丈量传递。

（3）在楼梯间吊钢尺,用水准仪直接读取传递。

2）施工洞口的留设

洞口侧边距丁字相交的墙面不小于500mm,洞口净宽度不应超过1m,而且洞顶宜设置过梁。对设计规定的设备管道、沟槽、脚手眼和预埋件,应在砌筑墙体时预留和预埋,不得事后随意打凿墙体。

3) 减少不均匀的沉降

若房屋相邻高差较大时,应先建高层部分。分段施工时,砌体相邻施工段的高差不得超过一个楼层,也不得大于4m。现场施工时,砖墙每天砌筑的高度不宜超过1.8m,雨天施工时,每天砌筑高度不宜超过1.2m。

4) 构造柱施工

墙体与构造柱连接初应砌成马牙槎,马牙槎的高度不宜超过300mm,沿墙高每500mm设置2ϕ6水平拉结钢筋,每边伸入墙内不宜小于1m,如图3-26所示。

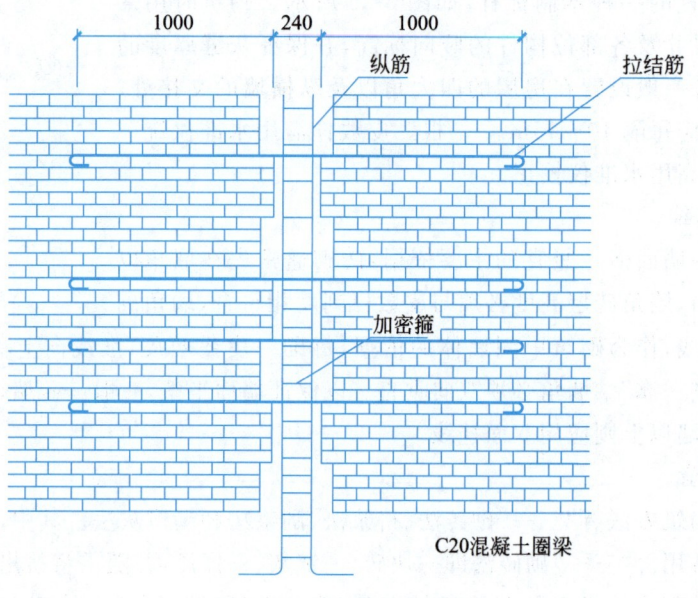

图3-26 墙与构造柱连接

4. 砖砌体质量要求

砖墙组砌应满足横平竖直、砂浆饱满、错缝搭接、避免出现通缝等基本原则,以保证墙体的强度和稳定性。

(1) 横平竖直:水平灰缝的厚度应该不小于8mm,也不大于12mm,适宜厚度为10mm。

(2) 砂浆饱满:砌体水平灰缝的砂浆饱满度不得小于80%。

(3) 上下错缝:错缝长度一般不应小于60mm。

(4) 接槎可靠:砖砌体的转角处和交接处应同时砌筑,严禁无可靠措施的内外墙分砌施工。对于不能同时砌筑而又必须留置的临时间断处,应砌成斜槎,如图3-27(a)所示,以保证接槎部位的砂浆饱满,斜槎的水平投影长度不应小于高度的2/3。非抗震设防及抗震设防烈度为6度、7度地区的临时间断处,当不能留斜槎时,除转角处外,也可留直槎,如图3-27(b)所示,但直槎必须做成凸槎,并加设拉结钢筋。

每120mm墙厚应放置1ϕ6拉结钢筋(120mm厚墙放置2ϕ6);间距沿墙高不超过500mm;对于非抗震设防地区,埋入长度从留槎处算起,每边均不应小于500mm;而对于抗震设防烈度为6度、7度的地区,不应小于1000mm;拉结钢筋末端应有90°弯钩。砖砌体接槎时,必须将接槎处的表面清理干净,浇水湿润。

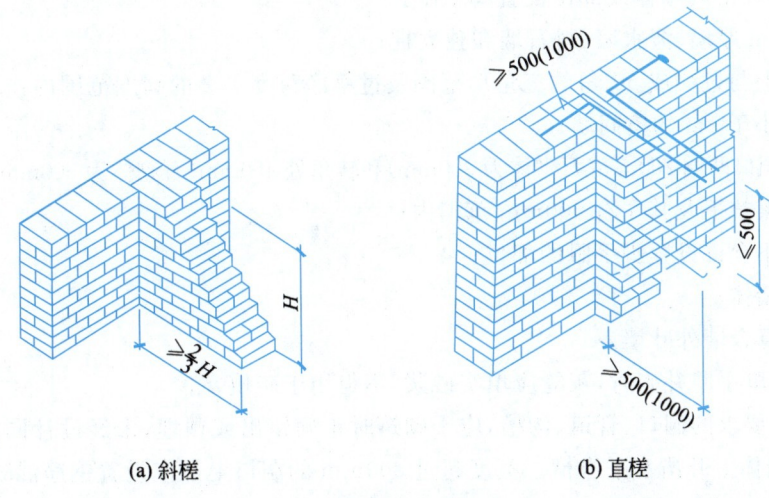

(a) 斜槎　　　　　　　　　　(b) 直槎

图 3-27　砖砌体留槎

3.4　砌体工程质量验收

3.4.1　砌体工程质量标准

砌体工程的施工质量应符合《砌体结构工程施工质量验收规范》(GB 50203—2019)(以下简称"规范")的要求,并应按《建筑工程施工质量验收统一标准》(GB 50300—2013)(以下简称"标准")要求进行施工质量验收。

1. 基本规定

(1) 砌体工程所用的材料应有产品的合格证书、产品性能形式检测报告。块材、水泥、钢筋、外加剂等尚应有材料主要性能的进场复验报告。严禁使用国家明令淘汰的材料。

(2) 砌筑基础前,应校核放线尺寸,允许偏差应符合表 3-2 的规定。

表 3-2　放线尺寸的允许偏差

长度 L、宽度 B/m	允许偏差/mm	长度 L、宽度 B/m	允许偏差/mm
L(或 B)≤30	±5	60<L(或 B)≤90	±15
30<L(或 B)≤60	±10	L(或 B)>90	±20

(3) 砌筑顺序应符合下列规定。

① 基底标高不同时,应从低处砌起,并应由高处向低处搭砌。当设计无要求时,搭接长度不应小于基础底的高差,搭接长度范围内下层基础应扩大砌筑。

② 应同时砌筑砌体的转角处和交接处,当不能同时砌筑时,应按规定留槎、接槎。

(4) 在墙上留置临时施工洞口,其侧边与交接处墙面的距离不应小于 500mm,洞口净宽度不应超过 1m。抗震设防烈度为 9 度的地区建筑物的临时施工洞口位置应会同设计单位确定。临时施工洞口应做好补砌。

(5) 不得在下列墙体或部位设置脚手眼：

① 120mm 厚墙、清水墙、料石墙和独立柱；

② 过梁上与过梁成 60°角的三角形范围及过梁净跨度 1/2 的高度范围内；

③ 宽度小于 1m 的窗间墙；

④ 门窗洞口两侧 200mm（石砌体为 300mm）和转角处 450mm（石砌体为 600mm）范围内；

⑤ 梁或梁垫下及其左右 500mm 范围内；

⑥ 设计不允许设置脚手眼的部位；

⑦ 轻质墙体；

⑧ 夹心复合墙外叶墙。

(6) 施工脚手眼补砌时，灰缝应填实砂浆，不得用于砖填塞。

(7) 设计要求的洞口、管道、沟槽，应于砌筑时正确留出或预埋，未经设计同意，不得打凿墙体或在墙体上开凿水平沟槽。宽度超过 300mm 的洞口上部应设置钢筋混凝土过梁。

(8) 尚未施工楼面或屋面的墙或柱，其抗风允许自由高度不得超过表 3-3 的规定。如超过表中限值时，必须采用临时支撑等有效措施。

(9) 搁置预制梁、板的砌体，顶面应找平，安装时应坐浆。当设计无具体要求时，应采用 1∶2.5 的水泥砂浆。

(10) 设置在潮湿环境或有化学侵蚀性介质的环境中的砌体灰缝内的钢筋应采取防腐措施。

(11) 砌体施工时，楼面和屋面堆载不得超过楼板的允许荷载值。施工层进料口楼板下宜采取临时加撑措施。

(12) 分项工程的验收应在检验批验收合格的基础上进行，检验批的确定可根据施工段划分。

表 3-3 放线尺寸的允许偏差

墙（柱）厚/mm	墙和柱的允许自由度/m					
	砌体重度＞1600kg/m³			砌体重度＞1300～1600kg/m³		
	风载/(kN/m²)			风载/(kN/m²)		
	0.30（约7级风）	0.40（约8级风）	0.60（约9级风）	0.30（约7级风）	0.40（约8级风）	0.60（约9级风）
190	—	—	—	1.4	1.1	0.7
240	2.8	2.1	1.4	2.2	1.7	1.1
370	5.2	3.9	2.6	4.2	3.2	2.1
490	8.6	6.5	4.3	7.0	5.2	3.5
620	14.0	10.5	7.0	11.4	8.6	5.7

注：1. 本表适用于施工处相对标高（H）在 10m 范围内的情况，如 10m＜H≤15m，15m＜H≤20m 时，表内的允许自由高度值应分别乘以 0.9、0.8 和 0.75 的系数；如 H＞20m 时，应通过抗倾覆验算确定其允许自由高度。

2. 当所砌筑的墙有横墙或其他结构与其连接，而且间距小于表列限值的 2 倍时，砌筑高度可不受本表规定的限制。

2. 砌体施工质量等级

在"规范"中,砌体施工质量控制等级分为 A、B、C 三等,其标准应符合表 3-4 的要求。

表 3-4 砌体施工质量控制等级

项 目	施工质量等级		
	A	B	C
现场质量管理	监督检查制度健全,并严格执行;施工方有在岗专业技术管理人员,人员齐全,并持证上岗	监督检查制度基本健全,并能执行;施工方有在岗专业技术管理人员,并持证上岗	监督检查有制度;施工方有在岗专业技术管理人员
砂浆、混凝土强度	试块按规定制作,强度满足验收规定,离散性小	试块按规定制作,强度满足验收规定,离散性较小	试块强度满足验收规定,离散性大
砂浆拌合方式	机械拌合;配合比计量控制严格	机械拌合;配合比计量控制一般	机械或人工拌合;配合比计量控制较差
砌筑工人	中级工以上,其中高级工不少于20%	高、中级工不少于70%	初级工以上

3. 砌体施工质量标准

砖砌体的施工质量只有"合格"一个等级,其质量合格应满足以下规定,否则为施工质量不合格。

(1) 主控项目应全部符合规范规定。

(2) 一般项目应有 80% 及以上的抽检点符合规范规定,或偏差值在允许偏差范围以内。

其"主控项目"和"一般项目"依据规范来执行。

3.4.2 砌体工程质量检测方法

砌筑工程施工前,主要检查原材料相关证书、质量报告、检验报告等文件。在施工过程中及完毕的不同阶段,要根据验收规范规定对砌体的各项控制指标进行检测。对砌筑工程的检测方法主要有观察法、百格网检查、经纬仪检测、2m 托线板检查、2m 靠尺检查、吊线检查等。

(1) 观察法:如经目测检查砖砌体的转角处和交接处是否同时砌筑,是否有可靠措施的内外墙分砌施工等。

(2) 百格网检查:检查砌体砂浆的饱满度等。

(3) 经纬仪检查:检查砌体的垂直度及轴线位移。

(4) 2m 托线板检查:检查砖砌体的位置及垂直度偏差。

(5) 2m 靠尺检查:主要用于砌体的平整度等。

(6) 吊线检查:如检查外墙上、下窗口偏移量。

学习笔记

第4章 钢筋混凝土工程施工

> **教学目标**
> 1. 了解模板的设计方法,掌握模板的安装与拆除的方法及要求。
> 2. 掌握钢筋的配料、代换的计算方法,熟悉钢筋的加工与安装。
> 3. 掌握混凝土的施工配合比换算、浇筑与振捣,掌握混凝土施工工艺、质量控制方法及安全生产技术要求。

4.1 模板工程施工

模板是使混凝土结构和构件按所要求的几何尺寸和空间位置成型的模型板。模板的选材和构造的合理性以及模板制作和安装的质量,都直接影响混凝土结构和构件的质量、成本和进度。现浇混凝土结构模板工程的造价约占钢筋混凝土工程总造价的30%,约占总用工量的50%。正确选择模板形式、材料及合理组织施工,对加速现浇钢筋混凝土结构施工具有重要作用。

4.1.1 模板的作用、组成和基本要求

1. 模板的作用

在钢筋混凝土工程中,模板是保证混凝土在浇筑过程中保持正确的形状和尺寸,以及混凝土在硬化过程中进行防护和养护的工具。模板就是使钢筋混凝土结构或构件成型的模具。

2. 模板的组成

模板工程包括模板、支架和紧固件三个部分。模板又称为模型板,是新浇混凝土成型用的模型。支撑模板及承受作用在模板上荷载的结构(如支柱、桁架等)均称为支架。模板及其支架应根据工程结构形式、荷载大小、地基土类别、施工设备和材料供应等条件进行设计。

3. 模板的基本要求

模板及其支架应具有足够的承载能力、刚度和稳定性,能可靠地承受浇筑混凝土的重力、侧压力以及施工荷载,还应该符合下列规定。

(1)能够保证工程结构和构件各部分形状尺寸及相互位置的正确性。

(2)构造简单,装拆方便,并便于钢筋的绑扎、安装和混凝土的浇筑、养护等要求。

(3) 模板的接缝不应漏浆。

(4) 模板与混凝土的接触面应涂隔离剂。

(5) 应定期维修模板及其支架,应防止钢模板及钢支架锈蚀。

4.1.2 模板的构造与安装

1. 木模板

木模板及其支架系统一般在加工厂或现场木工棚制成基本元件(拼板),然后在现场拼装而成。木模板的基本元件拼板由板条和拼条组成板条,如图 4-1 所示,厚度一般为 25～50mm,板条宽度不超过 200mm,以保证干缩时缝隙均匀,浇水后易于密缝。但梁底板的板条宽度不受限制,以减少拼缝,防止漏浆。拼板的拼条一般平放,但梁侧板的拼条立放。拼条的间距取决于新浇混凝土的侧压力和板条的厚度,一般为 400～500mm。

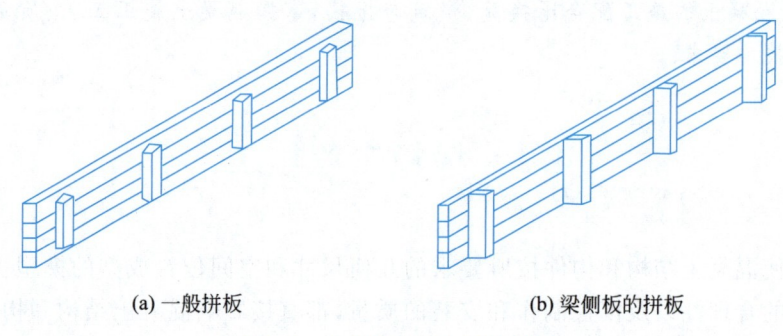

图 4-1 木模板的基本元件拼板
(a) 一般拼板　　(b) 梁侧板的拼板

2. 胶合板

胶合板模板有木胶合板和竹胶合板。胶合板用作混凝土模板具有以下优点。

(1) 板幅大,自重轻,板面平整,既可减少安装工作量,节省现场人工费用,又可减少混凝土外露表面的装饰及磨去接缝的费用。

(2) 承载能力大,特别是经表面处理后耐磨性好,能重复使用。

(3) 材质轻,厚 18mm 的木胶合板,单位面积质量为 50kg,模板的运输、堆放、使用和管理等都较为方便。

(4) 保温性能好,能防止温度变化过快,冬期施工有助于混凝土的保温。

(5) 锯截方便,易加工成各种形状的模板。

(6) 便于按工程的需要弯曲成型,用作曲面模板。

(7) 用于清水混凝土模板最为理想。

3. 钢模板

定型组合钢模板是一种工具式定型模板,由钢模板和配件组成,配件包括连接件和支承件。钢模板可通过各种连接件和支承件组合成多种尺寸、结构和几何形状的模板。施工时,可在现场直接组装,也可预拼装成大块模板或构件模板用起重机吊运安装。

钢模板一般为具有一定形状和尺寸的定型模板,由钢板和型钢焊接而成。钢模板包括平面模板、阳角模板、阴角模板和连接角模板四种,如图 4-2 所示。

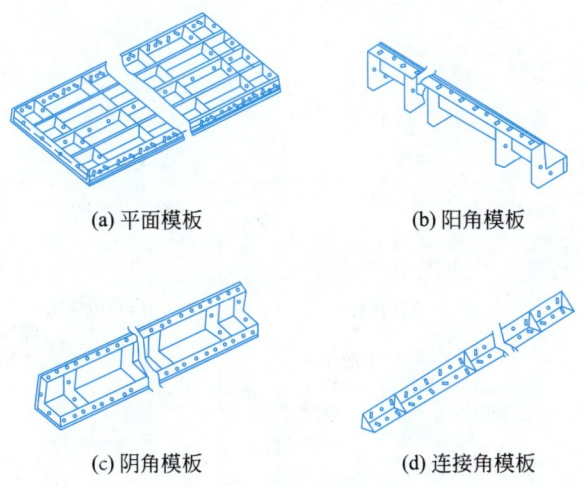

图 4-2 钢模板

钢模板的主要规格见表 4-1。我国钢模板的宽度以 100mm 为基数,按照 50mm 进级;长度以 450mm 为基数,按照 150mm 进级;边肋孔距长向为 160mm,短向为 75mm,可以横竖向拼接,组拼成以 50mm 进级的任何尺寸模板。

表 4-1 钢模板的主要规格 单位:mm

名 称	宽 度	长 度	肋高
平面模板	300,250,150,100	1500,1200,900,750,600,450	55
阳角模板	100×100,50×50		
阴角模板	150×150,100×100		
连接角模板	50×50		

组合钢模板连接配件包括 U 形卡、L 形插销、钩头螺栓、对拉螺栓、紧固螺栓和扣件等,如图 4-3 所示。

(1) U 形卡:用于钢模板与钢模板间的拼接,其安装间距一般不大于 300mm,即每隔一孔卡插一个,安装方向一顺一倒相互错开。

(2) L 形插销:用于两个钢模板端肋相互连接,可增加模板接头处的刚度,保证板面平整。

(3) 钩头螺栓及 S 形扣件、蝶形扣件:用于连接钢楞(圆形钢管、矩形钢管、内卷边槽钢等)与钢模板。

(4) 对拉螺栓:用于连接竖向构件(墙、柱、墩等)的两对侧模板。

4. 模板的安装

现浇混凝土结构模板的形式主要有基础模板、柱模板、梁模板及楼板模板。

1) 基础模板

基础的特点是高度不大而体积较大,基础模板一般利用地基或基槽(坑)进行支撑。如土质良好,基础的最下一级可不用模板,直接原槽浇筑混凝土。安装时,要保证上、下模板

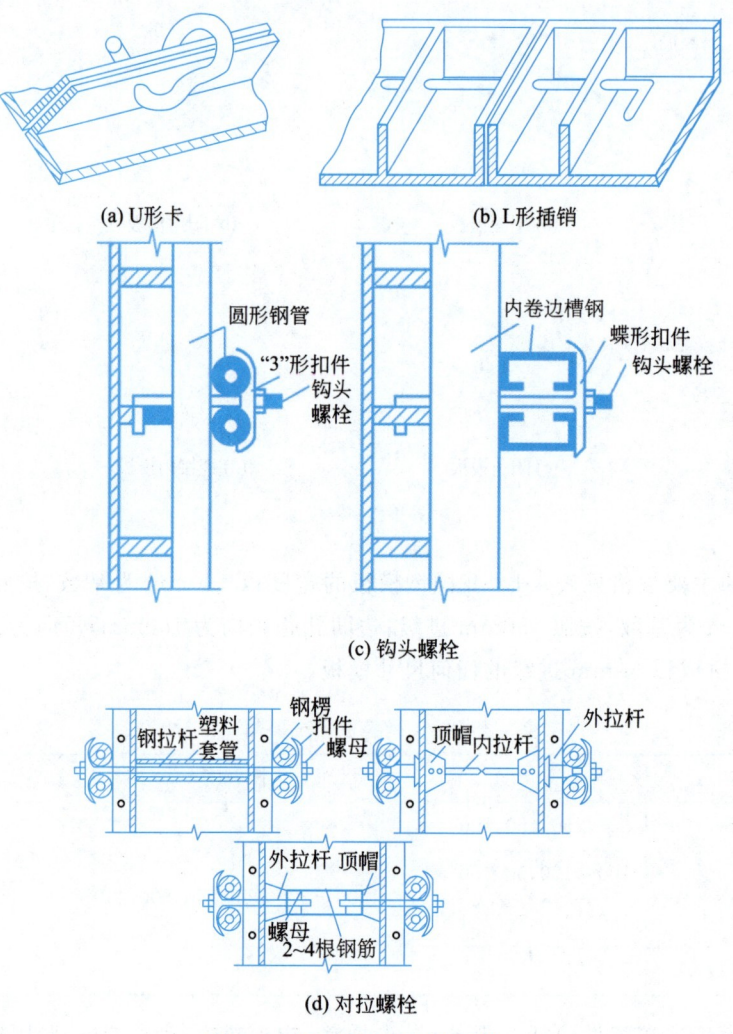

图 4-3 组合钢模板连接配件

不发生相对位移。如为杯形基础,则还要在其中放入杯口模板,图 4-4 所示为基础模板。

2) 柱模板安装

(1) 工艺流程如下:在基础顶面弹出柱的中心线和边线→根据柱边线设置模板定位框→根据定位框位置竖立内外拼板,并用斜撑临时固定→由顶部用垂球校正模板中心线,使其垂直→模板垂直度检查无误后,即用斜撑钉牢固定。

(2) 按高程抹好水泥砂浆找平层,按位置线做好定位墩台,以便保证柱轴线、边线与高程的准确,或者按照放线位置,在柱四边离地 5~8cm 处的主筋上焊接支杆,从四面顶住模板以防止位移。

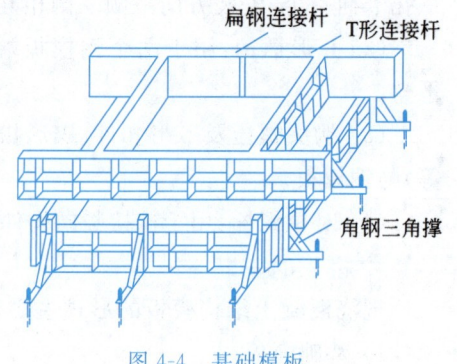

图 4-4 基础模板

(3) 安装柱模板：通排柱，先装两端柱，经校正、固定、拉通线校正中间各柱。模板按柱子大小预拼成一面一片（一面的一边带两个角模）或两面一片，就位后，先用铅丝与主筋绑扎临时固定，用 U 形卡将两侧模板连接卡紧，安装完两面，再安装另外两面模板。钢模板之间应加海绵条夹紧，防止漏浆。

(4) 安装柱箍：柱箍可用角钢、钢管等制成，柱箍应根据柱模尺寸、混凝土侧压力大小，在模板设计中确定柱箍尺寸间距。

(5) 安装柱模的拉杆或斜撑：柱模每边设 2 根拉杆，固定于事先预埋在模板内的钢筋环上，用经纬仪控制，用花篮螺栓调节校正模板垂直度。拉杆与地面夹角宜为 45°，预埋的钢筋环与柱距离宜为 3/4 柱高。柱高 4m 或 4m 以上时，一般应四面支撑，柱高超过 6m 时，不宜单柱支撑，几根柱宜同时支撑连成构架。

(6) 在柱模与梁模连接处，应保证柱模的长度符合模数，不符合部分应做节点处理；或以梁底高程为准，由上往下配模，不符合模数的部分放到柱根处理。

(7) 柱模板底部开有清理孔，沿高度每隔 2m 开有浇筑孔。浇筑混凝土的自由倾落高度不应超过 2m，当柱模超过 2m 时，应留设门子板或设串筒。

(8) 安装柱模板前，应先绑扎好钢筋，测出标高，并将其标在钢筋上，同时在已浇筑的基础顶面或楼面上固定好柱模板底部的木框，在内、外拼板上弹出中心线，根据柱边线及木框位置竖立内、外拼板，并用斜撑临时固定，然后由顶部用锤球校正，使其垂直。检查无误后，即用斜撑钉牢固定。同在一条轴线上的柱，应先校正两端的柱模板，再从柱模板上口中心线拉一铁丝来校正中间的柱模板。柱模板之间还要用水平撑及剪刀撑相互拉结，如图 4-5 所示。

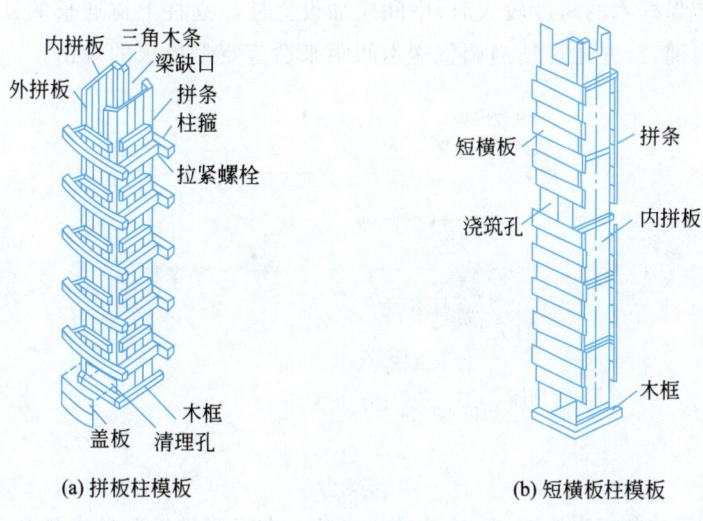

图 4-5　柱模板

3) 梁模板安装

梁的跨度较大而宽度不大。梁底一般是架空的，混凝土对梁侧模板有水平侧压力，对梁底模板有垂直压力，因此，梁模板及其支架必须能承受这些荷载而不致发生超过规范允许的过大变形。

如图4-6所示,梁模板主要由底模、侧模、夹木及其支架系统组成,底模板承受垂直荷载,一般较厚,下面每隔一定间距(800~1200mm)由顶撑支撑。顶撑可用圆木、方木或钢管制成。顶撑底应加垫一对木楔块以调整标高。为使顶撑传递下来的集中荷载均匀地传递给地面,应在顶撑底加铺垫板。在多层建筑施工中,应使上、下层的顶撑在一条竖向直线上。侧模板承受混凝土侧压力,应包在模板的外侧,底部用夹木固定,上部用斜撑和水平拉条固定。

如梁跨度大于或等于4m,应使梁底模起拱,防止新浇筑混凝土的荷载使跨中模板下挠。设计无规定时,起拱高度宜为全跨长度的1/1000~3/1000。

梁模板支设、安装的程序如下:在梁模板下方楼地面上铺垫板→在柱模缺口处钉上衬口档,把底模板搁置在衬口档上→立起靠近柱或墙的顶撑,再将梁长度等分→立中间部分顶撑,在顶撑底下打入木楔并检查调整标高→把侧模板放上,两头钉于衬口档上→在侧板底外侧铺钉夹木,再钉上斜撑、水平拉条。

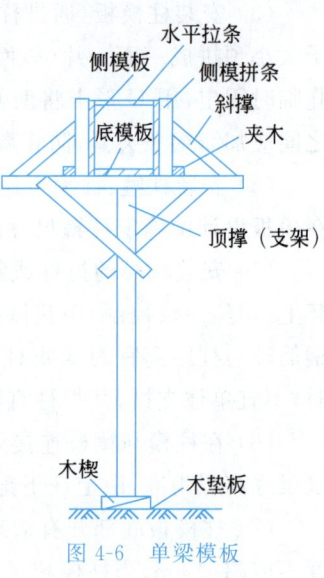

图4-6 单梁模板

4)楼板模板

楼板的面积大,厚度比较薄,侧压力小。楼板模板及其支架系统主要承受钢筋混凝土的自重及其施工荷载,保证模板不变形。如图4-7所示,楼板模板的底模用木板条或用定型模板或用胶合板拼成,铺设在楞木上。楞木搁置在梁模板外侧托木上,若楞木面不平,可以加木楔调平。当楞木的跨度较大时,中间应加设立柱。立柱上钉通长的杠木。底模板应垂直于楞木方向铺钉,并通过适当调整楞木间距来适应定型模板的规格。

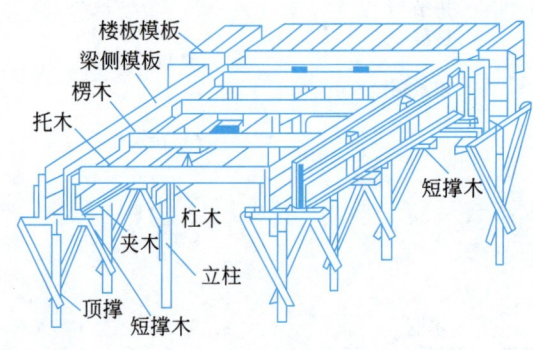

图4-7 有梁楼板模板

楼板模板支设安装程序如下:主、次梁模板安装→在梁侧模板上安装楞木→在楞木上安装托木→在托木上安装楼板底模→在大跨度楞木中间加设支柱→在支柱上钉通长的杠木。

5. 模板的拆除

现浇结构的模板拆除期限应按设计规定,设计无规定时,现浇结构的模板及支架的拆除应符合下列规定。

1) 侧模板的拆除

侧模板的拆除只需要混凝土强度达到能保证其表面及棱角不会因拆除模板而损坏即可,一般当混凝土强度达到 2.5MPa 后,就能保证混凝土不会因拆除模板而损坏,但是在拆除模板时,一定不能猛打猛敲。

2) 底模板的拆除

拆除底模板时,如设计无具体要求,应在混凝土强度达到表 4-2 的规定后方可进行。

表 4-2 底模拆模时所需混凝土强度

结构类型	结构跨度/m	按设计的混凝土立方体桩压强度标准值的百分率/%
板	≤2	≥50
	>2,且≤8	≥75
	>8	≥100
梁、拱、壳	>8	≥75
悬臂构件	—	≥100

3) 拆模顺序与要求

模板及其支架拆除的顺序及安全措施应按照事先编制的施工技术方案进行。

拆模顺序如下:先支的后拆,后支的先拆,先拆除非承重模板,后拆除承重模板。要拆除重大复杂的模板,应编制好专门的拆除方案。

拆除多层梁板结构模板支架时,应按下列要求进行:应先拆梁侧模,再拆楼板底模,最后拆除梁底模。拆除跨度较大的梁下支柱时,应先从跨中开始分别拆向两端。拆除多层楼板模板支柱时,应按下列要求进行:上层楼板正在浇筑混凝土时,下一层楼板的模板支柱不得拆除,再下一层楼板模板的支柱仅可拆除一部分;跨度 4m 及 4m 以下的梁下均应保留支柱,其间距不得大于 3m。

拆模时,尽量不要用力过猛、过急,严禁用大锤和撬棍硬砸、硬撬,以避免混凝土表面或模板受到损坏。

对于拆下的模板及配件,严禁抛扔,要有人接应传递,按指定地点堆放,并做到及时清理、维修和涂刷好隔离剂,以备待用。在拆除模板过程中,如发现混凝土有影响结构安全的质量问题时,应暂停拆除,经过处理后,方可继续拆除。

4.2 钢筋工程施工

4.2.1 钢筋的种类与规格

混凝土结构和预应力混凝土结构中用的钢筋有热轧光圆钢筋、热轧带肋钢筋、热轧余热处理钢筋、预应力螺纹钢筋、预应力钢丝和钢绞线等。

热轧光圆钢筋是经热轧成型,横截面通常为圆形且表面光滑的成品钢筋,主要由 HPB300 牌号的钢筋组成。

热轧带肋钢筋横截面通常为圆形,且表面带肋,强度等级分为 HRB335、HRB400、HRB500 级。

热轧余热处理钢筋是热轧后利用热处理原理进行表面控制冷却(穿水),并利用芯部余热自身完成回火处理所得的成品钢筋,按其屈服强度特征值分为 RRB400、RRB500 级;按用途分为可焊和非可焊钢筋。

预应力混凝土用螺纹钢筋(也称精轧螺纹钢筋)是一种热轧成带有不连续的外螺纹的直条钢筋。该钢筋在任意截面处均可用带有匹配形状的内螺纹连接器或锚具进行连接或锚固,按其屈服强度分为 PSB785、PSB830、PSB930、PSB108 级,例如,PSB830 表示属服强度最小值为 830MPa 的钢筋。

预应力混凝土用钢丝按加工状态分为冷拉钢丝和消除应力钢丝两类。冷拉钢丝是盘条通过拔丝模或轧辊经冷拉加工而成的产品,以盘卷供货。消除应力钢丝按松弛性能又分为低松弛钢丝和普通松弛钢丝。其代号有 WCD(冷拉钢丝)、WLR(低松弛钢丝)和 WNR(普通松弛钢丝)。

钢丝按外形又分为光圆、螺旋肋、刻痕三种,其代号分别为 P(光圆钢丝)、H(螺旋肋钢丝)和 L(刻痕钢丝)。

预应力混凝土用钢绞线按制作工艺分为标准型钢绞线、刻痕钢绞线和模拔型钢绞线三种。标准型钢绞线是由冷拉光圆钢丝捻制成的钢绞线;刻痕钢绞线是由刻痕钢丝捻制成的钢绞线;模拔型钢绞线是由捻制后再经冷拔成的钢绞线。

钢绞线按结构分为五类,其代号有 1×2(用两根钢丝捻制的钢绞线),J×3(用 3 根钢丝捻制的钢绞线),1×3I(用 3 根刻痕钢丝捻制的钢绞线),1×7(用 7 根钢丝捻制的标准型钢绞线),1×7C(用 7 根钢丝捻制又经模拔的钢绞线)。

4.2.2 钢筋的验收与存放

1. 进场验收

钢筋进场时,应检查其产品合格证和出厂检验报告,并按相关标准的规定进行抽样检验。钢筋进场时必须具备产品合格证、出厂检验报告,这是钢筋质量的证明资料。每捆(盘)钢筋(丝)均应有标牌,一般不少于两个标牌,标牌上应有供方厂标、钢号、炉罐(批)号等标识。标牌上的标识应与产品合格证和出厂检验报告上的相关内容一致。钢筋的外观检查,要求钢筋平直、无损伤,表面不得有裂纹、油污、颗粒状或片状老锈。实际检查时,若有关标准中对进场检验做了具体规定,应遵照执行;若有关标准中只有对产品出厂检验的规定,则在进场检验时,批量应按下列情况确定。

对于同一厂家、同一牌号、同一规格的钢筋,当一次进场的数量大于该产品的出厂检验批量时,应划分为若干个出厂检验批量,按出厂检验的抽样方案执行。

对于同一厂家、同一牌号、同一规格的钢筋,当一次进场的数量小于或等于该产品的出厂检验批量时,应作为一个检验批量,然后按出厂检验的抽样方案执行。

不同时间进场的同批钢筋,确有可靠依据时,可按一次进场的钢筋处理。

2. 钢筋的存放

进入施工现场的钢筋,必须严格按批分等级、钢号、直径等挂牌存放。钢筋应尽量放入库房或料棚内。露天堆放时,应选择地势较高、平坦、坚实的场地,防止钢筋生锈或被污染。钢筋应架空堆放,离地不小于 200mm,还应考虑排水设施。

在运输或储存钢筋时,不得损坏其标志。

加工好的钢筋要分工程名称和构件名称编号、挂牌堆放整齐。

4.2.3 钢筋的冷加工

施工中,钢筋的冷加工指的是在常温情况下,对工程施工现场的钢筋进行重新制作加工,以得到半成品钢筋,其中包括冷拉、冷拔、除锈、调直、弯曲成型等工作。

1. 钢筋冷拉

钢筋冷拉是在常温下对钢筋进行强力拉伸,以超过钢筋的屈服强度的拉应力,使钢筋产生塑性变形,达到调直钢筋、提高强度的目的。

1) 钢筋冷拉可以采用控制冷拉应力或控制冷拉率的方法

冷拉率是指钢筋冷拉伸长值与钢筋冷拉前长度的比值。采用控制冷拉率的方法冷拉钢筋时,只需将钢筋拉长到一定的长度即可。冷拉率应由试验确定,即在同炉批的钢筋中切取不少于 4 个试样,按表 4-3 规定的冷拉应力拉伸钢筋,测定各试样的冷拉率,取其平均值作为该批钢筋实际采用的冷拉率。试样的平均冷拉率小于 1‰时,仍按 1‰采用。确定冷拉率后,便可根据钢筋的长度求出钢筋的冷拉长度。

表 4-3 测定冷拉率时钢筋的冷拉应力

项次	钢筋级别	钢筋直径/mm	冷拉控制应力/(N/mm^2)
1	HPB300	⩽12	310
2	HRB335	⩽25	480
		28~40	460
3	HRB400	8~40	530
4	RRB400	10~28	730

采用控制冷拉应力冷拉钢筋时,应按表 4-3 规定的控制应力对钢筋进行冷拉,冷拉后检查钢筋的冷拉率。如果不超过表 4-4 中规定的冷拉率,可认为钢筋合格;如果超过表 4-3 中规定的数值,则应进行钢筋力学性能试验。

表 4-4 冷拉控制应力及最大冷拉率

项次	钢筋级别	钢筋直径 d/mm	冷拉控制应力/(N/mm^2)	最大冷拉率/%
1	HPB300	⩽12	280	10
2	HRB335	⩽25	450	5.5
		28~40	430	
3	HRB400	8~40	500	5
4	RRB400	10~28	700	4

2) 冷拉设备

冷拉设备由拉力设备、承力结构、测量设备和钢筋夹具等组成。拉力设备可采用卷扬机或长行程液压千斤顶,承力结构可采用地锚,测力装置可采用弹簧测力计、电子秤或附带油表的液压千斤顶。

2. 钢筋冷拔

钢筋冷拔是在常温下通过特质的钨合金拔丝模,将直径为 6~10mm 的 HPB300 级钢筋多次用强力拉拔成比原钢筋直径小的钢丝,使钢筋产生塑性变形。

钢筋经过冷拔后,横向压缩、纵向拉伸,钢筋内部晶格产生滑移,抗拉强度标准值可提高 50%~90%。但塑性降低,硬度提高。这种经冷拔加工的钢筋称为冷拔低碳钢丝。冷拔低碳钢丝分为甲、乙级,甲级钢丝主要用作预应力混凝土构件的预应力筋;乙级钢丝用于焊接网片和焊接骨架、架立筋、箍筋和构造钢筋。钢筋冷拔的工艺过程如下:轧头→剥皮→通过润滑剂→进入拔丝模。如钢筋需要连接时,则应在冷拔前进行对焊连接。

冷拔总压缩率和冷拔次数对钢丝质量和生产效率都有很大的影响。总压缩率越大,抗拉强度提高得越多,但塑性降低也会越多。

冷拔钢丝一般要经过多次冷拔才能达到预定的总压缩率。但冷拔次数过多,易使钢丝变脆,且降低生产效率;冷拔次数过少,易将钢丝拔断,且易损坏拔丝模。冷拔速度也要控制适当,过快易造成断丝。

冷拔设备由拔丝机、拔丝模、剥皮装置、轧头机等组成。常用拔丝机有立式和卧式两种。冷拔低碳钢丝的质量要求如下:表面不得有裂纹和机械损伤,并应按施工规范要求进行拉力试验和反复弯曲试验,甲级钢丝应逐盘取样检查,乙级钢丝可以分批抽样检查,其力学性能应符合《混凝土结构工程施工质量验收规范》(GB 50204—2015)的规定。

3. 钢筋除锈

工程中钢筋的表面应洁净,以保证钢筋与混凝土之间的握裹力。钢筋上的油漆、漆污和用锤敲击时能剥落的乳皮、铁锈等,应在使用前清除干净。不得使用带有颗粒状或片状老锈的钢筋。

4. 钢筋调直

钢筋调直分为人工调直和机械调直两种。人工调直又分为绞盘调直(多用于 12mm 以下的钢筋、板柱)、铁柱调直(用于粗钢筋)、蛇形管调直(用于冷拔低碳钢丝)。机械调直常用的有钢筋调直机调直(用于冷拔低碳钢丝和细钢筋)、卷扬机调直(用于粗细钢筋)。

5. 钢筋弯曲成型

1) 钢筋弯钩弯折的规定

箍筋的弯钩可按图 4-8 加工;对有抗震要求和受扭的结构应按图 4-8(c)加工。

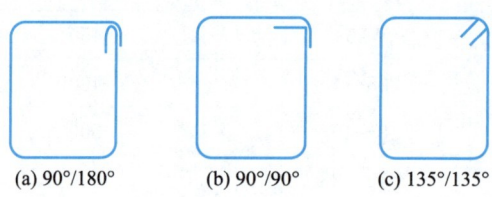

(a) 90°/180°　　(b) 90°/90°　　(c) 135°/135°

图 4-8 箍筋示意图

2) 钢筋弯曲成型的方法

钢筋弯曲成型的方法有手工弯曲和机械弯曲两种。钢筋弯曲均应在常温下进行，严禁将钢筋加热后弯曲。手工弯曲成型设备简单、成型准确；机械弯曲成型可减轻劳动强度、提高工效，但操作时要注意安全。

4.2.4 钢筋的连接

钢筋的连接方式可分为三类：绑扎连接、焊接连接和机械连接。钢筋骨架组装的连接方式有绑扎连接、焊接连接等。对有抗震要求的受力钢筋的接头，宜优先采用焊接连接或机械连接。

1. 绑扎连接

1) 接头位置的要求

规范规定，同一构件中相邻纵向受力钢筋的绑扎接头宜相互错开。绑扎接头中钢筋的横向净距不应小于钢筋直径 d，且不应小于 25mm。

钢筋绑扎搭接接头连接区段的长度为 $1.3l_1$（l_1 为搭接长度），凡搭接接头中点位于该连接区段长度内的搭接接头均属于同一连接区段。在同一连接区段内，纵向钢筋搭接接头面积百分率为该区段内有搭接接头的纵向受力钢筋截面面积与全部纵向受力钢筋截面面积的比值，如图 4-9 所示。

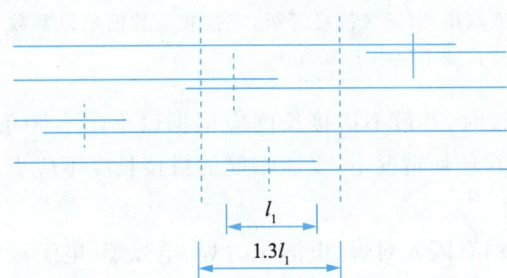

图 4-9　钢筋绑扎搭接接头连接区段及接头面积百分率

2) 钢筋绑扎的设计要求

(1) 钢筋接头宜设置在受力较小处。同一纵向受力钢筋不宜设置两个或两个以上接头。接头末端至钢筋弯起点的距离不应小于钢筋直径的 10 倍。

(2) 钢筋绑扎搭接接头连接区段及接头面积百分率应符合要求。

(3) 纵向受力钢筋绑扎搭接接头的最小搭接长度应符合下列规定。

① 当纵向受拉钢筋的绑扎搭接接头面积百分率不大于 25% 时，其最小搭接长度应符合表 4-5 的规定。

② 当纵向受拉钢筋搭接接头面积百分率大于 25% 但不大于 50% 时，其最小搭接长度应按表 4-4 中的数值乘以系数 1.2 取用；当接头面积百分率大于 50% 时，应按表 4-4 中的数值乘以系数 1.35 取用。

③ 当符合下列条件时，纵向受拉钢筋的最小搭接长度应根据上述①、②条确定后，按表 4-6 的规定进行修正。

表 4-5 纵向受拉钢筋的最小搭接长度　　　　　　　　　　　　　　单位:mm

钢筋类型		混凝土强度等级			
		C15	C20～C25	C30～C35	≥C40
光圆钢筋	HPB300 级	45d	35d	30d	20d
带肋钢筋	HRB335 级	55d	45d	35d	25d
	HRB400、RRB400 级	—	55d	40d	30d

表 4-6 最小搭接长度修正表

项次	修正方法
1	当带肋钢筋的直径大于 25mm 时,其最小搭接长度应按相应数值乘以系数 1.1 取用
2	对具有环氧树脂涂层的带肋钢筋,其最小搭接长度应按相应数值乘以系数 1.25 取用
3	当在混凝土凝固过程中受力钢筋易受拉动(如滑模施工)时,其最小搭接长度应按相应数值乘以系数 1.1 取用
4	对末端采用机械锚固措施的带肋钢筋,其最小搭接长度可按相应数值乘以系数 0.7 取用
5	当带肋钢筋的混凝土保护层厚度大于搭接钢筋直径的 3 倍,且配有箍筋时,其最小搭接长度可按相应数值乘以系数 0.8 取用
6	对有抗震设防要求的结构构件,其受力钢筋的最小搭接长度对一、二级抗震等级,应按相应数值乘以系数 1.15 取用;对三级抗震等级,应按相应数值乘以系数 1.05 取用。在任何情况下,受拉钢筋的搭接长度不应小于 300mm

④ 纵向受压钢筋搭接时,其最小搭接长度应根据以上①～③条的规定确定相应数值后,乘以系数 0.7 取用。在任何情况下,受压钢筋的搭接长度不应小于 200mm。

2. 焊接连接

钢筋焊接方法:常用的有闪光对焊、电渣压力焊、电弧焊、电阻点焊、气压焊以及埋弧压力焊。

1) 闪光对焊

钢筋闪光对焊的原理是利用对焊机使两段钢筋接触,通过低压的强电流,待钢筋被加热到一定温度变软后,进行轴向加压顶端,形成对焊接头,如图 4-10 所示。

根据钢筋级别、直径和所用焊机的功率,闪光对焊工艺可分为连续闪光焊、预热闪光焊、闪光-预热-闪光焊三种。闪光对焊适用于焊接直径 10～40mm 的Ⅰ、Ⅱ、Ⅲ级钢筋和直径为 10～25mm 的Ⅳ级钢筋。

(1) 连续闪光焊的工艺过程包括连续闪光和顶锻过程。施焊时,先闭合电源使两根钢筋端面轻微接触,此时端面接触点

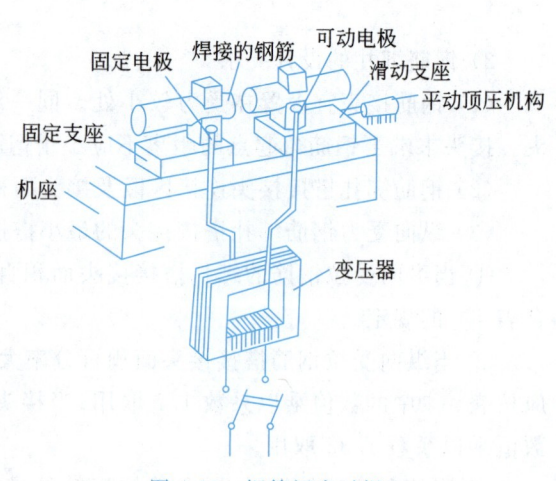

图 4-10 钢筋闪光对焊

很快熔化并产生金属蒸气飞溅,形成闪光现象。接着徐徐移动钢筋,形成连续闪过程,同时接头被加热。最后待接头烧平、闪去杂质和氧化膜、白热熔化时,立即施加轴向压力迅速进行顶锻,使两根钢筋焊牢。

(2) 预热闪光焊的工艺过程包括预热、连续闪光及顶锻过程,即在连续闪光焊前增加了一次预热过程,使钢筋预热后再连续闪光烧化进行加压顶锻。

(3) 闪光-预热-闪光焊是在预热闪光焊前面增加了一次闪光过程,使不平整的钢筋端面烧化平整,预热均匀,最后进行加压顶锻。

2) 电渣压力焊

钢筋电渣压力焊是将两钢筋安放成竖向对接形式,利用焊接电流通过两钢筋端面间隙,在焊剂层下形成电弧过程和电渣过程,产生电弧热和电阻热,熔化钢筋,加压完成连接的一种焊接方法,如图 4-11 所示。其具有操作方便、效率高、成本低、工作条件好等特点,适用于高层建筑现浇混凝土结构施工中直径为 14～40mm 的热轧 HPB300 级、HRB335 级钢筋的竖向或斜向(倾斜度在 4∶1 范围内)连接,但不得在竖向焊接之后将其再横置于梁、板等构件中作为水平钢筋之用。钢筋电渣压力焊具有电弧焊、电渣焊和压力焊共同的特点。其焊接过程可分为四个阶段,即引弧过程→电弧过程→电渣过程→顶压过程。其中,电弧和电渣两个过程对焊接质量有重要影响,故应根据待焊钢筋直径的大小,合理选择焊接参数。

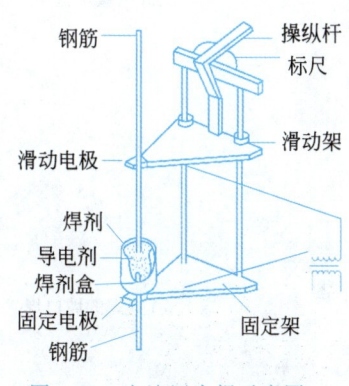

图 4-11 电渣压力焊示意图

3) 电弧焊

电弧焊是利用弧焊机使焊条与焊件之间产生高温电弧,使焊条和电弧燃烧范围内的焊件熔化,待其凝固,便形成焊缝或接头。电弧焊广泛用于钢筋接头与钢筋骨架焊接、装配式结构接头焊接、钢筋与钢板焊接及各种钢结构焊接。

钢筋电弧焊的接头形式如图 4-12 所示,它包括搭接焊接头(单面焊缝或双面焊缝)、帮条焊接头(单面焊缝或双面焊缝)、坡口焊接头(平焊或立焊)、熔槽帮条焊接头(用于安装焊接 $d \geqslant 25mm$ 的钢筋)和窄间隙焊(置于 U 形铜模内)。

弧焊机有直流与交流之分,常用的为交流弧焊机。

焊条的种类很多,如 E4303、E5503 等,钢筋电弧焊根据钢材等级和焊接接头形式选择焊条。焊条表面涂有药皮,它可保证电弧稳定,使焊缝免致氧化,并产生熔渣覆盖焊缝以减缓冷却速度,对熔池脱氧和加入合金元素,以保证焊缝金属的化学成分和力学性能。焊接电流和焊条直径应根据钢筋类别、直径、接头形式和焊接位置进行选择。

搭接接头的长度、帮条的长度、焊缝的长度和高度等,规程都有明确规定。采用帮条或搭接焊时,焊缝长度不应小于帮条或搭接长度,焊缝高度 h 不小于 $0.3d$,并不得小于 4mm,焊缝宽度 b 不小于 $0.7d$,并不得小于 10mm。电弧焊一般要求焊缝表面平整,无裂纹,无较大凹陷、焊瘤,无明显咬边、气孔、夹渣等缺陷。在现场安装条件下,每一层楼以 300 个同类型接头为一批,每一批选取 3 个接头进行拉伸试验。如有 1 个不合格,取双倍试件复验;再有 1 个不合格,则该批接头不合格。如对焊接质量有怀疑或发现异常情况,还可

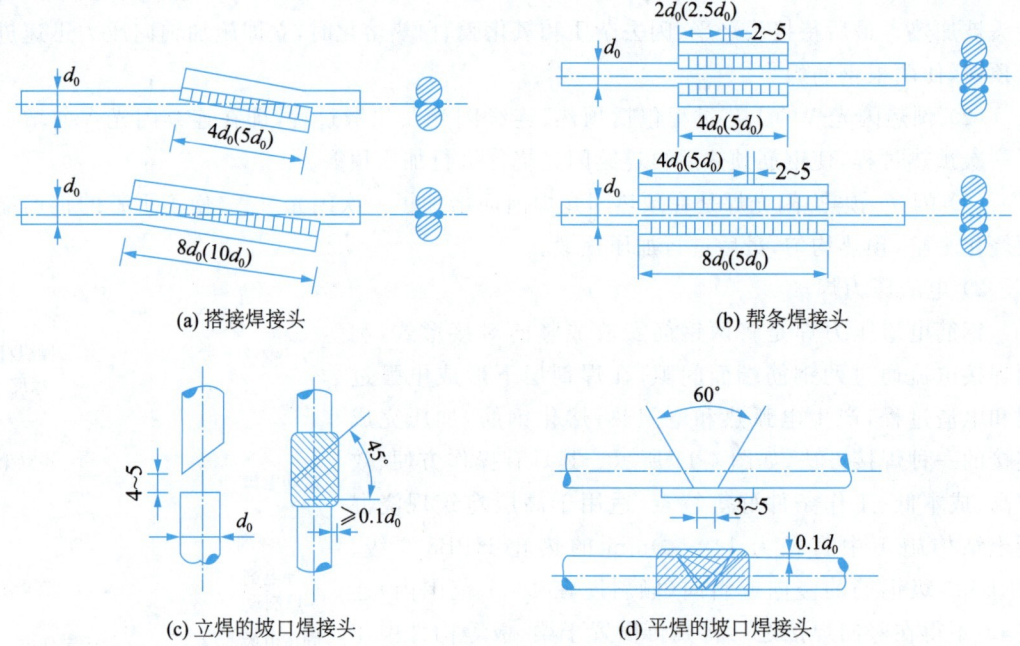

图 4-12 电弧焊接头形式

进行非破损方式(X 射线、γ 射线、超声波探伤等)检验。

4) 电阻点焊

电阻点焊主要用于焊接钢筋网片、钢筋骨架等(适用于直径 6~14mm 的 HPB235, HRB335 级钢筋和直径 3~5mm 的冷拔低碳钢丝),它生产效率高,节约材料,应用广泛。

电阻点焊的工作原理是将已除锈的钢筋交叉点放在点焊机的两电极间,使钢筋通电发热至一定温度后,加压使焊点金属焊合。常用点焊机有单点点焊机、多点点焊机和悬挂式点焊机,施工现场还可采用手提式点焊机。电阻点焊的主要工艺参数为电流强度、通电时间和电极压力。电流强度和通电时间一般均宜采用电流强度大、通电时间短的参数,电极压力则根据钢筋级别和直径选择。

电阻点焊的焊点应进行外观检查和强度试验,热轧钢筋的焊点应进行抗剪试验。冷处理钢筋除应进行抗剪试验外,还应进行抗拉试验。

5) 气压焊

气压焊是采用一定比例的氧气和乙炔焰为热源,对需要连接的两钢筋端部接缝处进行加热,使其达到热塑状态,同时对钢筋施加 30~40MPa 的轴向压力,使钢筋顶焊在一起。该焊接方法使钢筋在还原气体的保护下,发生塑性流变后,相互紧密接触,促使端面金属晶体相互扩散渗透,再结晶,再排列,形成牢固的焊接接头。这种方法设备投资少、施工安全、节约钢材和电能,不仅适用于竖向钢筋的连接,而且也适用于各种方向布置的钢筋连接。

适用范围:直径为 14~40mm 的 HPB300 级、HRB335 级和 HRB400 级钢筋(25MnSi 除外);当不同直径钢筋焊接时,两钢筋直径差不得大于 7mm。

6）埋弧压力焊

埋弧压力焊是利用焊剂层下的电弧,将两焊件相邻部位熔化,然后加压顶锻使两焊件焊合,如图4-13所示。这种焊接方法工艺简单,比电弧焊工效高,不用焊条,质量好,具有焊后钢板变形小、抗拉强度高的特点。

埋弧压力焊适宜钢筋与钢板做丁字接头焊接。

3. 机械连接

钢筋机械连接是通过连接件的机械咬合作用或钢筋端面的承压作用,将一根钢筋中的力传递至另一根钢筋的连接方法,具有施工简便,工艺性能良好,接头质量可靠,不受钢筋焊接性的制约,可全天候施工,节约钢材和能源等优点。常用的机械连接有钢筋套筒挤压连接、钢筋锥螺纹套筒连接等。

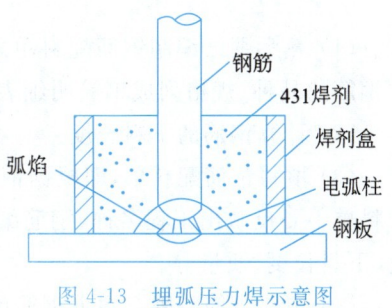

图4-13 埋弧压力焊示意图

1）钢筋套筒挤压连接

钢筋套筒挤压连接是将需要连接的带肋钢筋插于特制的钢制套筒内,利用挤压机压缩套筒,使之产生塑性变形,靠变形后的钢制套筒与带肋钢筋之间的紧密咬合来实现钢筋的连接,适用于直径为16～40mm的热轧HRB335级、HRB400级带肋钢筋的连接。钢筋套筒挤压连接有钢筋套筒径向挤压连接和钢筋套筒轴向挤压连接两种形式。

2）钢筋锥螺纹套筒连接

钢筋锥螺纹套筒连接是利用锥形螺纹能承受轴向力和水平力以及密封性能较好的原理,依靠机械力将钢筋连接在一起。操作时,先用专用套丝机将钢筋的待连接端加工成锥形外螺纹;然后,通过带锥形内螺纹的钢制套筒将两根待接钢筋连接;最后,利用力矩扳手按规定的力矩值使钢筋和连接钢套筒拧紧在一起,如图4-14所示。

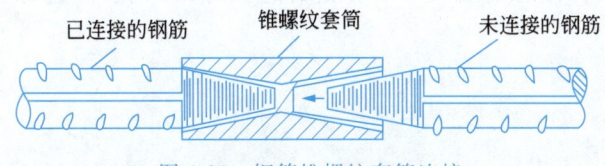

图4-14 钢筋锥螺纹套筒连接

这种接头工艺简便,能在施工现场连接直径为16～40mm的热轧HRB335级、HRB400级同径和异径的竖向或水平钢筋,且不受钢筋是否带肋和含碳量的限制,适用于按一、二级抗震等级设施的工业和民用建筑钢筋混凝土结构的热轧HRB335级、HRB400级钢筋的连接施工,但不得用于预应力钢筋的连接。对于直接承受动荷载的结构构件,其接头还应满足抗疲劳性能等设计要求。锥螺纹连接套筒的材料宜采用45号优质碳素结构钢或其他经试验确认符合要求的钢材制成,其抗拉承载力不应小于被连接钢筋受拉承载力标准值的1.1倍。

4.2.5 钢筋的配料与代换

钢筋配料就是根据结构施工图,分别计算构件中各种钢筋的下料长度、根数及质量,并编制钢筋配料单。钢筋配料是确定钢筋材料计划、进行钢筋加工和结算的依据。

1. 钢筋配料单的编制

（1）熟悉图纸 编制钢筋配料单之前，必须熟悉图纸，把结构施工图中钢筋的品种、规格列成钢筋明细表，并读出钢筋设计尺寸。

（2）计算钢筋的下料长度。

（3）填写钢筋配料单，即根据钢筋下料长度，汇总编制钢筋配料单。配料单中要反映出工程名称、钢筋编号、钢筋简图和尺寸、钢筋直径、数量、下料长度、质量等。

（4）填写钢筋料牌。根据钢筋配料单，将每一编号的钢筋制作一块料牌，作为钢筋加工的依据，如图4-15所示。

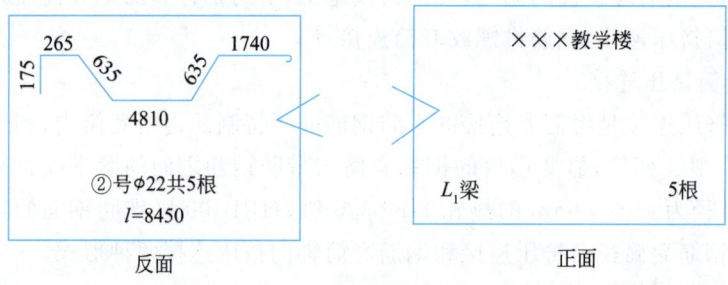

图4-15 钢筋料牌

2. 钢筋下料长度的计算原则及规定

钢筋切断时的直线长度称为钢筋的下料长度。

1) 外包尺寸

结构施工图中所标注的钢筋尺寸一律是外包尺寸，即钢筋外边缘至外边缘之间的长度，如图4-16所示。

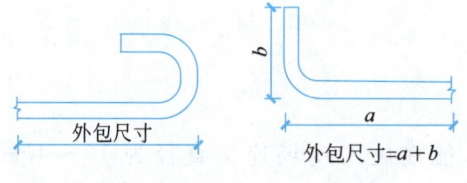

图4-16 钢筋外包尺寸示意图

2) 混凝土保护层厚度

混凝土保护层是指受力钢筋外边缘至混凝土构件表面的距离，其作用是保护钢筋在混凝土结构中不受锈蚀。无设计要求时混凝土保护层厚度应符合表4-7的规定。

3) 量度差值

钢筋弯曲后在弯曲处内皮缩短、外皮伸长、中心线长度不变，但钢筋长度的度量方法系指外包尺寸，因此，钢筋弯曲以后存在一个量度差值，在计算下料长度时必须加以扣除，否则由于钢筋下料太长，一方面造成浪费，另一方面可引起钢筋的保护层不够以及钢筋安装的不方便甚至影响钢筋的位置。

表 4-7　纵向受力钢筋的混凝土保护层最小厚度　　　　　　单位：mm

项次	环境与条件		构件名称	混凝土强度等级		
				≤C20	C25～C35	≥C35
1	室内正常环境		板、墙、壳	15		
			梁、柱	25		
2	露天或室内高温环境		板、墙、壳	35	25	15
			梁、柱	45	35	25
3	有垫层		基础	35		—
	无垫层			70		

(1) 钢筋弯折各种角度时的弯曲调整值。根据理论推导和实践经验，钢筋弯曲处的量度差值如表 4-8 所示。

表 4-8　钢筋弯曲量度差值

弯曲角度	钢筋级别	弯曲调整值取值	弯弧直径
30°	HPB300 HRB335 HRB400	0.30d	$D=5d$
45°		0.55d	
60°		0.90d	
90°		2.29d	
135°	HPB300 HRB335 HRB400	0.38d 0.11d	$D=2.5d$ $D=4d$

(2) 弯起钢筋弯曲调整值。如表 4-9 所示。

表 4-9　弯起钢筋一对弯折时调整值

弯折角度	钢筋级别	弯曲调整值取值	弯弧直径
30°	HPB300 HRB335 HRB400	0.34d	$D=5d$
45°		0.67d	
60°		1.23d	

注：这里说的弯起钢筋是指一个弯曲往内而另一个弯曲往外时的情况，如吊筋等，因为前一个弯曲与后一个弯曲是反方向的，实践证明不能将其看作两个弯曲值的总和，应合起来考虑。以 45°为例，一个弯曲扣减 0.55d，而一对相互反向的弯曲只应扣减 0.67d。

4）末端弯钩增加值

弯钩形式最常用的是半圆弯钩，即 180°弯钩。受力钢筋的弯钩和弯折应符合下列要求。

HPB300、HPB335 级钢筋末端应当做 180°弯钩，其弯钩内直径应不小于钢筋直径的 2.5 倍，弯钩的弯后平直部分长度应不小于钢筋直径的 3 倍。弯钩增加长度为 6.25d。

5）箍筋弯钩增加值

箍筋的弯钩形式如图 4-17 所示。有抗震或抗扭要求的结构应按图 4-17(a)形式加工箍筋,一般结构可按图 4-17(b)、(c)形式加工箍筋。箍筋弯后的平直部分长度:对一般结构,不宜小于箍筋直径的 5 倍;对有抗震要求的结构,不应小于箍筋直径的 10 倍。箍筋的下料长度应比其外包尺寸大,在计算中也要增加一定的长度即箍筋弯钩增加值。

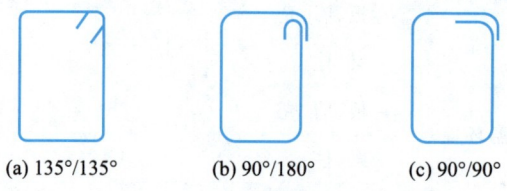

(a) 135°/135°　　(b) 90°/180°　　(c) 90°/90°

图 4-17　箍筋弯钩形式

箍筋加工按内皮尺寸检查和验收(设内皮尺寸分别为 a、b)。按设计规范,有抗震要求的箍筋,末端要弯 135°钩和 10d 的直线;无抗震要求的箍筋,末端要弯 90°钩和带 5d 的直线段。则

抗震箍筋下料长度=箍筋的外周长 S+两末端的加长 $2L_p$(每段为 10d 的直线段加上 2d 的弯曲半径 12d)－弯折引起的量度差值 δ

因此,有抗震要求的箍筋下料长度按下式计算:

$$L = 2(a+b) + 8d + 2 \times 12d - 2 \times 0.11d - 3 \times 2.29d = 2(a+b) + 25.1d \quad (4\text{-}1)$$

无抗震要求的箍筋下料长度按下式计算:

$$L = 2(a+b) + 13.5d \quad (4\text{-}2)$$

6) 计算公式

直钢筋下料长度=构件长度－保护层厚度+弯钩增加长度　　(4-3)

弯起钢筋下料长度=直段长度+斜段长度－弯折量度差值+弯钩增加长度　　(4-4)

箍筋下料长度=箍筋周长+箍筋长度调整值　　(4-5)

3. 钢筋配料的注意事项

(1) 在设计图纸中,钢筋配置的细节问题没有注明时,一般按构造要求处理。

(2) 配料计算时,要考虑钢筋的形状和尺寸,在满足设计要求的前提下,要有利于加工。

(3) 配料时,还要考虑施工需要的附加钢筋。

(4) 计算好各种钢筋的下料长度后,还应填写钢筋配料单,要反映出工程名称、构件名称、钢筋编号、钢筋简图及尺寸、直径、钢号、数量、下料长度及钢筋质量,以便组织加工。

4. 钢筋配料计算实例

【例 4-1】　试计算如图 4-18 所示钢筋的下料长度。

解:①号钢筋下料长度。

$$(6240 + 2 \times 200 - 2 \times 25) - 2 \times 2 \times 25 + 2 \times 6.25 \times 25 = 6802(\text{mm})$$

②号钢筋下料长度。

$$6240 - 2 \times 25 + 2 \times 6.25 \times 12 = 6340(\text{mm})$$

③号钢筋下料长度。

上直段钢筋长度:$240 + 50 + 500 - 25 = 765(\text{mm})$

斜段钢筋长度:$(500 - 2 \times 25 - 2 \times 6) \times 1.414 = 619(\text{mm})$

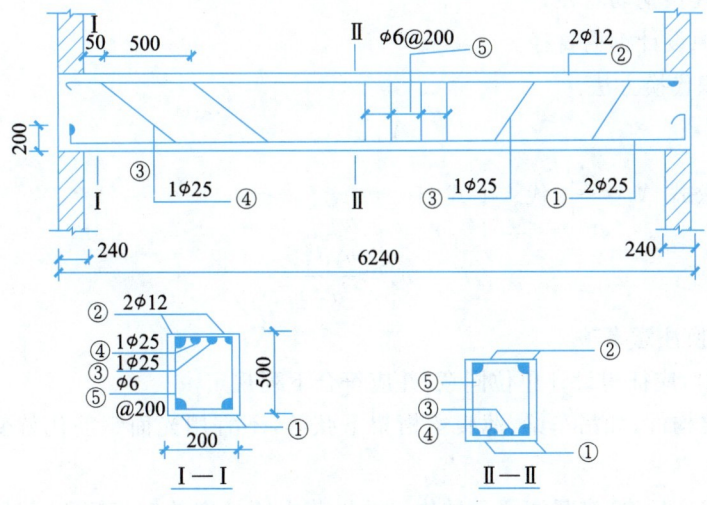

图 4-18 某建筑物简支梁配筋图

中间直段长度：$6240-2\times(240+50+500+450-2\times 6)=3784(\text{mm})$

下料长度：$(765+619)\times 2+3784-2\times 0.5\times 25+2\times 6.25\times 25=6898(\text{m})$

④号钢筋下料长度：6824mm。

⑤号钢筋下料长度。

宽度：$200-2\times 25-2\times 6=138(\text{mm})$

高度：$500-2\times 25-2\times 6=438(\text{mm})$

下料长度：$2(a+b)+13.5d=(138+438)\times 2+13.5\times 6=1233(\text{mm})$

5. 钢筋代换

在钢筋醒料中，如遇施工现场现有钢筋品种或规格与设计要求不符，需要代换时，可参照以下原则进行钢筋代换。但是钢筋代换必须征得设计单位认可并出具设计变更后，方可进行实际的钢筋代换，否则不允许进行代换。

1）代换原则

(1) 等强度代换：对于不同种类的钢筋代换，应按抗拉强度值相等的原则进行代换。

(2) 等面积代换：对于相同种类和级别的钢筋代换，应按面积相等的原则进行代换。

2）代换方法

(1) 等强度代换方法：如设计图中所用的钢筋设计强度为 f_{y1}，钢筋总面积 A_{s1}，代换后的钢筋设计强度为 f_{y2}，钢筋总面积 A_{s2}，则应使

$$A_{s2}\cdot f_{y2}\geqslant A_{s1}\cdot f_{y1} \tag{4-6}$$

将圆面积公式 $A_2=\dfrac{\pi d^2}{4}$ 代入上式，有

$$n_2\geqslant \dfrac{n_1 d_1^2 f_{y1}}{d_2^2 f_{y2}} \tag{4-7}$$

式中 n_2——代换钢筋根数；

n_1——原设计钢筋根数；

d_2——代换钢筋直径；

d_1——原设计钢筋直径。

(2) 等面积代换方法：

$$A_{s2} \geqslant A_{s1} \tag{4-8}$$

将圆面积公式 $A_2 = \dfrac{\pi d^2}{4}$ 代入上式,有

$$n_2 \geqslant \dfrac{n_1 d_1^2}{d_2^2} \tag{4-9}$$

3) 钢筋代换注意事项

钢筋代换时,应征得设计单位同意,并应符合下列规定。

(1) 对重要构件,如吊车梁、薄腹梁桁架下弦等,不宜用光面钢筋代替变形钢筋,以免裂缝开展过大。

(2) 钢筋代换后,应满足混凝土结构设计规范中所规定的钢筋间距、锚固长度、最小钢筋直径、根数等要求。

(3) 当构件受裂缝宽度或挠度控制时,钢筋代换后,应进行刚度、裂缝验算。

(4) 梁的纵向受力钢筋与弯起钢筋应分别代换,以保证正截面与斜截面强度。偏心受压构件(如框架柱、有吊车的厂房柱、桁架上弦等)或偏心受拉构件做钢筋代换时,不取整个截面配筋量计算,应按受力面(受拉或受压)分别代换。

(5) 有抗震要求的梁、柱和框架,不宜以强度等级较高的钢筋代换原设计中的钢筋。如必须代换时,还应符合抗震对钢筋的要求。

(6) 预制构件的吊环必须采用未经冷拉的 HPB300 热轧钢筋制作,严禁以其他钢筋代换。

4.2.6 钢筋的加工与绑扎安装

1. 钢筋的加工

钢筋的加工有除锈、调直、切断及弯曲成型。

1) 除锈

钢筋的表面应洁净。对于油渍、漆污和用锤敲击时能剥落的浮皮、铁锈等,应在使用前清除干净。在焊接前,应将焊点处的水锈清除干净。钢筋除锈一般可以通过以下两个途径:大量钢筋除锈可通过在钢筋冷拉或钢筋调直机调直过程中完成;少量的钢筋局部除锈可采用电动除锈机或人工用钢丝刷、砂盘以及喷砂和酸洗等方法进行。

2) 调直

钢筋调直宜采用机械方法,也可以采用冷拉。对局部曲折、弯曲或成盘的钢筋在使用前应加以调直。钢筋调直方法很多,常用的方法是使用卷扬机拉直和使用调直机调直。

3) 切断

钢筋切断有手工切断、机械切断、氧气切割三种方法。

手工切断的工具有断线钳(用于切断 5mm 以下的钢丝)、手动液压钢筋切断机(用于切断直径为 16mm 以下的钢筋、直径 25mm 以下的钢绞线)。

机械切断一般使用钢筋切断机,它将钢筋原材料或已调直的钢筋切断,其主要类型有

机械式、液压式和掌上型钢筋切断机。机械式钢筋切断机分偏心轴立式、凸轮式和曲柄连杆式等。

氧气切割是利用气体火焰的热能将工件切割处预热到燃点后,喷出高速切割氧流,使金属燃烧并放出热量而实现切割的方法。按割炬移动方式分手工、半自动、自动气割三类。直径大于40mm的钢筋一般用氧气切割。

切断前,应将同规格钢筋长短搭配,统筹安排,一般先断长料,后断短料,以减少短头和损耗。

4) 弯曲成型

钢筋弯曲的顺序是画线、试弯、弯曲成型;画线主要根据不同的弯曲角在钢筋上标出弯折的部位,以外包尺寸为依据,扣除弯曲量度差值。钢筋弯曲有人工弯曲和机械弯曲。

2. 钢筋的绑扎安装

钢筋绑扎、安装前,应先熟悉图纸。核对钢筋配料单和钢筋加工牌,研究与有关工种的配合,确定施工方法。

钢筋的接长、钢筋骨架或钢筋网的成型应优先采用焊接或机械连接,如不能采用焊接(如缺乏电焊机或焊机功率不够),或因骨架过大过重而不便于运输安装时,可采用绑扎的方法。绑扎钢筋一般采用20~22号镀锌铁丝。绑扎时,应注意钢筋位置是否准确,绑扎是否牢固,搭接长度及绑扎点位置是否符合规范要求。板和墙的钢筋网,除靠近外围两行钢筋的相交点全部扎牢外,中间部分的相交点可相隔交错扎牢,但必须保证受力钢筋不位移。双向受力的钢筋应全部扎牢;梁和柱的箍筋,除设计有特殊要求时,应与受力钢筋垂直设置。箍筋弯钩叠合处,应沿受力钢筋方向错开设置;柱中的竖向钢筋搭接时,角部钢筋的弯钩应与模板成40°(多边形柱为模板内角的平分角,圆形柱应与模板切线垂直);弯钩与模板的角度最小不得小于15°,在梁、柱类构件的纵向受力钢筋搭接长度范围内,应按设计要求配置箍筋。

钢筋安装或现场绑扎应与模板安装相配合。柱钢筋现场绑扎时,一般在模板安装前进行;柱钢筋采用预制安装时,可先安装钢筋骨架,然后安装柱模板,或先安装三面模板,待钢筋骨架安装后,再钉第四面模板。梁的钢筋一般在梁模板安装后再安装或绑扎,断面高度较大(>600mm)或跨度较大、钢筋较密的大梁,可留一面侧模,待钢筋安装或绑扎完后再钉。模板钢筋绑扎应在模板安装后进行,并应按设计先画线,然后摆料、绑扎。

钢筋保护层应按设计或规范的要求正确确定。工地常用预制水泥垫块或废弃的大理石垫块在钢筋与模板之间,以控制保护层厚度。垫块应布置成梅花形,其相互间距不大于1m。上、下双层钢筋之间的尺寸可通过绑扎短钢筋或设置马凳来控制。

4.3 混凝土工程施工

混凝土工程包括混凝土配料、搅拌、运输、浇筑、振捣和养护等施工过程,各个施工过程相互联系和影响,任一施工过程处理不当,都会影响混凝土的最终质量。因此,施工中必须注意各个环节,并严格按照规范要求进行施工,以确保混凝土的工程质量。

4.3.1 混凝土的施工配合比计算

混凝土应按国家现行标准《普通混凝土配合比设计规程》(JGJ 55—2011)的有关规定,根据混凝土强度等级、耐久性和工作性等要求进行配合比设计。对有特殊要求的混凝土,其配合比设计应符合国家现行有关标准的规定。

微课:混凝土施工配料

施工配料必须加以严格控制,进行施工配料时,影响混凝土质量的因素主要有两方面:一是称量不准;二是未按砂、石骨料实际含水率的变化进行施工配合比的换算。因此,为了确保混凝土的质量,施工中必须及时进行施工配合比的换算,并严格控制称量。

1. 施工配合比换算

实验室提供的配合比是根据完全干燥的砂、石骨料制订的,而实际使用的砂、石骨料一般都含有一些水分,而且含水量又会随气候条件发生变化。所以,施工时应及时测定砂、石骨料的含水率(含水率等于含水量与干料之比),并将混凝土配合比换算成在实际含水率情况下的施工配合比。

设混凝土实验室配合比为水泥:砂子:石子$=1:x:y$,测得砂子的含水率为w_x,石子的含水率为w_y,则施工配合比应为$1:x(1+w_x):y(1+w_y)$。

按实验室配合比,$1m^3$ 混凝土水泥用量为 $C(kg)$,计算时确保混凝土水灰比(w/C)不变(w 为用水量),则换算后材料用量如下。

水泥: $$C' = C \tag{4-10}$$

砂子: $$C_{砂} = Cx(1+w_x) \tag{4-11}$$

石子: $$G_{石} = C_y(1+w_y) \tag{4-12}$$

水: $$w = w - C_x w_x - C_y w_y \tag{4-13}$$

【例 4-2】 已知 C20 混凝土的试验室配合比为 $1:2.55:5.12$,水灰比为 0.65,经测定砂的含水率为 3%,石子的含水率为 1%,每立方米混凝土的水泥用量 310kg,则施工配合比为

$$1:2.55(1+3\%):5.12(1+1\%)=1:2.63:5.17$$

每立方米混凝土材料用量如下。

水泥: 310kg

砂子: $310 \times 2.63 = 815.3(kg)$

石子: $310 \times 5.17 = 1602.7(kg)$

水: $310 \times 0.65 - 310 \times 2.55 \times 3 - 310 \times 5.12 \times 1 = 161.9(kg)$

2. 施工配料

施工中往往以一袋或两袋水泥为下料单位,每搅拌一次叫作一盘。因此,求出每立方米混凝土材料用量后,还必须根据工地现有搅拌机出料容量确定每次需用几袋水泥,然后按水泥用量算出砂、石子的每盘用量。

在例 4-2 中,如采用 JZ250 型搅拌机,出料容量为 $0.25m^3$,则每搅拌一次的装料数量如下。

水泥： $310 \times 0.25 = 77.5 (kg)$（取一袋半水泥，即75kg）

砂子： $815.3 \times 75 \div 310 = 197.25 (kg)$

石子： $1602.7 \times 75 \div 310 = 387.75 (kg)$

水： $161.9 \times 75 \div 310 = 39.2 (kg)$

4.3.2 混凝土的搅拌

混凝土搅拌是将各种组成材料拌制成质地均匀、颜色一致、具备一定流动性的混凝土拌合物。如混凝土搅拌得不均匀，就不能获得密实的混凝土，会影响混凝土的质量，所以搅拌是混凝土施工工艺中很重要的一道工序。由于人工搅拌混凝土质量差，消耗水泥多，而且劳动强度大，所以只有在工程量很小时才用人工搅拌。一般均采用机械搅拌。

1. 混凝土搅拌机

混凝土搅拌机按其搅拌原理分为自落式和强制式两类，如图4-19所示。

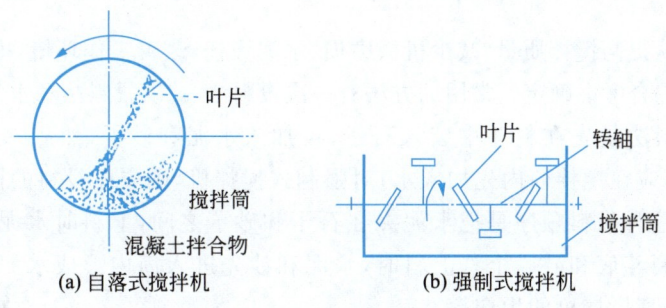

图4-19 混凝土搅拌机工作原理

1) 自落式搅拌机

自落式搅拌机的搅拌鼓筒内壁装有叶片，随着鼓筒的转动，叶片不断将混凝土提升一定高度后自由下落，各物料颗粒分散拌合，拌合成均匀的混合物，是重力拌合原理。自落式搅拌机筒体和叶片较小，易于清理，但搅拌力小，动力消耗大，效率低，适用于搅拌流动性较大的混凝土。

2) 强制式搅拌机

强制式搅拌机的轴上装有叶片，通过叶片强制搅拌装在搅拌筒的物料，使物料沿环向和竖向运动，由于各物料颗粒运动方向、速度各不同，相互之间产生剪切滑移而相互穿插、扩散，从而短时间拌合成均匀的混合物，其搅拌机理为剪切拌合机理。强制式搅拌机较自落式搅拌机，搅拌作用强烈，搅拌时间短，适用于搅拌低流动性混凝土和干硬性混凝土，但强制式搅拌机机件磨损严重。

2. 搅拌制度的确定

为了获得质量优良的混凝土拌合物，除正确选择搅拌机外，还必须正确确定搅拌制度，即确定搅拌时间、投料顺序及进料容量等。

1) 搅拌时间

搅拌时间应为从全部材料投入搅拌筒起到开始卸料为止所经历的时间。它是影响混凝土质量及搅拌机生产率的一个主要因素。搅拌时间过短，混凝土不均匀；搅拌时间过长，会降低搅拌的生产效率,同时会使不坚硬的骨料破碎、脱角,有时还会发生离析现象,从而影响混凝土的质量。因此,应兼顾技术要求和经济合理性要求,确定合适的搅拌时间。

混凝土搅拌的最短时间可按表 4-10 确定。

表 4-10 混凝土搅拌的最短时间 单位:s

序号	混凝土坍落度/mm	搅拌机机型	搅拌机出料量/L		
			<250	250~500	>500
1	≤40	强制式	60	90	120
	>40,且<100	强制式	60	60	90
2	≥100	强制式	60	60	60

注:本表摘自《混凝土质量控制标准》(GB 50164—2011)。

混凝土搅拌的最短时间是指自全部材料装入搅拌筒中起到开始卸料为止的时间。

2) 投料顺序

投料顺序应从提高搅拌质量、减少机械磨损、水泥飞扬,改善工作环境,提高混凝土强度,节约水泥等方面综合考虑确定。常用的方法有一次投料法、二次投料法和水泥裹砂法等。

(1) 一次投料法是先在料斗中装入石子,再加入水泥和砂子,然后一次投入搅拌机。对自落式搅拌机,应在搅拌筒内先加入水;对强制式搅拌机,则应在投料的同时缓缓、均匀、分散地加入水。这种投料顺序是把水泥夹在石子和砂子之间,上料时水泥不致飞扬,而且水泥也不致粘在料斗底和鼓筒上。上料时,水泥和沙先进入筒内形成水泥浆,缩短了包裹石子的过程,能提高搅拌机的生产率。

(2) 二次投料法分为预拌水泥砂浆法和预拌水泥净浆法。

预拌水泥砂浆法是先将水泥、砂和水加入搅拌筒内进行充分搅拌,成为均匀的水泥砂浆后,再加入石子搅拌成均匀的混凝土。

预拌水泥净浆法是将水泥和水充分搅拌成均匀的水泥净浆后,再加入砂和石子搅拌成混凝土。

国内外的试验表明,二次投料法搅拌的混凝土与一次投料法相比较,混凝土强度可提高约 15%,在强度等级相同的情况下,可节约水泥 15%~20%。

(3) 水泥裹砂法(简称为 SEC 法)。它是分两次加水,两次搅拌,即先将全部砂、石子和部分水倒入搅拌机拌合,使骨料湿润,称为造壳搅拌,搅拌时间以 45~75s 为宜,再倒入全部水泥搅拌 20s,加入拌合水和外加剂进行第 2 次搅拌,60s 左右完成。与一次投料法相比,混凝土强度可提高 20%~30%,节约水泥 5%~10%,混凝土不离析,泌水少,工作性好。我国在此基础上又开发了裹石法、裹砂石法、净浆裹石法等,均达到提高混凝土强度、节约水泥的目的。

3) 进料容量

进料容量是将搅拌前各种材料的体积累积起来的容量,又称为干料容量。进料容量约为出料容量的 1.4~1.8 倍(通常取 1.5 倍)。如进料容量超过规定容量的 10%,就会使材料在搅拌筒内无充分的空间进行掺和,影响混凝土拌合物的均匀性;反之,如装料过少,则又不能充分发挥搅拌机的效能。

使用搅拌机时,应该注意安全。在鼓筒正常转动之后,才能装料入筒。在运转时,不得将头、手或工具伸入筒内。在因故(如停电)停机时,要立即设法将筒内的混凝土取出避免凝结。在搅拌工作结束时,也应立即清洗鼓筒内外。叶片磨损面积如超过10%,就应按原样修补或更换。

4.3.3 混凝土的运输

1. 混凝土运输的要求

在不允许留施工缝的情况下,混凝土运输应保证浇筑工作能连续进行,应按混凝土的最大浇筑量来选择混凝土运输方法及运输设备的型号、数量。

应保证混凝土在初凝前浇筑完毕,以最短的时间和最少的转换次数将混凝土从搅拌地点运至浇筑地点。混凝土从搅拌机卸出后到振捣完毕的延续时间见表4-11。

表4-11 混凝土从搅拌机卸出后到浇筑完毕的延续时间　　　　单位:min

混凝土强度等级	气温	
	≤25℃	>25℃
≤C30	120	90
>C30	90	60

注:1. 掺用外加剂或采用快硬水泥拌制混凝土时,应按试验确定。
2. 应适当缩短轻骨料混凝土的运输、浇筑延续时间。

应保证混凝土在运输过程中的均匀性,避免产生分层离析、水泥浆流失、坍落度变化以及产生初凝现象。

2. 混凝土运输工具

混凝土运输分为地面运输、垂直运输和楼面运输三种。

(1)地面运输时,当采用商品混凝土或运距较远时,最好采用混凝土搅拌运输车。此类车在运输过程中搅拌筒可缓慢转动进行拌合,防止混凝土的离析。当距离过远时,可装入干料,在到达浇筑现场前15~20min放入搅拌水,能边行走边进行搅拌。如现场搅拌混凝土,可采用载重1t左右、容量为400L的小型机动翻斗车或手推车运输。当运距较远、运量又较大时,可采用皮带运输机或窄轨翻斗车。

(2)垂直运输时,可采用各种井架、龙门架和塔式起重机作为垂直运输工具。对于浇筑量大、浇筑速度比较稳定的大型设备基础和高层建筑,宜采用混凝土泵,也可采用自升式塔式起重机或爬升式塔式起重机运输。

(3)楼面运输时,多采用双轮手推车,塔式起重机也可兼顾楼面水平运输,如用混凝土泵,则可采用布料杆布料。

3. 搅拌运输车运送混凝土

混凝土搅拌运输车是一种用于长距离运送混凝土的高效能机械。它是将运送混凝土的搅拌筒安装在汽车底盘上,将混凝土搅拌站生产的混凝土拌合物装入搅拌筒内,直接运至施工现场的大型混凝土运输工具。

采用混凝土搅拌运输车应符合下列规定。

(1) 混凝土必须能在最短的时间内均匀、无离析地排出,出料干净、方便,能满足施工的要求。当与混凝土泵联合运送时,其排料速度应相匹配。

(2) 从搅拌运输车运卸的混凝土中分别取 1/4 和 3/4 处试样进行坍落度试验,两个试样的坍落度值之差不得超过 30mm。

(3) 混凝土搅拌运输车在运送混凝土时搅动转速通常为 2~4r/min;整个运送过程中拌筒的总转数应控制在 300 转以内。

(4) 若采用干料由搅拌运输车途中加水自行搅拌,搅拌速度一般应为 6~18r/min;搅拌转数自混合料加水投入搅拌筒起直至搅拌结束,应控制在 70~100r/min。

(5) 混凝土搅拌运输车因途中失水,到工地需加水调整混凝土的坍落度时,搅拌筒应以 6~8r/min 的搅拌速度搅拌,并另外再转动至少 30r/min。

4. 泵送混凝土

1) 泵送混凝土的应用范围

混凝土泵是通过输送管将混凝土送到浇筑地点的一种工具。其适用于以下工程。

(1) 大体积混凝土:包括大型基础、满堂基础、设备基础、机场跑道、水工建筑等。

(2) 连续性强和浇筑效率要求高的混凝土:包括高层建筑、储罐、塔形构筑物、整体性强的结构等。

混凝土输送管道一般是用钢管制成的。管径通常有 100mm、125mm、150mm 三种,标准管管长 3m,配套管有 1m 和 2m 两种,另配有 90°、45°、30°、15° 等不同角度的弯管,以供管道转折处使用。

选择输送管的管径时,主要根据混凝土集料的最大粒径以及管道的输送距离、输送高度和其他工程条件决定。

2) 泵送混凝土应符合的规定

采用泵送混凝土时,应符合下列规定。

(1) 混凝土泵与输送管连通后,应按所用混凝土泵使用说明书的规定进行全面检查,符合要求后,方能开机进行空运转。

(2) 混凝土泵启动后,应先泵送适量水以湿润混凝土泵的料斗、活塞及输送管内壁等直接与混凝土接触的部位。

(3) 确认混凝土泵和输送管中无异物后,应采取下列方法润滑混凝土泵和输送管内壁:泵送水泥砂浆。泵送 1:2 水泥砂浆。泵送与混凝土内除粗集料外的其他成分相同配合比的水泥砂浆。

(4) 开始泵送时,混凝土泵应处于慢速、匀速并随时可返泵的状态。泵送速度应先慢后快,逐步加速。待各系统运转顺利后,方可以正常速度进行泵送。

(5) 混凝土泵送应连续进行。如必须中断时,其中断时间不得超过混凝土从搅拌至浇筑完毕所允许的延续时间。

(6) 泵送混凝土时,活塞应保持最大行程运转。

(7) 泵送完毕时,应将混凝土泵和输送管清洗干净。

4.3.4 混凝土的浇筑与振捣

浇筑混凝土前,必须对模板及其支架、钢筋和预埋件进行检查,并做好记录。待符合设计要求后,清理模板内的杂物及钢筋上的油污,堵严缝隙和孔洞,方能浇筑混凝土。

1. 混凝土的浇筑

(1) 混凝土自高处倾落的自由高度不应超过2m。

(2) 在浇筑竖向结构混凝土前,应先在底部填以50~100mm厚与混凝土内砂浆成分相同的水泥砂浆;浇筑时,不得发生离析现象;当浇筑高度超过3m时,应采用串筒、溜管或振动溜管使混凝土下落。

(3) 混凝土浇筑层的厚度应符合表4-12的规定。

表4-12 混凝土浇筑层的厚度　　　　　　　　　　　　　　　单位:mm

捣实混凝土的方法		浇筑层的厚度
插入式振捣		振捣器作用部分长度的1.25倍
表面振动		200
人工捣固	在基础、无筋混凝土或配筋稀疏的结构中	250
	在梁、墙板、柱结构中	200
	在配筋密列的结构中	150
轻集料混凝土	插入式振捣	300
	表面振动(振动时需加载)	200

(4) 在钢筋混凝土框架结构中,梁、板、柱等构件是沿垂直方向重复出现的,所以一般按结构层次来分层施工。在平面上,如果面积较大,还应考虑分段进行,以便混凝土、钢筋、模板等工序能相互配合、流水施工。

(5) 在每一施工层中,应先浇筑柱或墙。每一施工段中的柱或墙应该连续浇筑到顶,每一排的柱子由外向内对称顺序进行,防止由一端向另一端推进,致使柱子模板逐渐受推倾斜。柱子浇筑完后,应停歇1~2h,使混凝土获得初步沉实,待有了一定强度后,再浇筑梁板混凝土。梁和板应同时浇筑混凝土,只有当梁高在1m以上时,为了施工方便,才可以单独先行浇筑。

当浇筑高度超过3m时,应采用串筒、溜管或振动溜管使混凝土下落,如图4-20所示。

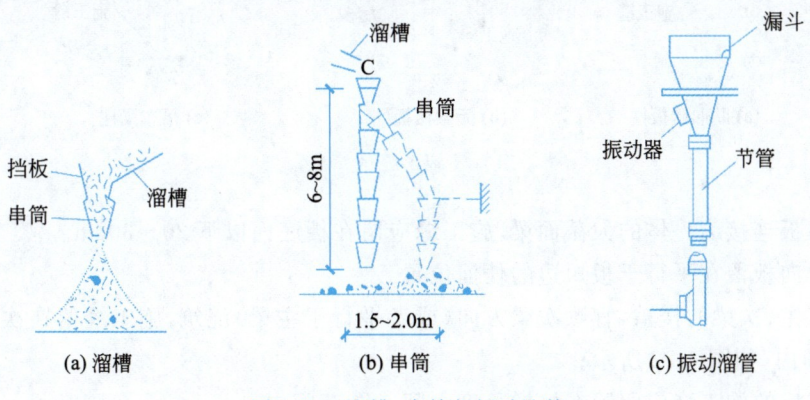

图4-20 溜槽、串筒与振动溜管

(6) 浇筑混凝土应连续进行。当必须间歇时,宜缩短其间歇时间,并应在前层混凝土凝结前,将次层混凝土浇筑完毕。一般情况下,混凝土运输、浇筑及间歇的全部时间不得超过表 4-13 的规定,当超过上述规定时,应留置施工缝。在浇筑与柱和墙连成整体的梁和板时,应在柱和墙浇筑完后停歇 1.0~1.5h,再继续浇筑;梁和板宜同时浇筑混凝土;拱和高度大于 1m 的梁等结构,可单独浇筑混凝土。在混凝土浇筑过程中,应经常观察模板、支架、钢筋、预埋件和预留孔洞的情况,当发现有变形、移位时,应及时采取措施进行处理。

表 4-13 混凝土运输、浇筑和间歇的允许时间　　　　单位:min

混凝土强度等级	气温	
	≤25℃	>25℃
≤C30	210	180
>C30	180	150

2. 施工缝的留设与处理

如果由于技术或施工组织上的原因,不能对混凝土结构一次连续浇筑完毕,而必须停歇较长的时间,其停歇时间已超过混凝土初凝时间,致使混凝土已初凝,当继续浇混凝土时,形成了接缝,即为施工缝。施工缝的位置应在混凝土浇筑前按设计要求和施工技术方案确定。施工缝的处理应按施工技术方案执行。

微课:变形缝构造认知

1) 施工缝留设位置

施工缝设置的原则是一般宜留在结构受力(剪力)较小且便于施工的部位。

根据施工缝留设的原则,一般柱应留水平缝,梁、板和墙应留垂直缝。施工缝留设具体位置如下。

(1) 柱子的施工缝宜留在基础顶面、梁下面、吊车梁的上面和无梁楼盖柱帽下面,如图 4-21 所示。

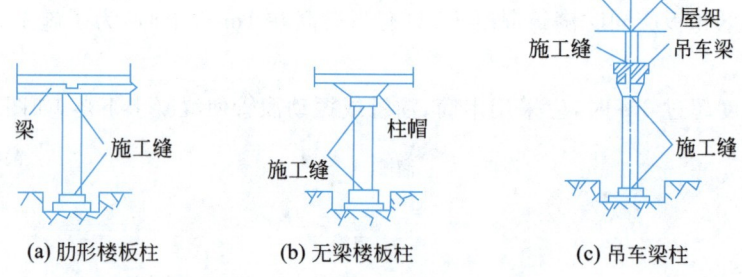

(a) 肋形楼板柱　　(b) 无梁楼板柱　　(c) 吊车梁柱

图 4-21 柱施工缝的留置位置

(2) 与板连接为一体的大截面梁,施工缝应留在板底面以下 20~30cm。

(3) 单向板留在平行于板短边的任何位置。

(4) 有主、次梁的楼盖,宜顺次梁方向(或者平行于主梁)浇筑,施工缝留在次梁跨度中间 1/3 范围内,如图 4-22 所示。

(5) 楼梯的施工缝应留置在楼梯长度中间 1/3 范围内。

(6) 墙的施工缝应留置在门洞过梁跨中的 1/3 范围内,也可留在纵、横墙的交接处。

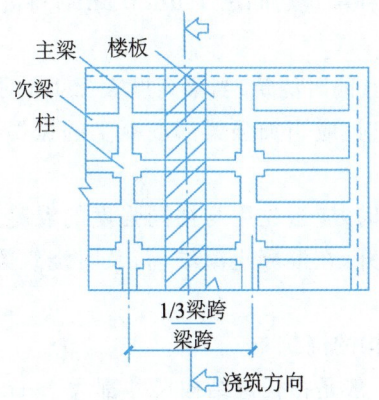

图 4-22　有主、次梁楼板的施工缝位置

(7) 双向受力模板、大体积混凝土结构、拱、薄壳、蓄水池等复杂结构工程的施工缝应按设计要求留置。

2) 施工缝的处理

在留设施工缝处继续浇筑混凝土时,已浇筑的混凝土抗压强度不应小于 1.2MPa。在已硬化的混凝土表面上,应清除水泥薄膜和松动石子以及软弱混凝土层,并加以润湿和冲洗,不得积水。在浇筑混凝土前,施工缝处应当先铺一层与混凝土成分相同的水泥砂浆。浇筑时,混凝土应细致捣实,使新旧混凝土紧密结合。

3. 混凝土浇筑的方法

1) 整体结构混凝土浇筑

整体结构混凝土浇筑以框架剪力墙为例,介绍基础、柱、剪力墙及梁、板的浇筑。

(1) 基础浇筑。在浇筑基础混凝土前,应事先对地基按设计标高和轴线进行校正,并清除淤泥和杂物;同时,注意排除开挖出来的水和开挖地点的流动水。

台阶式基础施工时,可以按照台阶分层一次浇筑完毕,不允许留设施工缝。先边角后中间,施工中要使混凝土完全充满模板,垂直交角处上、下层台阶混凝土不得脱空。

条形基础根据深度分层分段连续浇筑混凝土,一般不留设施工缝,各段、层之间相互衔接,每段间浇筑长度控制为 2~3m,做到逐段逐层呈阶梯形向前推进。

设备基础一般分层浇筑,并保证上、下层之间不留设施工缝,每层浇筑顺序应当从低开始,沿长边方向由一端向另一端浇筑,也可采取中间向两端或两端向中间的顺序浇筑。

(2) 柱浇筑。柱浇筑宜在梁模板安装后,钢筋未绑扎前进行,以便利用梁、板模板稳定柱模和作为浇筑柱混凝土的操作平台。

浇筑一排柱的顺序应当从两端同时开始,向中间推进,以免因为浇筑混凝土后由于模板吸水膨胀,断面增大产生横向推力,使柱发生弯曲变形而无法纠正。

为防止柱根部出现蜂窝麻面,应当在柱子底部浇筑一层厚 50~100mm 水泥砂浆或水泥浆,然后浇筑混凝土,并加强柱根部振捣,使新旧混凝土紧密结合。每次投入模板的混凝土数量保证不超过规定的每层浇筑厚度。

(3) 剪力墙浇筑。框架-剪力墙结构中的剪力墙分层浇筑,其根部浇筑方法与柱相同。门窗洞口部分应当两侧同时下料,高差不能太大,以防压斜窗口模板。对墙口下部的混凝土应加强振捣,以防出孔洞。柱浇筑后间歇 1.0～1.5h 后待混凝土沉实,方可浇筑上部梁、板结构。

(4) 梁、板浇筑。梁和板宜同时浇筑,当梁高度大于 1m 时,可以单独浇筑。

采用预制楼板、硬架支模时,应当加强梁部混凝土的振捣和下料,严防出现孔洞,要确保模板体系的稳定性。

当梁、柱混凝土强度不同时,应当先用与柱同强度的混凝土浇筑柱子和梁相交的节点处,用钢丝网将节点与梁端隔开,在混凝土凝结前,及时浇筑梁的混凝土,不在梁的根部留设施工缝。

2) 大体积钢筋混凝土结构的浇筑

大体积钢筋混凝土结构一般是指任意结构尺寸都大于 1m 的构件,多为工业建筑中的设备基础及高层建筑中厚大的桩基承台或基础底板等。其特点是混凝土浇筑面和浇筑量大,整体性要求高,不能留施工缝,以及浇筑后水泥的水化热量大,且聚集在构件内部形成较大的内外温差(不宜超过 20℃),易造成混凝土表面产生收缩裂缝等。为此,应优先选用水化热低、初凝时间较长的矿渣水泥,降低水泥用量,掺入适量的粉煤灰和缓凝减水剂,降低浇筑速度和减小浇筑层厚度,采取人工降温措施等,防止大体积混凝土浇筑后产生裂缝。

为保证混凝土浇筑工作连续进行,不留施工缝,应在下一层混凝土初凝之前,将上一层混凝土浇筑完毕。

大体积钢筋混凝土结构的浇筑方案一般分为全面分层、分段分层和斜面分层三种,如图 4-23 所示。

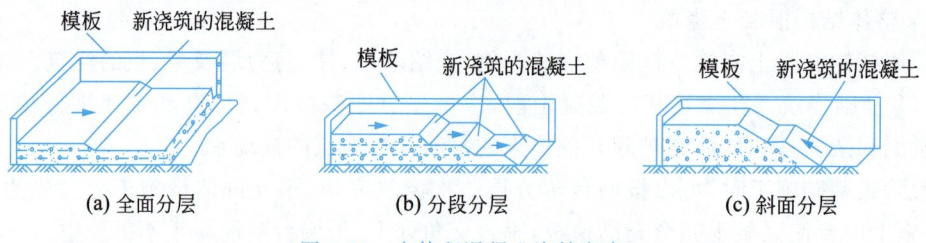

(a) 全面分层   (b) 分段分层   (c) 斜面分层

图 4-23 大体积混凝土浇筑方案

(1) 全面分层:即在第一层浇筑完毕,再回头浇筑第二层,如此逐层浇筑,直至完工为止。全面分层法适用于结构平面尺寸不太大的结构,从短边开始沿长边方向进行较好。

(2) 分段分层:当结构平面面积较大时,全面分层已经不再适用,这时可以采用分段分层的浇筑方案。混凝土从底层开始浇筑,进行 2～3m 后再回头浇第二层,同样依次浇筑各层。分段分层适用于厚度不大而面积、长度极大的结构。

(3) 斜面分层:要求斜坡坡度不大于 1/3,适用于结构长度大大超过厚度(3 倍)的情况。

4. 后浇带的施工

后浇带是在现浇混凝土结构施工过程中,克服由于温度、收缩可能产生有害裂缝而设置的临时施工缝。该缝应根据设计要求保留一段时间后再浇筑混凝土,将整个结构连成整体。后浇带的位置应按设计要求和施工技术方案确定。后浇带的设置距离应考虑在有效降低温度和收缩应力的条件下,通过计算来获得。在正常的施工条件下,有关规范对此的规定如下:如混凝土置于室内和土中,后浇带的设置距离为 30m,而露天为 20m。

后浇带的保留时间应根据设计确定,若设计无要求时,一般保留 28d 以上。

后浇带的宽度应考虑施工简便,避免应力集中。一般来说,其宽度为 700~1000mm。后浇带内的钢筋应完好保存。

后浇带混凝土浇筑应严格按照施工技术方案进行。在浇筑混凝土前,必须将整个混凝土表面按照施工缝的要求进行处理。填充后浇带混凝土可采用微膨胀或无收缩水泥,也可采用普通水泥加入相应的外加剂拌制,但必须要求填筑混凝土的强度等级比原来结构强度提高一级,并保持至少 15d 的湿润养护。

5. 混凝土的振捣

混凝土浇入模板后,由于内部骨料和砂浆之间的摩阻力与粘结力作用,混凝土流动性很低,不能自动充满模板内各角落,其内部是疏松的,空气与气泡含量占混凝土体积的 5%~20%,不能达到要求的密实度,必须进行适当的振捣,促使混凝土混合物克服阻力并溢出气泡消除空隙,使混凝土满足设计要求的强度等级和足够的密实度。

混凝土捣实分为人工捣实和机械振实两种方式。人工捣实是用插钎等工具的冲击力来使混凝土密实成型,效率低、效果差,只有在缺少机械或工程量不大的情况下才进行人工捣实。机械振实是将振动器的振动力传给混凝土,使之发生强迫振动而密实成型,效率高、质量好。

混凝土振捣设备按其工作方式分为内部振动器、表面振动器、外部振动器和振动台,如图 4-24 所示。

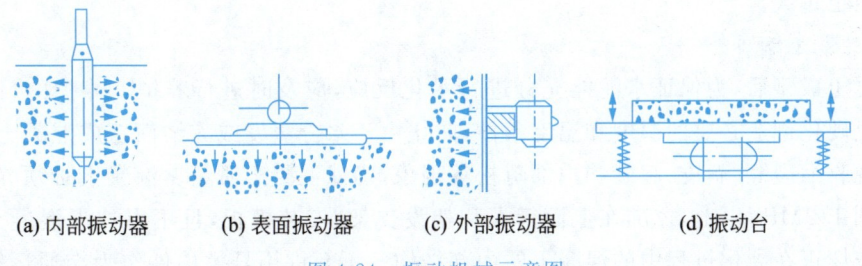

(a) 内部振动器　　(b) 表面振动器　　(c) 外部振动器　　(d) 振动台

图 4-24　振动机械示意图

1) 内部振动器

内部振动器又称为插入式振动器(振动棒),多用于振捣现浇基础梁、墙等结构构件和厚大体积设备基础的混凝土。

下层混凝土结合成整体,振动棒应插入下层混凝土 50mm。振动器移动间距宜不大于作用半径的 1.5 倍,振动器距离模板应不大于振动器作用半径的 1/2,振动器应避免碰撞钢筋、模板、芯管、吊环或预埋件。插点的布置如图 4-25 所示。

2) 表面振动器

表面振动器又称为平板式振动器,是将附着式振动器安装在一块底板上,振捣时将振动器放在浇筑好的混凝土结构表面,使振动力通过底板传递给混凝土。使用时振动器底板与混凝土接触,每一位置振捣到混凝土不再下沉、表面返出水泥浆为止,然后移动到下一个位置。平板振动器适用于振实楼板、地面、板形构件等。

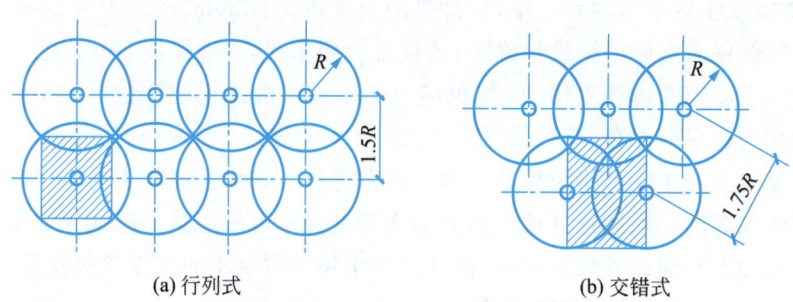

图 4-25 插点的布置

3）外部振动器

外部振动器又称附着式振动器，它通过螺栓或夹钳等固定在模板外侧的横档或竖档上，偏心块旋转所产生的振动力通过模板传给混凝土，使之振实。但模板应有足够的刚度。对于小截面直立构件，插入式振动器的振动棒很难插入，可使用外部振动器，外部振动器的设置间距应通过试验确定，一般情况下，可每隔 1～1.5m 设置一个。

4）振动台

振动台是一个支承在弹性支座上的工作台。工作台框架由型钢焊成，台面为钢板。工作台下面装设振动机构，振动机构在转动时，即可带动工作平台强迫振动，使平台上的构件混凝土被振实，适用于振捣预制构件。振动时，应将模板牢固地固定在振动台上，否则模板的振幅和频率将小于振动台的振幅和频率，振幅沿模板分布也会不均匀，影响振动效果，振动时噪声也过大。

6. 混凝土的养护

混凝土成型后，为保证水泥能充分进行水化反应，应及时进行养护。养护的目的就是为混凝土硬化创造必要的湿度和温度条件，防止由于水分蒸发或冻结而造成混凝土强度降低和出现收缩裂缝、剥皮、起砂和内部疏松等现象，确保混凝土质量。混凝土必须养护至其强度达到 1.2MPa 以上，才准在上面行人和架设支架、安装模板，且不得冲击混凝土，以免振动和破坏正在硬化过程中的混凝土的内部结构。不允许用悬挑构件作为交通运输通道，或作为工具、材料的停放场。

混凝土养护方法一般有自然养护、喷涂薄膜养护和蒸汽养护三种。

1）自然养护

自然养护是指在室外平均气温高于 5℃ 的条件下，选择适当的覆盖材料，并适当浇水，使混凝土在规定的时间内保持湿润环境。自然养护应符合下列规定。

（1）混凝土浇筑完毕 12h 以内，应进行覆盖并浇水养护。

（2）浇水养护日期与水泥品种有关。对于硅酸盐水泥和矿渣硅酸盐水泥拌制的混凝土，不得少于 7 昼夜；对于掺用缓凝型外加剂或有抗渗性要求的混凝土，以及火山灰质硅酸盐水泥和粉煤灰硅酸盐水泥拌制的混凝土，不得少于 14d。

（3）浇水的次数以能保持混凝土湿润状态为准。水化初期水泥水化作用反应较快，水分应充足，故浇水次数应多些；气温较高时也应多浇水。应避免因缺水造成混凝土表面硬化不良而松散粉化。

(4) 养护用水与拌制水相同。

(5) 如平均气温低于5℃时,不得浇水,应按冬季施工要求保温养护。

2) 喷涂薄膜养护

喷涂薄膜养护是将过氯乙烯树脂养护剂用喷枪喷涂在混凝土表面上,溶剂挥发后在混凝土表面形成一层塑料薄膜,将混凝土与空气隔绝,阻止其中水分的蒸发以保证水泥水化作用的正常进行。有的薄膜在养护完成后能够自行老化脱落,否则,不能用于混凝土表面欲进行粉刷的墙面上,以免形成隔离层。喷涂薄膜适用于不宜洒水养护的高耸构筑物和大面积混凝土结构。在夏季,薄膜成型后要防晒,否则易产生裂纹。

3) 蒸汽养护

蒸汽养护就是将构件放置在有饱和蒸汽或蒸汽空气混合物的养护室内,在较高的温度和相对湿度的环境中进行养护,以加速混凝土的硬化,使混凝土在较短的时间内达到规定的强度标准值。蒸汽养护过程分为静停、升温、恒温、降温四个阶段。

(1) 静停阶段:混凝土构件成型后在室温下停放养护,时间为2~6h,以防止构件表面产生裂缝和疏松现象。

(2) 升温阶段:此阶段是构件的吸热阶段。升温速度不宜过快,以免构件表面和内部产生过大温差而出现裂纹。对于薄壁构件(如多肋楼板、多孔楼板等),每小时不得超过25℃;其他构件不得超过20℃;用干硬性混凝土制作的构件,不得超过40℃。

(3) 恒温阶段:此阶段是升温后温度保持不变的时间。此时强度增长最快,这个阶段应保持90%~100%的相对湿度;最高温度不得大于95℃,时间为3~5h。

(4) 降温阶段:此阶段是构件散热过程。降温速度不宜过快,每小时不得超过10℃,出池后,构件表面与外界温差不得大于20℃。

4.4 钢筋混凝土的质量问题

4.4.1 混凝土质量的检查

混凝土质量检查包括施工过程中的质量检查和养护后的质量检查。

施工过程中的质量检查,即在混凝土制备和浇筑过程中对原材料的质量、配合比、坍落度等的检查,每一工作班至少检查两次,如遇特殊情况还应及时进行检查。混凝土的搅拌时间应随时检查。

混凝土养护后的质量检查主要是指混凝土的立方体抗压强度检查。混凝土的抗压强度,即以边长为150mm的标准立方体试件,在标准条件下,温度(20±3)℃和相对湿度90%以上的湿润环境中养护28d后测得的具有95%保证率的抗压强度。

结构混凝土的强度等级必须符合设计要求。用于检查结构混凝土强度的试件,应在浇筑地点随机抽样留设,不得挑选。取样与试件留置应符合下列规定。

每拌制100盘且不超过100m³的同配合比的混凝土,取样不少于1次;每工作班拌制的同配合比混凝土不足100盘时,取样不少于1次;当一次连续浇筑超过1000m³时,同一配合比的混凝土每200m³取样不得少于1次;每一楼层、同一配合比的混凝土,取样不得少于1次;每次取样应不少于留置1组标准养护试件,同条件养护试件的留置组数,应根据实际需要确定。

每组(3块)试件应在同盘混凝土中取样制作。其强度代表值按下述规定确定:取3个试件试验结果的平均值作为该组试件强度代表值;当3个试件中的最大或最小的强度值与中间值相比超过15%时,以中间值代表该组试件强度;当3个试件中的最大和最小的强度值与中间值相比均超过15%时,该组试件不应作为强度评定的标准。

4.4.2 混凝土质量缺陷

1. 麻面

麻面是结构构件表面上呈现无数的小凹点,而无钢筋暴露现象。

这类问题一般是由于模板润湿不够,不严密,捣固时发生漏浆,或振捣不足,气泡未排出,以及捣固后没有很好养护而产生。

2. 露筋

露筋是钢筋暴露在混凝土外面。

产生露筋的主要原因是混凝土浇筑时垫块位移,钢筋紧贴模板,混凝土保护层厚度不够,或缺边、掉角。

3. 蜂窝

蜂窝式结构构件中形成有蜂窝状的窟窿,骨料间有空隙存在。

产生这种现象的主要原因是配合比不准确,砂少石多,或搅拌不匀、浇筑方法不当、振捣不合理,造成分层离析,或因模板严重漏浆等。

4. 孔洞

孔洞是指混凝土结构内存在着空隙,局部或全部没有混凝土。

这主要是由于混凝土捣空,砂浆严重分离,石子成堆,砂子和水泥分离而产生,或混凝土受冻,泥块杂物掺入等所致。

5. 裂缝

结构构件产生裂缝的原因比较复杂,有温度裂缝、干缩裂缝和外力引起的裂缝。原因主要有模板局部沉陷,拆模时受到剧烈振动,温差过大,养护不良,水分蒸发过快等。

6. 缝隙与夹层

缝隙与夹层是将结构分割成几个不相连的部分。

产生的原因主要是施工缝、温度缝和收缩缝处理不当以及混凝土中含有垃圾杂物。

7. 缺棱掉角

缺棱掉角是指构件角边上的混凝土局部残损掉落。

产生的主要原因是混凝土浇筑前模板未充分湿润,使棱角处混凝土中水分被模板吸去,水分不充足,强度降低,拆模时棱角损坏;另外,拆模过早或拆模后保护不好,也会造成棱角损坏。

4.4.3 混凝土质量缺陷的防治与处理

1. 表面抹浆修补

对数量不多的小蜂窝、麻面、露筋、露石的混凝土表面,主要是保护钢筋和混凝土不受侵蚀,可用 1∶(2.0～2.5)水泥砂浆抹面修整。在抹砂浆前,应用钢丝刷或加压力的水清洗润湿,待抹浆初凝后,要加强养护工作。

2. 细石混凝土填补

当蜂窝比较严重或露筋较深时,应除掉不密实的混凝土,用清水洗净并充分湿润后,再用比原强度等级高一级的细石混凝土填补并仔细捣实。

对孔洞的补强,可在旧混凝土表面采用处理施工缝的方法处理。将孔洞处疏松的混凝土和凸出的石子剔凿掉,孔洞顶部要凿成斜面,避免形成死角,然后用水刷洗干净,保持湿润 72h 后,用比原混凝土强度等级高一级的细石混凝土捣实。混凝土的水灰比宜控制在 0.5 以内,并掺水泥用量万分之一的铝粉,分层捣实,以免新、旧混凝土接触面上出现裂缝。

3. 水泥灌浆与化学灌浆

对于宽度大于 0.5mm 的裂缝宜采用水泥灌浆;对于宽度小于 0.5mm 的裂缝,宜采用化学灌浆。化学灌浆所用的灌浆材料,应根据裂缝性质、缝宽和干燥情况选用。作为补强用的灌浆材料,常用的有环氧树脂浆液(能修补缝宽 0.2mm 以上的干燥裂缝)和甲凝(能修补 0.05mm 以上的干燥细微裂缝)等。作为防渗堵漏用的灌浆材料,常用的有丙凝(能灌入 0.01mm 以上的裂缝)和聚氨酯树脂(能灌入 0.015mm 以上的裂缝)等。

学习笔记

第 5 章　预应力混凝土工程施工

> **教学目标**
>
> 1. 了解预应力混凝土的工作原理。
> 2. 了解先张法台座的类型、预应力值建立和传递原理。
> 3. 掌握张拉程序、张拉力控制和放张方法。
> 4. 掌握先张法、后张法的施工工艺。
> 5. 了解锚夹具类型及张拉设备。
> 6. 熟悉无粘结预应力筋的施工工艺。
> 7. 掌握预应力混凝土工程质量检验和质量控制的方法。
> 8. 掌握预应力混凝土工程施工的安全技术。

预应力混凝土工程是一门新兴的科学技术,1928 年由法国弗来西奈首先研究成功以后,在世界各国广泛推广应用。其推广数量和范围是衡量一个国家建筑技术水平的重要标志之一。预应力混凝土是在使用荷载作用前预先建立内应力的混凝土。其内应力的大小与分布能抵消或减少使用荷载作用产生的应力,内应力通过张拉预应力筋实现。

1950 年,我国开始采用预应力混凝土结构,现在在数量及结构类型方面均得到迅速发展。预应力技术已经从开始的单个构件发展到预应力结构新阶段,如无粘结预应力现浇平板结构、装配式整体预应力板柱结构、预应力薄板叠合板结构、大跨度部分预应力框架结构等。

普通钢筋混凝土构件的抗拉极限应变值仅为 0.00010～0.00015,即相当于每米只允许拉长 0.10～0.15mm,超过此值,混凝土就会开裂。如果混凝土不开裂,构件内的受拉钢筋应力只能达到 20～30MPa。如果允许构件开裂,裂缝宽度限制在 0.2～0.3mm 时,构件内的受拉钢筋应力也只能达到 150～250MPa。因此,在普通混凝土构件中采用高强钢材达到节约钢材的目的受到限制,采用预应力混凝土是解决这一矛盾的有效办法。所谓预应力混凝结构(构件),就是在结构(构件)受拉区预先施加压力产生预压应力,从而使结构(构件)在受力阶段产生的拉应力首先抵消预压应力,从而推迟裂缝的出现和限制裂缝的开展,提高结构(构件)的抗裂度和刚度。这种施加预应力的混凝土称为预应力混凝土。

与普通混凝土相比,预应力混凝土除了可以提高构件的抗裂性能和刚度,还具有减轻自重、增加构件的耐久性、降低造价等优点。

5.1 先张法施工

先张法是在浇筑混凝土前张拉预应力筋,并将张拉的预应力筋临时固定在台座或钢模上,然后浇筑混凝土的施工方法。待混凝土达到一定强度(一般不低于设计强度等级的75%),保证预应力筋与混凝土有足够粘结力时,放松预应力筋,借助于混凝土与预应力筋之间的粘结,使混凝土产生预压应力。

先张法适用于生产小型预应力混凝土构件,其生产方式有台座法和机组流水法。台座法是构件在专门设计的台座上生产,即预应力筋的张拉与固定、混凝土的浇筑与养护及预应力筋的放张等工序均在台座上进行,如图 5-1 所示。机组流水法是利用特制的钢模板,构件连同钢模板通过固定的机组,按流水方式完成其生产过程。

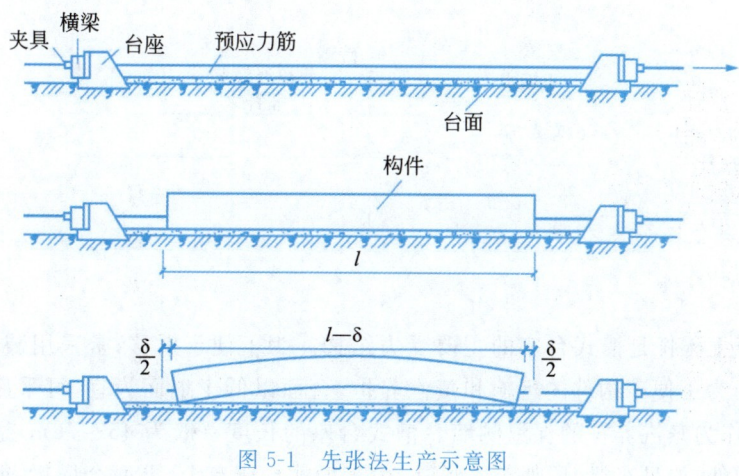

图 5-1 先张法生产示意图

5.1.1 先张法的施工设备

先张法的施工设备主要有台座、夹具和张拉设备等。

1. 台座

台座是先张法生产的主要设备之一,它承受预应力筋的全部张拉力。因此,台座应有足够的强度、刚度和稳定性,以免因变形、倾覆、滑移而引起预应力值的损失。台座按构造形式不同分为墩式和槽式两类,应根据构件的种类、张拉墩位和施工条件进行选用。

1) 墩式台座

墩式台座由承力台墩、台面和横梁组成,如图 5-2 所示。

台座的长度和宽度由场地大小、构件类型和产量决定,一般长度宜为 100~150m,宽度宜为 2~4m,这样既可利用钢丝长的特点,张拉一次就可生产多根(块)构件,又可以减少因钢丝滑动或台座横梁变形而引起的预应力损失。

2) 槽式台座

槽式台座由钢筋混凝土压杆、上横梁、下横梁以及砖墙等组成,如图 5-3 所示。

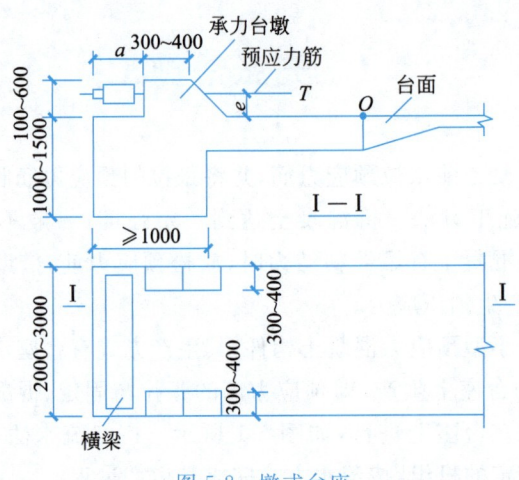

图 5-2 墩式台座

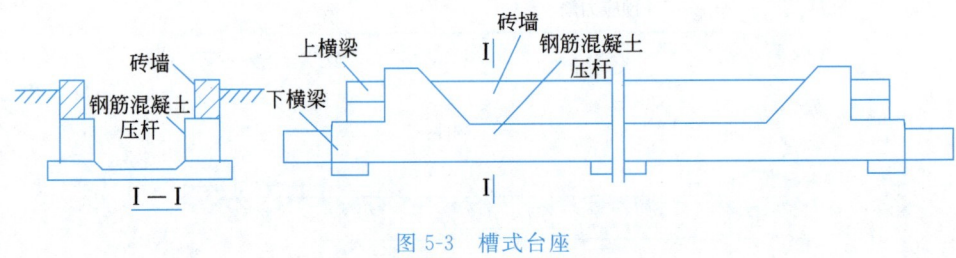

图 5-3 槽式台座

钢筋混凝土压杆是槽式台座的主要受力结构。为了便于拆移,常采用装配式结构,每段长 5~6m。为了便于构件的运输和蒸汽养护,台面以低于地面为宜,可采用砖墙来挡土和防水,同时作为蒸汽养护的保温侧墙。槽式台座的长度一般为 45~76m,适用于张拉力较高的大型构件,如吊车梁、屋架等。另外,由于槽式台座有上、下两个横梁,能进行双层预应力混凝土构件的张拉。

2. 夹具

夹具是预应力筋张拉和临时固定的锚固装置,用在先张法施工中。按其用途不同,夹具可分为锚固夹具和张拉夹具。

1) 夹具的要求

(1) 夹具的静载锚固性能应满足要求。

(2) 预应力夹具组装件达到实际极限拉力时,全部零件不应出现肉眼可见的裂缝或其他破坏。

(3) 有良好的自锚性能。

(4) 有良好的松锚性能。

(5) 要求夹具工作可靠、加工方便和成本低,并能多次重复使用。

2) 张拉夹具

张拉夹具分为偏心式和压销式两种。

偏心式夹具用于钢丝的张拉。它由一对带齿的有牙形偏心块组成,如图 5-4 所示。偏心块可用工具钢制作,其刻齿部分的硬度较所夹钢丝的硬度大。这种夹具构造简单,使用方便。

压销式夹具是用于直径为 12~16mm 的 HPB300~HRB400 级钢筋的张拉夹具,它由销片和楔形压销组成,如图 5-5 所示。销片有与钢筋直径相适应的半圆槽,槽内有齿纹用以夹紧钢筋。当楔紧或放松楔形压销时,便可夹紧或放松钢筋。

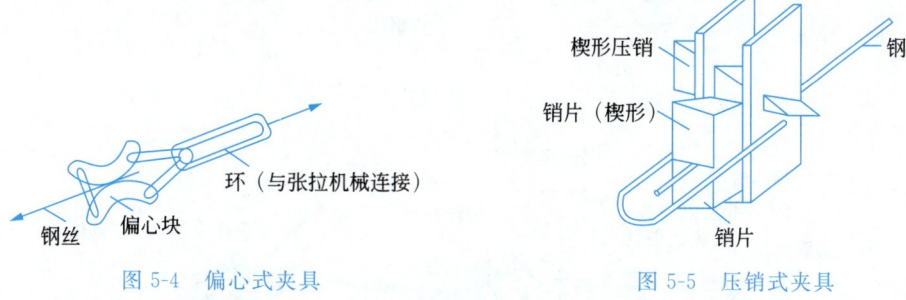

图 5-4 偏心式夹具 　　　　　图 5-5 压销式夹具

3) 锚固夹具

锚固夹具分为钢质锥形夹具和墩头夹具。

钢质锥形夹具主要用来锚固直径为 3~5mm 的单根钢丝夹具,如图 5-6 所示。

墩头夹具适用于预应力钢丝固定端的锚固,如图 5-7 所示。

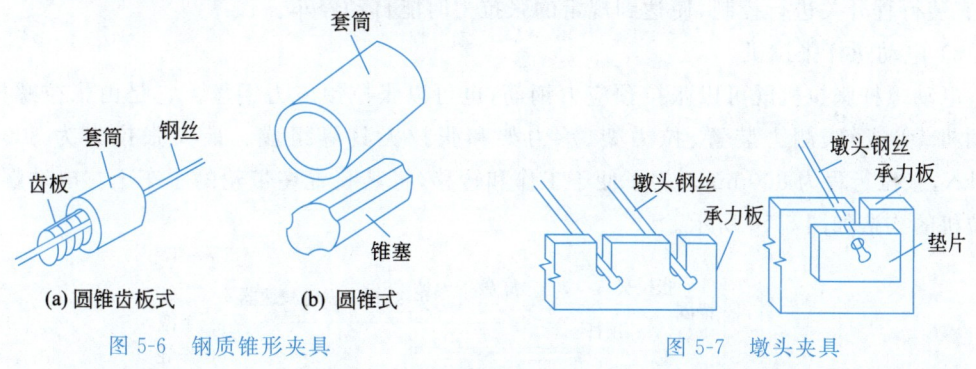

图 5-6 钢质锥形夹具 　　　　　图 5-7 墩头夹具

3. 张拉设备

张拉预应力筋的机械要求工作可靠、操作简单,能以稳定的速率加荷。先张法施工中,预应力筋可单根进行张拉或多根成组进行张拉。常用的张拉机械有以下几种。

1) 手动卷筒式张拉机

手动卷筒式张拉机构造如图 5-8 所示。将手摇绞车装在小钢轨道上,钢丝绳卷在卷筒上,卷筒与齿轮联结,齿轮上方装有锥销及制动爪;钢丝绳另一端串联弹簧测力计和嵌式夹具。该设备的优点是设备结构简单,不需要电力,缺点是效率低,可用于张拉直径 3~4mm 的钢丝。

2) 电动卷筒式张拉机

电动卷筒式张拉机是把慢速电动卷扬机装在小车上制成,如图 5-9 所示。该设备的优点是张拉行程大,张拉速度快,可张拉直径 3~5mm 的钢丝。

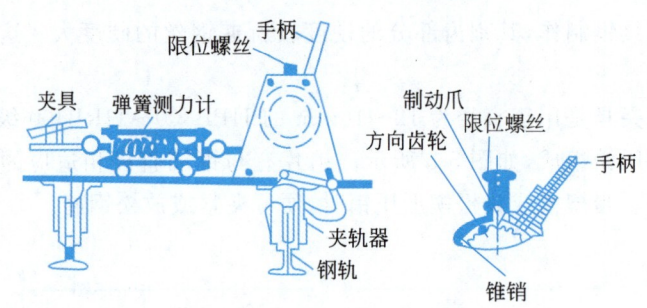

图 5-8 手动卷筒式张拉机构造示意图

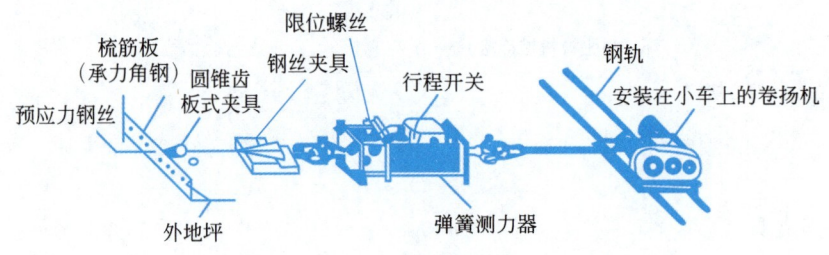

图 5-9 电动卷扬机张拉单根钢丝

为了准确控制张拉力,张拉速度以 1~2m/min 为宜。张拉机与弹簧测力计配合使用时,宜装行程开关进行控制,使达到规定的张拉力时能自动停车。

3) 电动螺杆张拉机

电动螺杆张拉机既可以张拉预应力钢筋,也可以张拉预应力钢丝。它是由张拉螺杆、电动机、变速箱、测力装置、拉力架、承力架和张拉夹具等组成。最大张拉力为 300~600kN,张拉行程为 800mm。为了便于工作和转移,将其装置在带轮的小车上。电动螺杆张拉机的构造如图 5-10 所示。

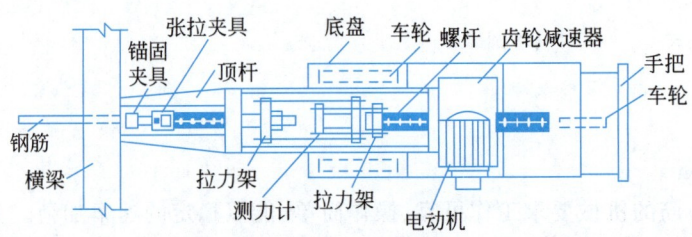

图 5-10 电动螺杆张拉机的构造

电动螺杆张拉机的工作原理如下:工作时,顶杆支承到台座横梁上,用张拉夹具夹紧预应力筋,开动电动机使螺杆向右侧运动,对预应力筋进行张拉,达到控制应力要求时停车,并用预先套在预应力筋上的锚固夹具将预应力筋临时锚固在台座的横梁上。然后开倒车,使电动螺杆张拉机卸荷。电动螺杆张拉机运行稳定,螺杆有自锁能力,张拉速度快,行程大。

4) 油压千斤顶

油压千斤顶可张拉单根预应力筋或多根成组预应力筋。多根成组张拉时,可采用四横梁装置进行,如图 5-11 所示。

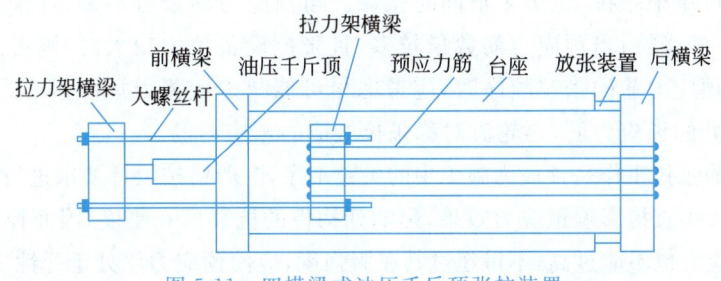

图 5-11　四横梁式油压千斤顶张拉装置

四横梁式油压千斤顶张拉装置,用钢量较大,大螺丝杆加工困难,调整预应力筋的初应力费时间,油压千斤顶行程小,工效较低,但其一次张拉力大。

5.1.2　先张法施工工艺

先张法施工工艺流程如图 5-12 所示。

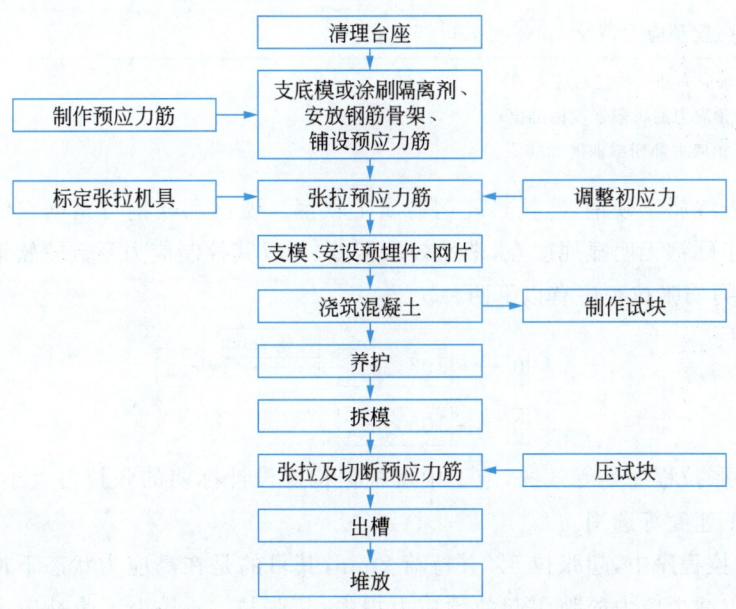

图 5-12　先张法施工工艺流程

1. 预应力筋的铺设

预应力筋应当提前下料,施工中应当采取措施防止预应力筋的锈蚀。铺设预应力筋前,应当在台座上刷隔离剂,可以采用非油类模板隔离剂,应当注意隔离剂不要污染预应力筋,以免影响到预应力筋与混凝土的粘结。碳素钢丝表面光滑但强度较高,与混凝土的粘结力较差,因此应当提前采取措施对表面刻痕或者压波。铺设预应力筋时,钢筋之间的连接或钢筋与螺杆之间的连接可以采用连接器。

2. 预应力筋张拉

预应力筋张拉应根据设计要求,采用合适的张拉方法、张拉顺序、张拉设备及张拉程序进行,并应有可靠的质量保证措施和安全技术措施。

预应力筋可单根张拉,也可多根同时张拉。当预应力筋数量不多,且张拉设备拉力有限时,常采用单根张拉;当预应力筋数量较多,且张拉设备拉力较大时,则可采用多根同时张拉。在确定预应力筋的张拉顺序时,应考虑尽可能减少倾覆力矩和偏心力,先张拉靠近台座截面重心处的预应力筋,再轮流对称张拉两侧的预应力筋。

预应力筋的张拉工作是预应力施工中的关键工序,应严格按设计要求进行。预应力筋张拉控制应力的大小直接影响预应力效果,影响到构件的抗裂度和刚度,因而控制应力不能过低;但是,控制应力也不能过高,不得超过其屈服强度,应使预应力筋处于弹性工作状态,否则会使构件出现裂缝的荷载接近破坏荷载,这很危险。过大的超张拉会造成反拱过大,在预拉区出现裂缝也是不利的。预应力筋的张拉控制应力应符合设计要求。当施工中预应力筋需要超张拉时,应比设计要求提高5%,但其最大张拉控制应力不得超过表5-1的规定。

表5-1 张拉控制应力值

钢 种	张拉控制应力值 σ_{con}	钢 种	张拉控制应力值 σ_{con}
消除应力钢丝、钢绞线	$\leqslant 0.8 f_{ptk}$	预应力螺纹钢筋	$\leqslant 0.90 f_{pyk}$
刻痕钢丝、中强度预应力钢丝	$\leqslant 0.75 f_{ptk}$		

注:σ_{con}——预应力筋张拉控制应力;
　　f_{ptk}——预应力筋极限强度标准值;
　　f_{pyk}——预应力筋屈服强度标准值。

钢丝、钢绞线属于硬钢,冷拉热轧钢筋属于软钢。硬钢和软钢可根据它们是否存在屈服点划分,由于硬钢无明显屈服点,塑性较软钢差,所以其控制应力系数较软钢低。

(1) 预应力筋张拉程序有以下两种。

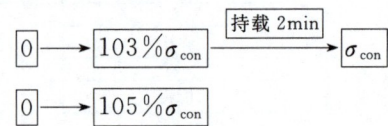

以上两种张拉程序是等效的,施工中可根据构件设计标明的张拉力大小、预应力筋与锚具品种、施工速度等选用。

在各种张拉程序中,超张拉5%并持荷2min,其目的是在高应力状态下加速预应力松弛早期发展,以减少应力松弛引起的预应力损失;超张拉3%是为了弥补应力松弛引起的损失,一次张拉到控制应力,比超张拉持荷再回到控制应力时应力松弛大2~3min,因此,一次张拉到103%σ_{con}后锚固,同样可以达到减少松弛效果的。且这种张拉程序施工简便,一般应用较广。

(2) 采用应力控制方法张拉时,应校核预应力筋的伸长值,如实际伸长值比计算伸长值大10%或小5%,应暂停张拉,在查明原因、采取措施予以调整后,方可继续张拉。预应力筋的计算伸长值l可按下式计算:

$$l = \frac{F_p l}{A_p E_s} \tag{5-1}$$

式中 F_p——预应力筋的平均张拉力,kN,直线筋取张拉端的拉力;两端张拉的曲线筋,取张拉端的拉力与跨中扣除孔道摩阻损失后拉力的平均值;

l——预应力筋的长度,mm;

A_p——预应力筋的截面面积,mm²;

E_s——预应力筋的弹性模量,kN/mm²。

张拉预应力筋时,应当先建立初应力,初应力一般为张拉控制应力的10%～15%,将预应力筋拉直,以消除预应力筋弯曲和夹具不紧密等现象。预应力筋的实际延伸量,宜在拉伸到初应力时开始进行测量,计算从初应力到张拉控制应力的延伸量。并应加上初应力以下的推算长度,可以按图解法和计算法进行推算。

预应力筋初应力以下的推算伸长值 ΔL_2 可根据弹性范围内张拉力与伸长值成正比的关系,用计算法或图解法确定。

计算法是根据张拉时预应力筋应力与伸长值的关系来推算。如某预应力筋张拉应力从 $0.3\sigma_{con}$ 增加到 $0.4\sigma_{con}$ 钢筋伸长量4mm,若初应力确定为 $10\sigma_{con}$,则其 ΔL 为4mm。

图解法即建立直角坐标,伸长值为横坐标,张拉应力为纵坐标,将各级张拉力的实测伸长值标在图上,绘制张拉力与伸长值关系曲线 CAB,然后延长此线与横坐标交于 O_1 点,则 OO_1 段即为推算伸长值,如图5-13所示。

预应力筋实际伸长值受许多因素影响,如钢材弹性模量变异、量测误差、千斤顶张拉力误差、孔道摩阻等,故规范允许有±6%的误差,当实测延伸量与理论延伸量偏差超过±6%,应当停止张拉,分析原因。

当同时张拉多根预应力钢丝时,应预先调整初应力,使各根预应力筋应力均匀一致;张拉后,应当抽查钢丝的应力值,其偏差不得大于设计规定预应力值的±5%。同时张拉的多根钢丝,断裂和滑脱的钢丝数量不得超过结构同一截面钢材总根数的5%,且严禁相邻的两根钢丝断裂或滑脱,构件在浇注混凝土前发生的断裂或滑脱的预应力筋必须予以更换。张拉完毕,预应力筋相对设计位置的偏差不得大于5mm,也不得大于构件截面最短边长的4%。

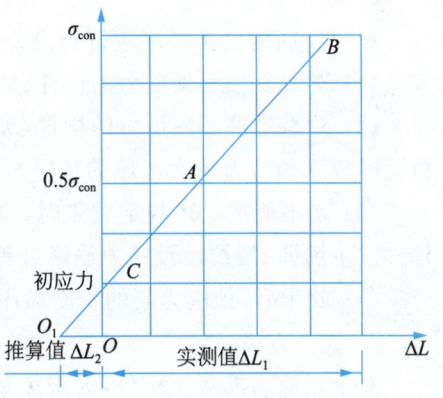

图5-13 预应力筋实际伸长值图解法

3. 混凝土浇筑和养护

混凝土的强度等级不得小于C30,构件应避开台面的温度缝,当不能避开时,在温度缝上可先铺薄钢板或垫油毡,再浇筑混凝土。为保证钢丝与混凝土有良好的粘结,浇筑时振动器不应碰撞钢丝,混凝土未达到一定强度前,也不允许碰撞或踩动钢丝。

必须严格控制混凝土的用水量和水泥用量,混凝土必须振捣密实,以减少混凝土由于收缩徐变而引起的预应力损失。

采用重叠法生产构件时,应待下层构件的混凝土强度达到5MPa后,方可浇筑上层构件的混凝土。一般当平均温度高于20℃时,每两天可叠捣一层。气温较低时,可采用早强措施,以缩短养护时间,加速台座周转,提高生产效率。

如果在这种情况下,混凝土逐渐硬结,则在混凝土硬化前,预应力筋由于温度升高而引起的应力降低将永远不能恢复,这就是温差引起的预应力损失(简称温差应力损失)。为了减少温差应力损失,必须保证在混凝土达到一定强度前温差不能太大(一般不超过 20℃)。故采用湿热养护时,应先按设计允许的温差加热,待混凝土强度达 7.5MPa(粗钢筋配筋)或 10MPa(钢丝、钢绞线配筋)以上后,再按一般升温制度养护。这种养护制度又称为二次升温养护。在采用机组流水法用钢模制作、湿热养护时,由于钢模和预应力筋同时伸缩,所以不存在因温差而引起的预应力损失,因此可采用一般加热养护制度。

4. 预应力筋放张

预应力筋放张过程是预应力的传递过程,是先张法构件能否获得良好质量的重要生产过程。应根据放张要求,确定合理的放张顺序、放张方法及相应的技术措施。

1) 放张要求

预应力在放张之前,应先拆除模板;放张预应力筋时,混凝土强度必须符合设计要求,当设计无要求时,不得低于设计的混凝土强度标准值的 75%。对于重叠生产的构件,要求最上一层构件的混凝土强度不低于设计强度标准值的 75% 时方可进行预应力筋的放张。过早放张预应力筋会引起较大的预应力损失,或产生预应力筋滑动。预应力混凝土构件在预应力筋放张前,要对混凝土试块进行试压,以确定混凝土的实际强度。

2) 放张顺序

预应力筋的放张顺序应符合设计要求。当设计无专门要求时,应符合下列规定。

(1) 对承受轴心预压力的构件(如压杆、桩等),所有预应力筋应同时放张。

(2) 对承受偏心预压力的构件(如梁等),应先同时放张预压力较小区域的预应力筋,再同时放张预应力较大区域的预应力筋。

(3) 当不能按上述规定放张时,应分阶段、对称、相互交错地放张,以防止放张过程中构件发生翘曲、裂纹及预应力筋断裂等现象。

(4) 放张后,预应力筋的切断顺序宜从张拉端开始依次切向另一端。

3) 放张方法

对于预应力混凝土构件,为避免预应力筋一次放张时对构件产生过大的冲击力,可利用楔块或砂箱装置进行缓慢放张。楔块装置放置在台座与横梁之间,放张预应力筋时,旋转螺母使螺杆向上运动,带动楔块向上移动,横梁向台座方向移动,预应力筋得到放松。砂箱装置放置在台座与横梁之间。砂箱装置由钢制的套箱和活塞组成,内装石英砂或铁砂。预应力筋放张时,将出砂口打开,砂缓慢流出,从而使预应力筋慢慢放张。

(1) 楔块放张:将楔块装置放置在台座与横梁之间,放张预应力筋时,旋转螺母使螺杆向上运动,带动楔块向上移动,钢块间距变小,横梁向台座方向移动,便可同时放松预应力筋,如图 5-14 所示。楔块放张,一般用于张拉力不大于 300kN 的情况。

(2) 砂箱放张:将砂箱装置放置在台座和横梁之间,它由钢制的套箱和活塞组成,内装干砂并选定适宜的级配。预应力筋张拉时,砂箱中的砂被压实,承受横梁的反力。预应力筋放张时,将出砂口打开,砂缓慢流出,从而使预应力筋缓慢地放张,砂箱放张应当注意放张速度均匀一致。采用砂箱放张,能控制放张速度,工作可靠、施工方便,可用于张拉力大于 1000kN 的情况。

(3) 千斤顶放张:将千斤顶放在台座和横梁之间。张拉完预应力筋后,将千斤顶锁定,防止回顶。张时只需要千斤顶回油即可,这种方法易于操作、施工简便、适用范围广。

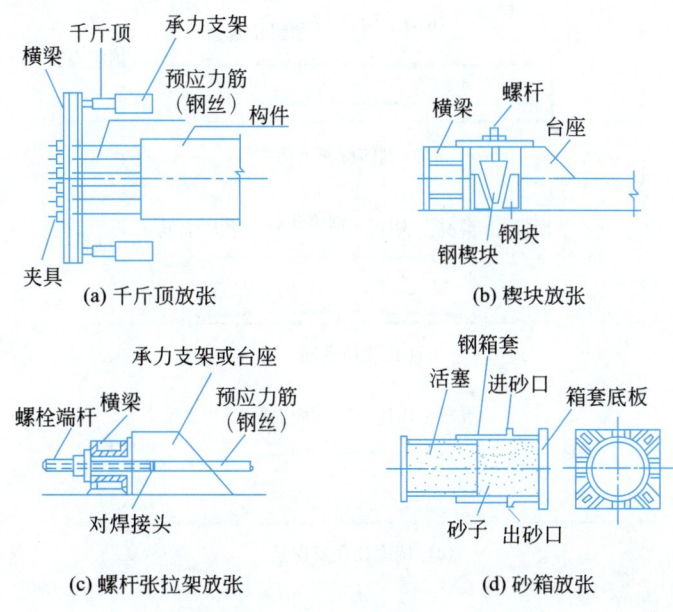

图 5-14 预应力筋(钢丝)的放张方法示意图

5.2 后张法施工

后张法施工是在浇筑混凝土构件时,在预应力筋位置处预留孔道,待混凝土达到一定强度(一般不低于设计强度标准值的 75%),将预应力筋穿入孔道中并进行张拉,然后用锚具将预应力筋锚固在构件上,最后进行孔道灌浆。预应力筋承受的张拉力通过锚具传递给混凝土构件,使混凝土产生预压应力。

图 5-15 为预应力混凝土构件后张法施工示意图。图 5-15(a)所示为制作混凝土构件并在预应力筋的设计位置上预留孔道,待混凝土达到规定的强度后,穿入预应力筋进行张拉。图 5-15(b)所示为预应力筋的张拉,用张拉机械直接在构件上进行张拉,混凝土同时完成弹性压缩,图 5-15(c)所示为预应力筋的锚固和孔道灌浆,预应力筋的张拉力通过构件两端的锚具传递给混凝土构件,使其产生预压应力,最后进行孔道灌浆。

后张法施工由于直接在混凝土构件上进行张拉,适用于现场大型预应力混凝土构件,特别是大跨度构件。后张法施工工序较多,工艺复杂,锚具作为预应力筋的组成部分,将永远留置在预应力混凝土构件上,不能重复使用。后张法施工常用的预应力筋有单根钢筋、钢筋束、钢绞线束等。

后张法具有以下特点。

(1) 预应力筋在构件上张拉,张拉力可达几百吨,适用于大型预应力混凝土构件制作。

(2) 锚具为工作锚,永远固定在构件上,成为构件的一部分。

(3) 靠锚具传递预应力。

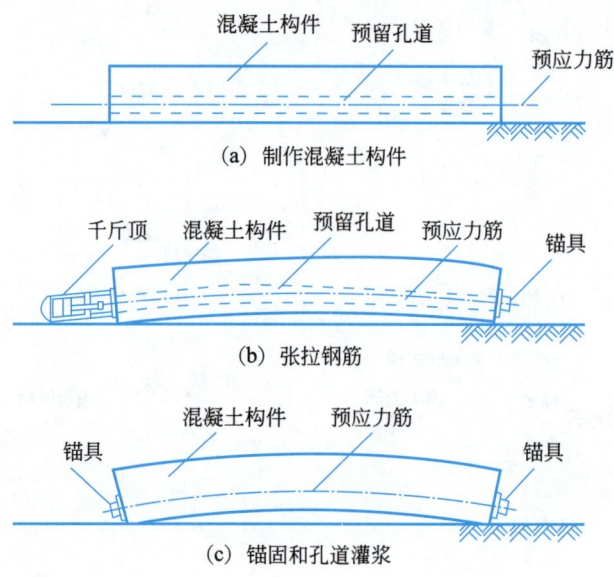

图 5-15 预应力混凝土后张法示意图

5.2.1 锚具及张拉设备

1. 锚具

锚具是后张法结构或构件中为保持预应力筋拉力并将其传递到混凝土上所用的永久性锚固装置。锚具的类型很多,每种类型都各有其一定的适用范围。按使用情况,锚具常分为单根钢筋锚具、成束钢筋锚具和钢丝束锚具等。

1) 单根钢筋锚具

(1) 螺栓端杆锚具。螺栓端杆锚具由螺栓端杆、垫板和螺母组成,适用于锚固直径不大于 36mm 的热处理钢筋,如图 5-16 所示。螺栓端杆可用同类热处理钢筋或热处理 45 号钢制作。制作时,先粗加工至接近设计尺寸,再进行热处理,然后精加工至设计尺寸。热处理后不能有裂纹和划痕。螺母可用 3 号钢制作。螺栓端杆锚具与预应力筋对焊,用张拉设备张拉螺栓端杆,然后用螺母锚固。

(2) 帮条锚具。帮条锚具由帮条和衬板组成,如图 5-17 所示。帮条采用与预应力筋同级别的钢筋,衬板采用普通低碳钢钢板。帮条施焊时,严禁将地线搭在预应力筋上,并严禁在预应力筋上引弧。三根帮条与衬板相接触的截面应在一个垂直平面上,以免受力时产生扭曲。帮条的焊接可在预应力筋冷拉前或冷拉后进行。

2) 成束钢筋锚具

钢筋束用作预应力筋,张拉端常采用 JM 型锚具,固定端常采用镦头锚具。

(1) JM 型锚具。JM 型锚具由锚环与夹片组成,如图 5-18 所示。JM 型锚具的夹片属于分体组合型,可以锚固多根预应力筋,因此锚环是单孔的。锚固时,用穿心式千斤顶张拉钢筋后随即顶进夹片。JM 型锚具的特点是尺寸小、构造简单,但不能用于吨位较大的锚固单元,故 JM 型锚具主要用于锚固 3~6 根直径为 12mm 的钢筋束或 4~6 根直径为 12~15mm 的钢绞线束,也可兼作工具锚具。

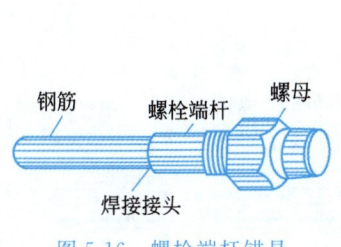
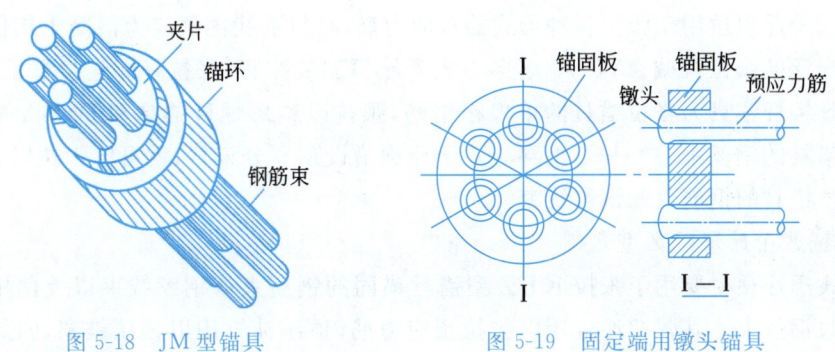

图 5-16　螺栓端杆锚具　　　　　　　　图 5-17　帮条锚具

(2) 镦头锚具。镦头锚具用于固定端,由锚固板和带镦头的预应力筋组成,如图 5-19 所示。

图 5-18　JM 型锚具　　　　　　　　图 5-19　固定端用镦头锚具

3) 钢丝束锚具

(1) 锥形螺杆锚具。锥形螺杆锚具由锥形螺杆、套筒、螺母组成,如图 5-20 所示,适用于锚固 14～28 根直径为 5mm 的钢丝束。使用时,先将钢丝束均匀整齐地紧贴在螺杆锥体部分,然后套上套筒,用拉杆式千斤顶使端杆锥通过钢丝挤压套筒,从而锚紧钢丝。由于锥形螺杆锚具不能自锚,所以必须事先加压力顶套筒才能锚固钢丝。锚具的预紧力取张拉力的 120%～130%。

(2) 钢丝束镦头锚具。钢丝束镦头锚具用于锚固 12～54 根 $\phi5$ 碳素钢丝束,分为 DM5A 型和 DM5B 型两种。A 型用于张拉端,由锚环和螺母组成;B 型用于固定端,仅有一块锚板,如图 5-21 所示。

锚环的内外壁均有丝扣,内丝扣用于连接张拉螺杆,外丝扣用于拧紧螺母锚固钢丝束。锚环和锚板四周钻孔,以固定镦头的钢丝。孔数和间距由钢丝根数确定。钢丝可用液压冷镦器进行镦头。钢丝束一端可在制束时将头镦好,另一端则待穿束后镦头,但构件孔道端部要设置扩孔。张拉时,张拉螺丝杆一端与锚环内丝扣连接,另一端与拉杆式千斤顶的拉头连接,当张拉到控制应力时,锚环被拉出,则拧紧锚环外丝扣上的螺母加以锚固。

2. 张拉设备

1) 拉杆式千斤顶(YL 型)

拉杆式千斤顶是单作用千斤顶,由缸体、活塞杆、撑脚和连接器组成。最大张拉力为 600kN,张拉行程为 150mm,适用于张拉以螺丝端杆锚具为张拉锚具的预应力钢筋。拉杆式千斤顶构造简单,操作方便,应用范围广。

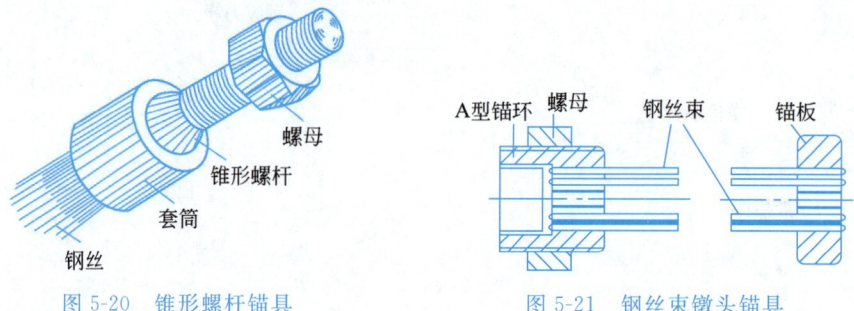

图 5-20　锥形螺杆锚具　　　　图 5-21　钢丝束镦头锚具

2) 穿心式千斤顶(YC 型)

穿心式千斤顶适用于张拉各种形式的预应力筋,是目前我国预应力混凝土构件施工中应用最为广泛的张拉机械。YC-60 型穿心式千斤顶加装撑脚、张拉杆和连接器后,就可以张拉以螺丝端杆锚具为张拉锚具的单根粗钢筋,张拉以锥形螺杆锚具和 DM5A 型镦头锚具为张拉锚具的钢丝束。YC-60 型穿心式千斤顶增设顶压分束器,就可以张拉以 KT-Z 型锚具为张拉锚具的钢筋束和钢绞线束。

3) 锥锚式千斤顶(YZ 型)

锥锚式千斤顶主要用于张拉 KT-Z 型锚具锚固的钢筋束或钢绞线束以及使用锥形锚具的预应力钢丝束。其张拉油缸用以张拉预应力筋,顶压油缸用以顶压锥塞,因此又称为双作用千斤顶。

张拉预应力筋时,主缸进油,主缸被压移,使固定在其上的钢筋被张拉。钢筋张拉后,改由副缸进油,随即由副缸活塞将锚塞顶入锚圈中。主、副缸的回油则是借助设置在主缸和副缸中弹簧的作用来进行的。

5.2.2　预应力筋的制作

1. 单根粗预应力钢筋的制作

单根粗钢筋预应力筋的制作包括配料、对焊、冷拉等工序。预应力筋的下料长度应经计算确定,应考虑预应力筋钢材品种、锚具形式、焊接接头、钢筋冷拉伸长率、弹性回缩率、张拉伸长值、构件孔道长度、张拉设备与施工方法等因素。

如图 5-22 所示,单根粗钢筋预应力筋下料长度应按下式计算。

当预应力筋两端均采用螺丝端杆锚具时,有

$$L = \frac{L_0}{1+\gamma-\delta} + n\Delta = \frac{l + 2l_2 - 2l_1}{1+\gamma-\delta} + n\Delta \tag{5-2}$$

当一端采用螺丝端杆锚具,另一端采用帮条锚具或墩头锚具时,

$$L = \frac{l + l_2 + l_3 - l_1}{1+\gamma-\delta} + n\Delta \tag{5-3}$$

式中　L——预应力筋钢筋部分的下料长度,mm;

　　　l_1——锚具长度(如为螺栓端杆,一般为 320mm);

l_3——预应力成品全长,mm;
l_2——锚具伸出构件外的长度,mm,一般为120～150mm,或按下式计算：

$$张拉端\ l_2 = 2H + h + 5 \tag{5-4}$$

$$锚固端\ l_2 = H + h + l_0 \tag{5-5}$$

式中 H——螺母高度；

h——垫板厚度；

l_0——预应力筋钢筋部分的成品长度,mm;

l——构件孔道长度,mm;

Δ——每个对焊接头的压缩长度,一般 $\Delta = d$(d 为预应力钢筋直径)；

n——对焊接头数量(钢筋与钢筋、钢筋与锚具的对焊接头总数)；

γ——钢筋冷拉伸长率(由试验确定)；

δ——钢筋冷拉弹性回缩率(由试验确定)。

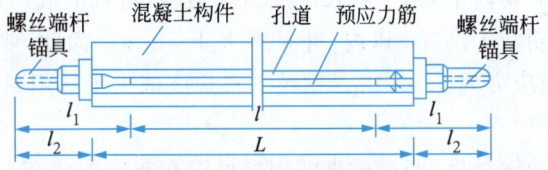

(a) 预应力筋两端采用螺丝端杆锚具

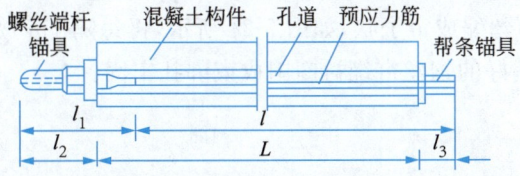

(b) 预应力筋一端采用螺丝端杆锚具，另一端采用帮条锚具

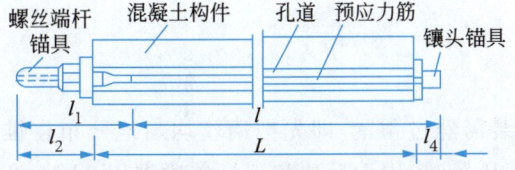

(c) 预应力筋一端采用螺丝端杆锚具，另一端采用镦头锚具

图 5-22 预应力筋下料长度计算示意图

2. 钢筋束的制作

钢筋束由直径为12mm的细钢筋编束而成。钢绞线束由直径为12mm或15mm的钢绞线编束而成，每束3～6根，一般不需对焊接长。预应力筋的制作工序一般包括开盘、冷拉、下料、编束。下料是在钢筋冷拉后进行，下料时宜采用切断机或砂轮锯切机，不得采用电弧切割。钢绞线下料前需在切割口两侧各50mm处用铁丝绑扎，切割后，应立即焊牢切割口，以免松散。

钢筋束或钢绞线束的下料长度与构件的长度以及所选用的锚具和张拉机械有关。钢绞线下料长度计算简图如图 5-23 所示。

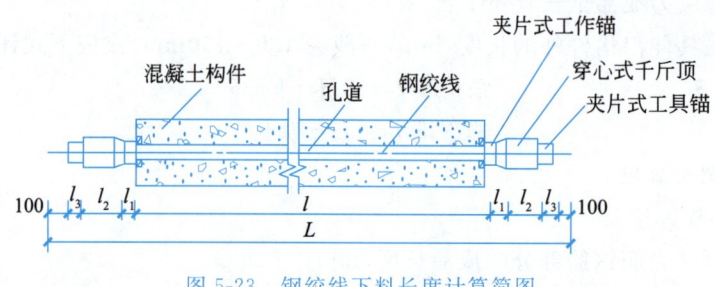

图 5-23 钢绞线下料长度计算简图

3. 钢丝束的制作

根据锚具形式的不同,钢丝束的制作方式也有差异,一般包括调直、下料、编束和安装锚具等工序。

用钢质锥形具锚固的钢丝束,其制作和下料长度计算基本上与钢筋束相同。

用镦头锚具锚固的钢丝束,其下料长度应力求精确,对直的或一般曲率的钢丝束,下料长度的相对误差要控制在 $L/5000$ 以内,并且不大于 5mm。为此,要求钢丝在应力状态下切断下料,下料的控制应力为 3.0MPa。钢丝下料长度取决于选用 A 型或 B 型锚具以及一端张拉或两端张拉。

用锥形螺杆锚固的钢丝束,经过矫直的钢丝可以在非应力状态下料。

为防止钢丝扭结,必须进行编束。在平整场地上,先把钢丝理顺平放,然后在其全长中每隔 1m 左右用 22 号铅丝编成帘子状,如图 5-24 所示,再每隔 1m 放一个按螺丝端杆直径制成的螺纹衬圈,并将编好的钢丝帘绕衬圈围成束绑扎牢固。

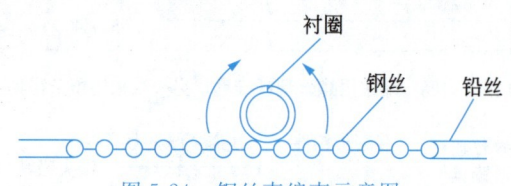

图 5-24 钢丝束编束示意图

锥形螺杆锚具的安装需经过预紧,即先把钢丝均匀地分布在锥形螺杆的周围,套上套筒,通过工具式筒将套筒压紧,再用千斤顶和工具预紧器以 110%～130% 的张拉控制预紧应力,将钢丝束牢固地锚固在锚具内。

5.2.3 后张法施工工艺

后张法施工工艺如图 5-25 所示。

1. 预留孔道

构件预留孔道的直径、长度、形状由设计确定,如无规定,孔道直径应比预应力筋直径的对焊接头处外径或需穿过孔道的锚具或连接器的外径大 10～15mm;钢丝或钢绞线孔道的直径应比预应力束外径或锚具外径大 5～10mm,且孔道面积应大于预应力筋的 2 倍,以利于预应力筋穿入,孔道之间净距和孔道至构件边缘的净距均不应小于 25mm。

管芯材料可采用钢管、胶管(帆布橡胶管或钢丝胶管)、镀锌双波纹金属软管(简称波纹

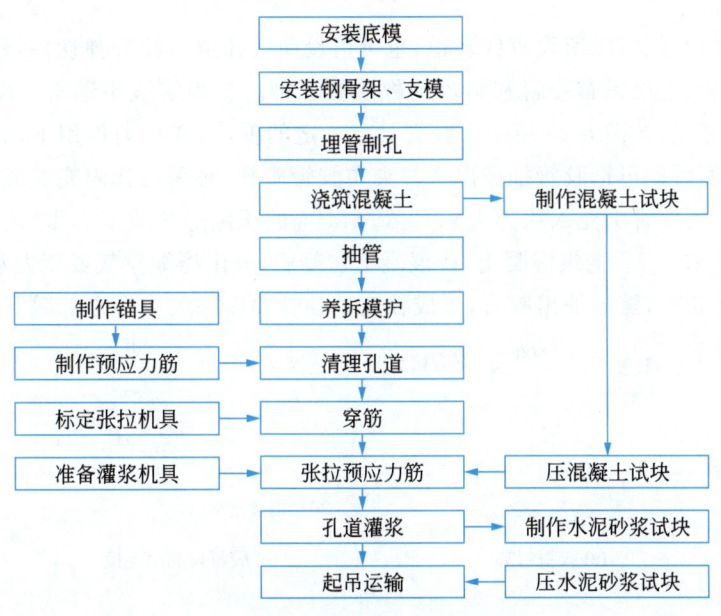

图 5-25 后张法施工工艺流程

管)、黑薄钢板管、薄钢管等。钢管管芯适用于直线孔道；胶管适用于直线、曲线或折线形孔道；波纹管（黑薄钢板管或薄钢管）埋入混凝土构件内，不用抽芯，其作为一种新工艺，适用于跨度大、配筋密的构件孔道。

预应力筋的孔道可采用钢管抽芯、胶管抽芯、预埋管等方法成型。

1) 钢管抽芯法

钢管抽芯法多用于留设直线孔道时，预先将钢管埋设在模板内的孔道位置，管芯的固定如图 5-26 所示。钢管要平直，表面要光滑，每根长度最好不超过 15m，钢管两端应各伸出构件约 500mm。较长的构件可采用两根钢管，中间用套管连接，套管连接方式如图 5-27 所示。在混凝土浇筑过程中和混凝土初凝后，每间隔一定时间慢慢转动钢管，不要让混凝土与钢管粘牢，直到混凝土终凝前抽出钢管。抽管过早会造成坍孔事故，太晚则混凝土与钢管粘结牢固，抽管困难。常温下抽管时间约在混凝土浇灌后 3~6h。抽管顺序宜先上后下，抽管可采用人工或用卷扬机，速度必须均匀，边抽边转，与孔道保持直线。抽管后，应及时检查孔道情况，做好孔道清理工作。

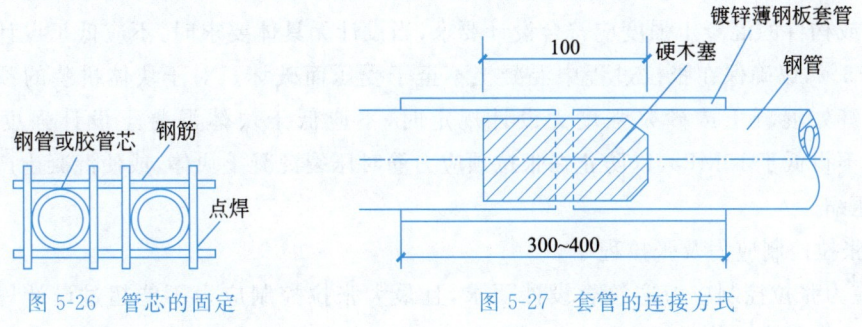

图 5-26 管芯的固定　　　图 5-27 套管的连接方式

2) 胶管抽芯法

胶管抽芯法不仅可以留设直线孔道,也可留设曲线孔道。胶管弹性好,便于弯曲,一般有五层帆布胶管、七层帆布胶管和钢丝网橡皮管三种。工程实践中通常一端密封,另一端接阀门充水或充气,如图5-28所示。胶管具有一定的弹性,在拉力作用下,其断面能缩小,故在混凝土初凝后即可把胶管抽拔出来。夹布胶管质软,必须在管内充气或充水。在浇筑混凝土前,先在胶皮管中充入压力为0.6~0.8MPa的压缩空气或压力水,此时胶皮管直径可增大3mm左右,然后浇筑混凝土,待混凝土初凝后,放出压缩空气或压力水,胶管孔径变小,并与混凝土脱离,随即抽出胶管,形成孔道。抽管顺序一般应为先上后下,先曲后直。

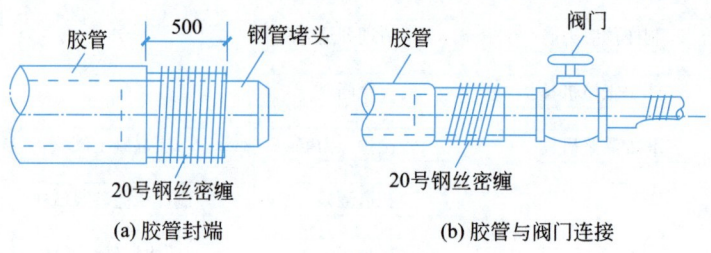

图5-28 胶管封端与连接

3) 预埋管法

预埋管是由镀锌薄钢带经波纹卷管机压波卷成的,具有质量轻、刚度好、弯折方便、连接简单、与混凝土粘结较好等优点。波纹管的内径为50~100mm,管壁厚0.25~0.30mm。除圆形管外,另有新研制的扁形波纹管可用于板式结构中,扁管长边边长为短边边长的2.5~4.5倍。这种孔道成型方法一般用于采用钢丝或钢绞线作为预应力筋的大型构件或结构中,可直接把下好料的钢丝、钢绞线在孔道成型前就穿入波纹管中,这样可以省掉穿束工序,也可待孔道成型后再进行穿束。对连续结构中呈波浪状布置的曲线束,其高差较大时,应在孔道的每个峰顶处设置泌水孔;起伏较大的曲线孔道,应在弯曲的低点处设置泌水孔;对于较长的直线孔道,应每隔12~15m设置排气孔。必要时,泌水孔、排气孔可考虑作为灌浆孔用。波纹管的连接可采用大一号的同型波纹管,接头管的长度为200~250mm,以密封胶带封口。

2. 预应力筋张拉

1) 混凝土的强度

预应力筋的张拉是制作预应力构件的关键,必须按规范的有关规定精心施工。张拉时,结构或构件的混凝土强度应符合设计要求,当设计无具体要求时,不应低于设计强度标准值的75%,以确保在张拉过程中混凝土不至于受压而破坏。对于块体拼装的预应力构件,如立缝处混凝土或砂浆强度无设计规定时,不应低于块体混凝土设计强度等级的40%,且不得低于15MPa,以防止在张拉预应力筋时压裂混凝土块体,或使混凝土产生过大的弹性压缩。

2) 张拉控制应力及张拉程序

预应力张拉控制应力应符合设计要求,且最大张拉控制应力不能超过设计规定。其中,后张法控制应力值低于先张法,这是因为后张法构件在张拉钢筋时,混凝土已受到弹性压缩,可以进一步补足张拉力;而先张法构件是在预应力筋放松后混凝土才受到弹性压缩,这时无法补足张拉力。此外,后张法施工时混凝土的收缩、徐变引起的预应力损失也较先张法小。为了减少预应力筋的松弛损失等,可与先张法一样采用超张拉法。

3) 张拉方法

张拉方法分一端张拉和两端张拉。两端张拉宜先在一端张拉,然后在另一端补足张拉力。如有多根可一端张拉的预应力筋,宜将这些预应力筋的张拉端分别设在结构构件的两端,长度不大的直线预应力筋可一端张拉,曲线预应力筋应两端张拉。抽芯成孔的直线预应力筋,长度大于24m时,应两端张,不大于24m时,可一端张拉;预埋波纹管成孔的直线预应力筋,长度大于30m时,应两端张拉,不大于30m时,可一端张拉。竖向预应力结构宜采用两端分别张拉,且以下端张拉为主。安装张拉设备时,应使直线预应力筋张拉力的作用线与孔道中心线重合,曲线预应力筋张拉力的作用线与孔道中心线末端的切线重合。

4) 张拉顺序

选择合理的张拉顺序是保证施工质量的重要环节。当构件或结构有多根预应力筋(束)时,应采用分批张拉法,此时按设计规定进行,如设计无规定或受设备限制必须改变时,则应核算确定。张拉时宜对称进行,避免引起偏心。在进行预应力筋张拉时,可采用一端张拉法,也可采用两端同时张拉法。当采用一端张拉法时,为了克服孔道摩擦力的影响,使预应力筋的应力得以均匀传递,采用反复张拉2~3次的方法可以达到较好的效果。采用分批张拉法时,应考虑后批张拉预应力筋所产生的混凝土弹性压缩对先批预应力筋的影响,即应在先批张拉的预应力筋中增加张拉应力。

张拉平卧重叠浇筑的构件时,宜先上后下逐层进行张拉,为了减少上、下层构件之间的摩擦力引起的预应力损失,可采用逐层加大张拉力的方法。但底层张拉力值(对光面钢丝、钢绞线和热处理钢筋)不宜比顶层张拉力大5%;对于冷拉HRB335级、HRB400级、RRB400级钢筋,不宜比顶层张拉力大9%,但也不得大于预应力筋的最大超张拉力的规定。若构件之间隔离层的隔离效果较好(如用塑料薄膜做隔离层或用砖做隔离层),用砖作为隔离层时,大部分砖应在张拉预应力筋时取出,仅有局部的支撑点,构件之间基本架空,也可自上而下采用同一张拉力值。

3. 孔道灌浆

预应力筋张拉完后,应尽早进行孔道灌浆,以减少预应力损失。孔道压浆的目的是防止钢筋锈蚀,增加结构的整体性和耐久性,提高结构的抗裂性和承载力。

孔道灌浆前,应检查灌浆孔和泌水孔,必须确保通畅。灌浆前孔道应用高压水冲过、湿润,并用高压风吹去积在低点的水,孔道应畅通、干净。灌浆应采用标号不低于42.5号的普通硅酸盐水泥所制作的水泥浆,水泥不得含有任何团块;孔隙大的孔道,也可采用水泥砂浆灌注。水泥浆及水泥砂浆强度均不应低于30MPa。灌浆的水灰比宜为0.4:0.45,搅拌后3h的泌水率宜控制在2%,最大不得超过3%。水泥浆稠度宜控制在14~18s。水泥浆自拌制至压入孔道的延续时间视气温情况而定,一般在30~45min范围内。

压浆时,对曲线孔道和竖向孔道应从最低点的压浆孔压入,由最高点的排气孔排气和泌水。压浆顺序宜先压住下层孔道。灌浆应先灌下层孔道,对一条孔道,必须在一个灌浆口一次把整个孔道灌满。灌浆应缓慢进行,不得中断;在灌浆满孔道并封闭排气孔(泌水口)后,宜再继续加压至 0.6MPa,保持 1~2min 后,即可堵塞灌浆孔。

宜采用具有低含水量、流动性好、最小渗出及膨胀性等特性的外加剂,它们不得含有对预应力筋或水泥有害的化学物质。外加剂的用量应通过试验确定。

压浆过程中及压浆后 48h 内,结构混凝土的温度不得低于 5℃,否则应采取保温措施。当气温高于 35℃时,压浆宜在夜间进行。压浆后,应从检查孔抽查压浆的密实情况,如有不实,应及时处理和纠正。压浆时,每一工作班应留取不少于 3 组的 0.7mm×70.7mm×70.7mm 立方体试件,标准养护 28d,检查其抗压强度,作为评定水泥浆质量的依据。对需封锚的锚具,压浆后,应先将其周围冲洗干净,并对梁端混凝土凿毛,然后设置钢筋网浇筑封锚混凝土。封锚混凝土的强度应符合设计规定,一般不宜低于构件混凝土强度等级值的 80%。必须严格控制封锚后的梁体长度。长期外露的锚具,应采取防锈措施。当灰浆强度达到 15MPa 时,方能移动构件,当灰浆强度达到 100%设计强度时,才允许吊装。

5.3　无粘结预应力施工

在后张法预应力混凝土构件中,预应力筋分为有粘结和无粘结两种。有粘结的预应力筋是张拉后通过灌浆使预应力筋与混凝土粘结;无粘结预应力筋是近年发展的新技术,其做法是在预应力筋表面刷涂料并包塑料布管后,如同普通钢筋一样,先铺设在支好的模板内,待混凝土达到强度后进行张拉锚固。无粘结预应力筋的优点是不用留孔与灌浆、施工简单、摩擦力小,预应力筋易弯成多跨曲线形状等,但对锚具锚固能力要求较高。无粘结技术在双向连续平板和密肋板的施工中比较经济合理,在多跨连续梁的施工中也有较大的发展前景。

无粘结预应力混凝土施工工艺流程如图 5-29 所示。

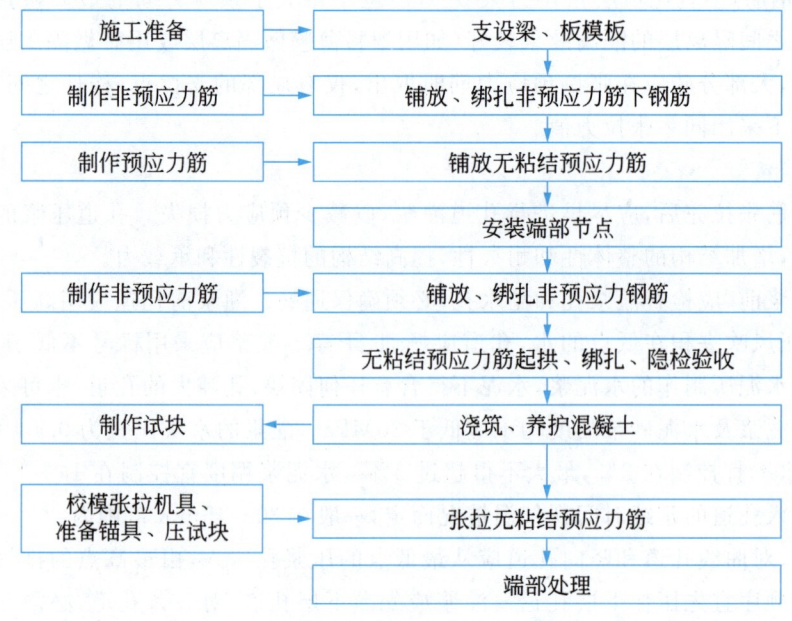

图 5-29　无粘结预应力混凝土施工工艺流程

5.3.1 无粘结预应力筋制作

无粘结预应力筋由预应力钢材(宜用高强度钢丝或钢绞线)、涂料层、外包层组成,如图 5-30 所示。

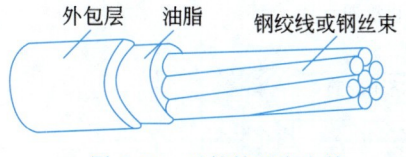

图 5-30 无粘结预应力筋

无粘结筋采用柔性较好的预应力筋制作,选用 $7\phi S4$ 或 $7\phi S5$ 钢绞线。涂料层可采用防腐油脂或防腐沥青制作,涂料层使无粘结筋与混凝土隔离,减少张拉时的摩擦损失,防止无粘结筋腐蚀。无粘结筋应当具有良好的化学稳定性、抗腐蚀性、润滑性能,并在规定温度范围内高温不流淌、低温不变脆,并具有一定的韧性。外包层可用高压聚乙烯塑料带或塑料管制作,使无粘结筋在运输、储存、铺设和浇筑混凝土等过程中不发生不可修复的损坏。

成型后的整盘无粘结预应力筋可以按照工程所需长度、锚固形式下料,进行组装。

5.3.2 无粘结预应力筋的锚具

无粘结预应力构件中,预应力筋的张拉力完全借助于锚具传递给混凝土,当外荷载作用时,引起预应力筋应力变化也全部由锚具承担,因此,无粘结预应力筋用的锚具不仅受力比有粘结预应力筋的锚具大,而且承受重复荷载,所以,对无粘结预应力筋的锚具有更高要求。

1. 单孔夹片式锚具

单孔夹片式锚具由锚环和夹片组成,如图 5-31 所示,夹片有三片式与二片式。

2. XM 型夹片式锚具

XM 型夹片式锚具又称为多孔夹片式锚具,由锚板和夹片组成。锚板的锚孔沿圆周排列,每束的钢绞线根数不受限制,每根钢绞线单独锚固,如图 5-32 所示。

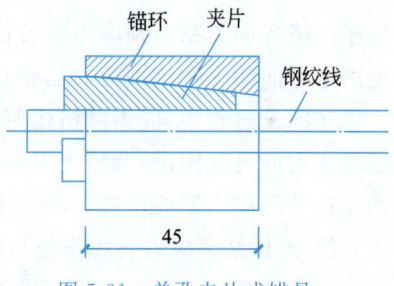

图 5-31 单孔夹片式锚具

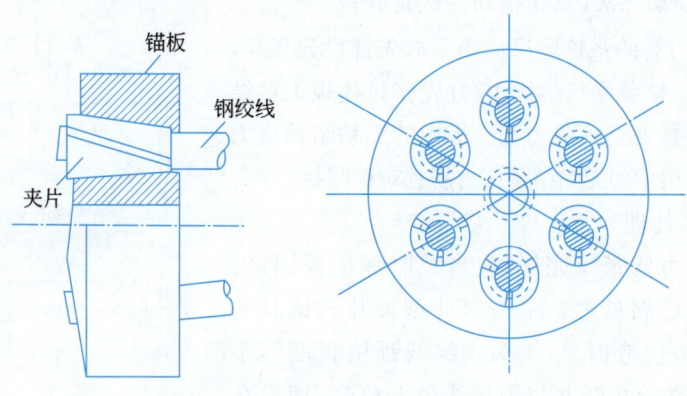

图 5-32 XM 型夹片式锚具

3. 挤压锚具

挤压锚具是利用液压机将套筒挤紧在钢绞线端头上的锚具,用于内埋式固定端。组装挤压锚具时,液压挤压机的活塞杆推动套筒通过挤压模使套筒变细,将硬钢丝衬圈碎掉,咬入钢绞线表面夹紧钢绞线,形成挤压头。挤压锚具及其成型如图 5-33 所示。

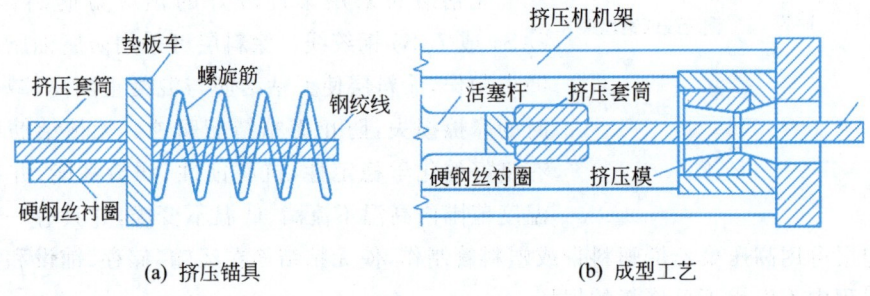

图 5-33 挤压锚具及其成型

4. 无粘结预应力筋施工

无粘结预应力筋的施工中,主要包括无粘结预应力筋的铺设、张拉和端部锚头处理。在使用无粘结预应力筋前,应当逐根检查外包层的完好程度,对有轻微破损者,可以包塑料带补好;如破损严重,应当报废处理。

1) 无粘结预应力筋的铺设

在双向板中,两个方向的无粘结预应力筋互相穿插,施工操作困难,应当事先制订铺设顺序。将各向无粘结预应力筋各搭接点的标高标出,由低到高制订铺设顺序,并应尽量避免两个方向的无粘结预应力筋相互穿插编结。

在铺设过程中,应当严格按照设计要求的曲线形状就位并固定。其垂直方向宜用支撑钢筋或钢筋马凳固定,调整无误后,用钢丝或钢筋绑扎牢固。在安装水电管线时,应避免碰动无粘结预应力筋的位置。浇筑作业时,严禁踩踏碰撞无粘结预应力筋及端部预埋件。

2) 无粘结预应力筋的张拉与锚固

无粘结预应力筋一般为曲线配筋,当长度超过 25m 时,宜采用两端张拉;当长度超过 60m 时,宜采取分段张拉。张拉程序一般可采用 $0 \rightarrow 1.03\sigma_{con}$ 进行。张拉时,为减小摩擦损失,可在张拉前抽动几次,或先松动一次再张拉。

无粘结预应力筋的张拉顺序应当采取先铺设先张拉,或后铺设后张拉。楼盖梁板结构中,宜先张拉楼板无粘结预应力筋,后张拉楼面梁预应力筋。板中的无粘结预应力筋可以依次张拉,梁中的无粘结预应力筋宜对称张拉。

3) 锚头端部处理

无粘结预应力筋张拉完毕,应当及时保护锚固区。要特别重视端部防腐处理。采用 XM 型夹片式锚具的钢绞线,张拉端头构造简单,端头钢绞线预留长度不小于 150mm,多余部分切断并将钢绞线散开打弯,埋设在混凝土中以加强锚固,如图 5-34 所示。

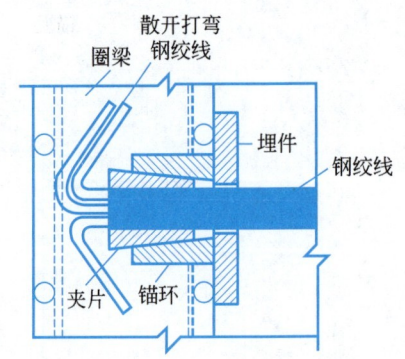

图 5-34 钢绞线锚头端部处理

5.4 预应力施工质量检查与施工安全措施

5.4.1 预应力施工主要质量项目和质量控制项目

1. 原材料的检查

(1) 预应力筋进场时应当按照现行的国家有关标准《预应力混凝土用钢绞线》(GB/T 5224—2014)、《预应力混凝土用钢丝》(GB/T 5223—2014)和《预应力混凝土用热处理钢筋》(GB 4463—1984)的规定抽取试件做力学性能试验,并进行表面质量、直径偏差检查,预应力筋应当表面无锈蚀,无损伤。

(2) 无粘结预应力的涂包材料应当符合无粘结预应力钢绞线的有关标准,表面无损伤。

(3) 预应力筋的锚具和夹具、连接器应当具有可靠的锚固性能,足够的承载力和良好的适用性,能够保证充分发挥预应力筋的强度。要安全地实现预应力筋的张拉,其性能应符合国家有关标准《预应力筋用夹片式锚具、夹具和连接器》(T/ZZB 1100—2019)的规定,按照设计要求采用。在进场时,除应按出厂合格证明和质量保证书检查其锚固性能类别、型号、规格和数量外,还应当进行外观质量检查、硬度检验、静载锚固性能试验。

(4) 后张法孔道压浆采用的水泥和外加剂等应当符合有关规范的要求。

2. 预应力筋施工的质量检查

(1) 预应力筋安装时,其品种、级别、规格和数量必须符合设计要求。

(2) 在施工过程中,应防止预应力的损伤及预应力钢筋被沾污。

(3) 预应力筋张拉及放张必须等浇筑混凝土强度达到设计要求,设计无要求时不得小于设计强度的 70%。

(4) 预应力筋的张拉力、张拉程序和张拉工艺必须符合设计及施工技术方案的规定,并应符合施工质量验收规范的要求。

(5) 预应力张拉结束建立的预应力值与设计规定检验值的偏差不得大于 5%。

(6) 在张拉过程中,预应力筋的断丝和滑丝数量应当符合有关规定。

(7) 后张法张拉结束后,应当尽快压浆,孔道内的水泥浆应当保证密实饱满,并且其强度应满足要求。

(8) 采用先张法时,应当对预应力筋准确定位,采用后张法留设孔道时,应当严格按照设计准确定位,并固定牢靠。预应力孔道与端部锚垫板应当垂直。

(9) 张拉千斤顶和高压油泵应当按照规定进行标定,并在使用 6 个月或连续使用 200 次后重新标定。

(10) 张拉压浆时水泥浆的水灰比、稠度和泌水率等指标应当符合有关规定。

(11) 预应力筋切割严禁电弧切断,可以采用切割机或砂轮锯切割,切割后应当保证锚具外留至少 3cm。

(12) 张拉预应力筋时,应采用应力和应变双控,保证张拉力达到设计控制张拉力,通过油表读数控制张拉力,通过实际延伸量和理论延伸量的对比进行符合,应当控制在 6%

范围内。

先张预应力筋及后张预应力筋制作安装允许偏差值见表 5-2 和表 5-3。

表 5-2　先张预应力筋制作安装允许偏差

项　目		允许偏差/mm
锻头钢丝同束长度相对差	束长>20m	L/5000 及 5
	束长 6~20m	L/3000
	束长<6m	2
冷拉钢筋接头在同一平面的轴线偏位		2 及直径的 1/10
预应力筋张拉后的位置与设计位置之间的偏位		构件最短边长的 4% 及 5

表 5-3　后张预应力筋制作安装允许偏差

项　目		允许偏差/mm
管道坐标	梁长方向	30
	梁高方向	10
管道间距	同排	10
	上下层	10

(13) 在后张法浇筑混凝土施工前,应当检查压浆及排气孔的通畅,并采取措施保证排气孔在施工中不被堵塞。

(14) 混凝土除强度应满足要求外,表面应平整、密实,预应力部位不应当有蜂窝、露筋等现象。

(15) 预应力筋的下料长度应保证张拉需要,对较长的直线孔道或曲线孔道,严格按照规定进行两端张拉。

(16) 现场存放的预应力筋等材料应当采取防锈蚀措施,严禁使用锈蚀的预应力钢筋。

5.4.2　预应力施工主要安全措施

(1) 施工前应当进行技术交底。

(2) 预应力施工所采用的张拉机具和仪表应当由专人看管和使用,并定期进行检验和维护。施工时,应当根据预应力的张拉吨位选择合适的张拉设备,预应力筋的张拉力不应当大于设备的额定张拉力。严禁在负荷时拆卸油管,油管连接要牢固,防止高压油喷出伤人。

(3) 施工时,应当注意用电安全。

(4) 采用先张法施工时,应对张拉台座和横梁进行安全性验算,在张拉后及绑扎钢筋、浇注混凝土的过程中,应严禁踩踏预应力筋,防止预应力筋断裂伤人,并应在沿台座两侧每 4~5m 处设置一个防护架。

(5) 预应力钢绞线在切割下料时,注意将成捆原材加安全防护架,防止扭曲的预应力筋伤人。

（6）在张拉过程中，锚具前面严禁站人，并应当设挡板，防止预应力筋断裂后夹片飞出伤人。

（7）张拉和回顶时，严格控制千斤顶的油缸不超过规定行程，防止损坏千斤顶。千斤顶操作人员要严格遵守操作规程，并应站在千斤顶的侧面。

（8）在张拉后切割预应力筋时，应当采取措施对预应力进行降温，防止锚具受热后预应力筋脱锚。

学习笔记

第 6 章 结构安装工程施工

> **教学目标**
> 1. 掌握单层工业厂房结构吊装施工方法、工艺流程、质量检验要求和安全措施。
> 2. 掌握钢结构构件制作、安装施工方法、工艺流程、质量检验要求和安全措施。
> 3. 掌握起重机的选择、正确选择结构安装方法、拟定构件平面布置方案。

6.1 起重机械与设备

6.1.1 起重机械

结构安装工程常用的起重机械有桅杆式起重机、自行式起重机和塔式起重机。

1. 桅杆式起重机

桅杆式起重机按其构造不同,可分为独脚拔杆、人字拔杆、悬臂拔杆和牵缆式桅杆等起重机,适用于安装工程量比较集中的工程。

1) 独脚拔杆起重机

独脚拔杆起重机由拔杆、起重滑轮组、卷扬机、缆风绳和锚碇等组成,如图 6-1(a)所示。使用时,拔杆应保持不大于 10°的倾角,以防吊装时构件撞击拔杆。拔杆底部要设置拖子,以便于移动。拔杆的稳定主要依靠缆风绳,缆风绳数量一般为 6~12 根,但不得少于 4 根。绳的一端固定在桅杆顶端,另一端固定在锚碇上,缆风绳与地面的夹角一般取 30°~45°,角度过大对拔杆会产生较大的压力。

2) 人字拔杆起重机

人字拔杆起重机一般是由两根圆木或两根钢管用钢丝绳绑扎或铁件铰接而成,两杆夹角一般为 20°~30°,底部设有拉杆或拉绳以平衡水平推力,拔杆下端两脚的距离为高度的 1/3~1/2,如图 6-1(b)所示。

3) 悬臂拔杆起重机

悬臂拔杆起重机是在独脚拔杆的中部或 2/3 高度处装一根起重臂而成。其特点是起重高度和起重半径都较大,起重臂左右摆动的角度也较大,但起重量较小,多用于轻型构件的吊装,如图 6-1(c)所示。

4) 牵缆式桅杆起重机

牵缆式桅杆起重机是在独脚拔杆下端装一根起重臂而成。这种起重机的起重臂可以起伏,机身可 360°回转,可以在起重机半径范围内把构件吊到任何位置。用角钢组成的格构式截面杆件的牵缆式起重机,桅杆高度可达 80m,起重量可达 60t。牵缆式桅杆起重机要设较多的缆风绳,适用于构件多且集中的工程,如图 6-1(d)所示。

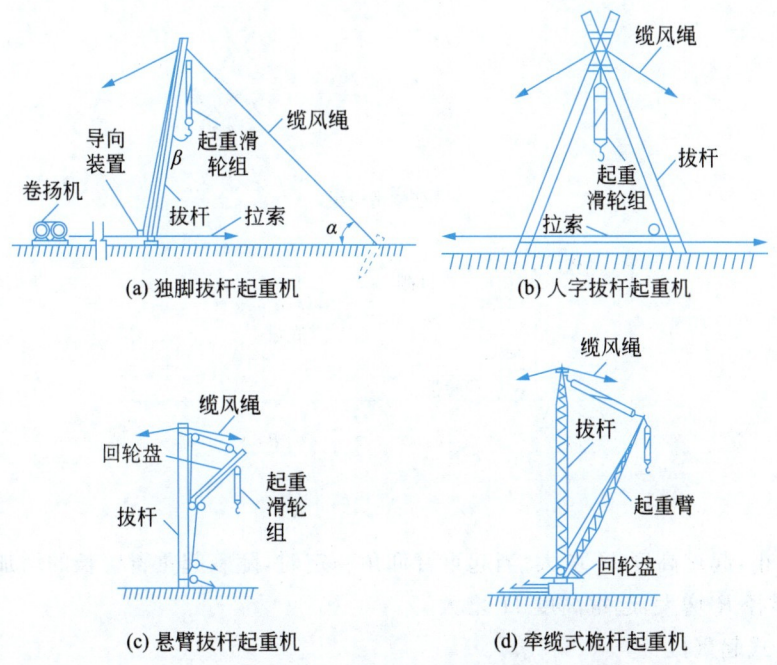

图 6-1　桅杆式起重机

2. 自行式起重机

自行式起重机可分为履带式起重机、汽车式起重机和轮胎式起重机。

1) 履带式起重机

履带式起重机是一种通用的起重机械,它由行走装置、回转机构、机身及起重臂等部分组成,如图 6-2 所示。行走装置为链式履带,可减少对地面的压力;回转机构为装在底盘上的转盘,可使机身回转;机身内部有动力装置、卷扬机及操纵系统;起重臂用角钢组成的格构式杆件接长,其顶端设有两套滑轮组(起重滑轮组及变幅滑轮组),钢丝绳通过滑轮组连接到机身内部的卷扬机上。

履带式起重机具有较大的起重能力和工作速度,在平整坚实的道路上还可持荷行走;但其行走时速度较慢,且履带对路面的破坏性较大,故当进行长距离转移时,需用平板拖车运输。常用的履带式起重机起重量为 100~500kN,目前最大的起重量达 3000kN,最大起重高度可达 135m,广泛应用于单层工业厂房、陆地桥梁等结构安装工程以及其他吊装工程。

履带式起重机的主要技术性能参数是起重量 Q、起重半径 R 和起重高度 H。起重量 Q 是指起重机安全工作所允许的最大起重物的质量,一般不包括吊钩的质量;起重半径 R 是指起重机回转中心至吊钩的水平距离;起重高度 H 是指起重吊钩中心至停机面的距离。

起重量 Q、起重半径 R 和起重高度 H 这三个参数之间存在相互制约的关系,且与起重臂的长度 L 和仰角 α 有关。当臂长一定时,随着起重臂仰角 α 的增大,起重量 Q 增大,起

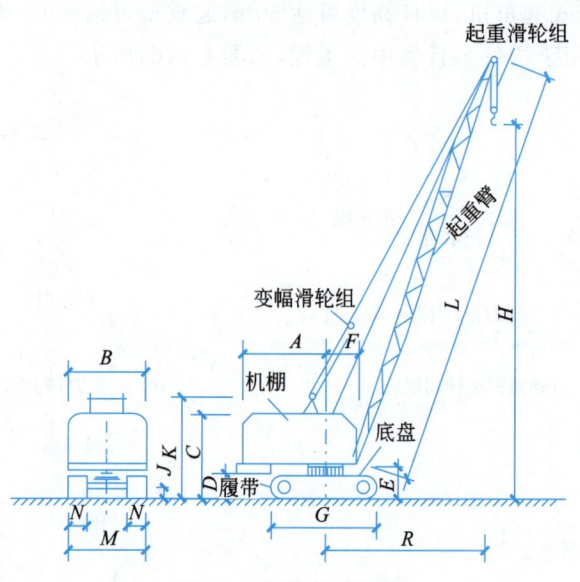

图 6-2 履带式起重机

重半径 R 减小,起重高度 H 增大;当起重臂仰角一定时,随着起重臂臂长的增加,起重量 Q 减小,起重半径 R 增大,起重高度 H 增大。

2) 汽车式起重机

汽车式起重机是将起重机构安装在通用或专用汽车底盘上的一种自行式全回转起重机,起重机动力由汽车发动机供给,其负责行驶的驾驶室与起重操纵室分开设置,如图 6-3 所示。这种起重机的优点是运行速度快,能迅速转移,对路面破坏性较小。但其吊装作业时必须支腿,不能负荷行驶,也不适合在松软或泥泞的地面上工作。一般而言,汽车式起重机适用于构件运输、装卸作业和结构吊装作业。

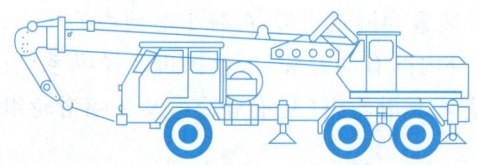

图 6-3 汽车式起重机外观

国产汽车式起重机有 Q2-8 型、Q2-12 型、Q2-16 型等,最大起重量分别为 80kN、120kN、160kN,适用于构件装卸作业或安装标高较低的构件。国产重型汽车式起重机有 Q2-32 型,起重臂长 30m,最大起重量为 320kN,可用于一般厂房构件的安装;Q3-100 型,起重臂长 12~60m,最大起重量为 1000kN,可用于大型构件的安装。

3) 轮胎式起重机

轮胎式起重机是把起重机构安装在加重型轮胎和轮轴组成的特制底盘上的一种自行式全回转起重机,如图 6-4 所示。根据起重量的不同,底盘下装有若干根轮轴,配备 4~10 个或更多轮胎。吊装时,轮胎式起重机一般用 4 个支腿支撑,以保证机身的稳定性,构件重力在不用支腿允许荷载范围内,也可不放支腿起吊。轮胎式起重机的优缺点与汽车式起重机基本相同。

3. 塔式起重机

塔式起重机是一种塔身直立、起重臂安装在塔身顶部且可作360°回转的起重机。它具有较大的工作空间,起重高度大,广泛应用于多层及高层装配式结构安装工程,一般可按行走机构、变幅方式、回转机构的位置及爬升方式的不同而分成若干类型。常用的类型有轨道式塔式起重机、爬升式塔式起重机、附着式塔式起重机等。

1) 轨道式塔式起重机

轨道式塔式起重机是一种能在轨道上行驶的起重机,又称自行式塔式起重机。该机种种类繁多,能同时完成垂直和水平运输,使用安全,生产效率高,可负荷行走。常用的轨道式塔式起重机型号有 QT1-6 型、QT-60/80 型、QT-20 型、QT-15 型、TD-25 型等。QT1-6 型塔式起重机如图 6-5 所示。

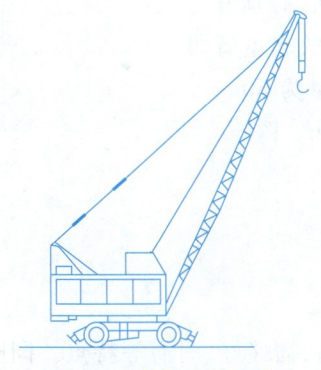

图 6-4 轮胎式起重机

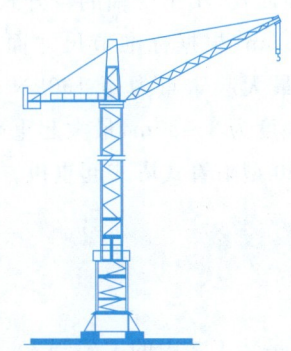

图 6-5 QT1-6 型塔式起重机

2) 爬升式塔式起重机

爬升式塔式起重机是自升式塔式起重机的一种,它由底座、套架、塔身、塔顶、行车式起重臂、平衡臂等部分组成,安装在高层装配式结构的框架梁或电梯间结构上。每安装 1~2 层楼的构件,它便靠一套爬升设备使塔身沿建筑物向上爬升一次。这类起重机主要用于高层框架结构安装及高层建筑施工,其优点是机身小、质量轻、安装简单、不占用建筑物外围空间,适用于现场狭窄的高层建筑结构安装;其不足之处是增加了建筑物的造价,司机的操纵视野不良,需要一套辅助设备用于起重机拆卸。

目前常用的爬升式塔式起重机型号主要有 QT5-4/40 型、QT3-4 型,也可用 QT1-6 型轨道式塔式起重机改装成为爬升式起重机。爬升式塔式起重机性能见表 6-1。

表 6-1 爬升式塔式起重机性能

型 号	起重量/kN	幅度/m	起重高度/m	一次爬升高度/m
QT5-4/40	40	2~11	110	8.60
	20~40	11~20		
QT3-4	40	2.2~15.0	80	8.87
	30	15~20		

3)附着式塔式起重机

附着式塔式起重机是固定在建筑物近旁的钢筋混凝土基础上的自升式塔式起重机。随着建筑物的升高,利用液压自升系统逐步将塔顶顶升、塔身接高。为了保证塔身的稳定,附着式塔式起重机每隔一定高度将塔身与建筑物用锚固装置水平连接起来,使起重机依附在建筑物上。锚固装置由套装在塔身上的锚固环、附着杆及固定在建筑结构上的锚固支座构成。这种塔身起重机适用于高层建筑施工。

常见附着式塔式起重机的型号有 QT4-10 型、ZT-1200 型、ZT-100 型、QT1-4 型、QT(B)-3~5 型等。其中,QT4-10 型是一种顶回式,小车变幅的自升式塔式起重机,每顶升一次可接高 2.5m(根据标准节尺寸而定)。常用的起重臂长度为 30m,最大起重重力矩 160kN·m,起重量为 50~100kN,工作幅度为 3~30m,最大起重高度为 160m。图 6-6 所示为 QT4-10 型附着式塔式起重机。

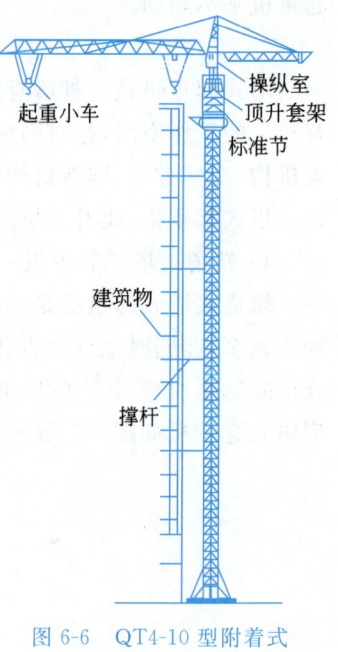

图 6-6 QT4-10 型附着式塔式起重机

6.1.2 索具设备

1. 钢丝绳

钢丝绳是吊装工艺中的主要绳索,具有强度高、韧性好、耐磨等特点。同时,钢丝绳被磨损后,外表面产生许多毛刺,易被发现,及时更换可避免事故的发生。

常用的钢丝绳是用直径相同的光面钢丝捻成股,再由 6 股芯捻成绳。在吊装结构中所用的钢丝绳一般有 6×19+1,6×37+1,6×61+1 三种。前面的"6"表示 6 股,后边的数字表示每股分别由 19 根、37 根或 61 根钢丝捻成。

2. 卷扬机

结构安装中的卷扬机包括手动和电动两类,其中电动卷扬机又分慢速和快速两种。慢速卷扬机(JJM 型)主要用于吊装结构、冷拉钢筋和张拉预应力筋;快速卷扬机(JJK 型)主要用于垂直运输和水平运输以及打桩。

3. 滑轮组

所谓滑轮组,即由一定数量的定滑轮和动滑轮组成,并通过绕过它们的绳索联系而成为整体,从而达到省力和改变力的方向的目的,如图 6-7 所示。

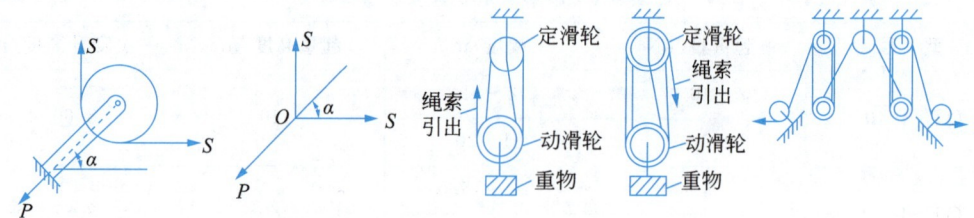

图 6-7 滑轮组及受力示意图

6.2 单层工业厂房结构的安装

6.2.1 结构安装前的准备

结构安装前的准备工作内容包括场地清理,道路修筑,基础准备,构件的运输、堆放、拼装加固,检查清理,弹线编号等。

1. 场地清理与道路修筑

结构吊装之前,按照现场施工平面布置图,标出起重机的开行路线,清理场地上的杂物,将道路平整压实,并做好排水工作。如遇到松软土或回填土,应铺设枕木或厚钢板。

2. 构件的运输与堆放

构件的运输要保证构件不变形、不损坏。构件的混凝土强度达到设计强度的75%时方可运输。构件的支垫位置要正确,要符合受力情况,上、下垫木要在同一垂直线上。构件的运输顺序及卸车位置应按施工组织设计的规定进行,以免造成构件二次就位。

构件的堆放场地应平整压实,并按设计的受力情况搁置在垫木或支架上。重叠堆放时,一般梁可堆叠2~3层,大型屋面板不宜超过6块,空心板不宜超过8块;构件吊环要向上,标志要向外。

3. 基础准备

装配式混凝土柱一般为杯形基础,基础准备工作主要包括以下内容。

杯口弹线:在杯口顶面弹出纵、横定位轴线,作为柱对位、校正的依据。

杯底抄平:为了保证柱牛腿标高的准确,在吊装前需对杯底标高进行调整(抄平)。调整前,应先测量出杯底原有标高,小柱测中点,大柱测四个角点,再测量出柱脚底面至牛腿面的实际距离,计算出杯底标高的调整值,然后用细石混凝土或水泥砂浆填抹至需要的标高。

4. 构件的检查与清理

为保证工程质量,应对现场所有的构件进行全面检查,包括构件的型号、数量、外形、截面尺寸、混凝土强度、预埋件位置、吊环位置等。

5. 构件的弹线与编号

构件在吊装前经过全面质量检查合格后,即可在构件表面弹出安装用的定位、校正墨线,作为构件安装、对位、校正的依据。在对构件弹线的同时,应按图纸对构件进行编号,编号应写在明显的部位。不易辨别上、下、左、右的构件,应在构件上用记号标明,以免安装时将方向弄错。

6.2.2 构件的吊装工艺

单层工业厂房结构需安装的构件有柱、吊车梁、屋面板、屋架、天窗架等,其吊装过程主要包括绑扎、起吊、对位、临时固定、校正和最后固定等工序。

1. 柱的吊装

1) 柱的绑扎

柱一般在施工现场就地预制,用砖或土作底模,平卧生产,侧模可用木模或组合钢模,在制作底模和浇混凝土前就要确定绑扎方法,并在绑扎点预埋吊环或预留孔洞,以便在绑扎时穿钢丝绳。

(1)一点绑扎斜吊法。这种方法不需要翻动柱子,但柱子平放起吊时,抗弯强度要符合要求。柱吊起后呈倾斜状态,由于吊索歪在柱的一边,起重钩低于柱顶,因此起重臂可以短些,如图 6-8 所示。

(2)一点绑扎直吊法。当柱子的宽度方向抗弯不足时,可在吊装前先将柱子翻身后再起吊,如图 6-9 所示。起吊后,铁扁担跨在柱顶上,柱身呈直立状态,便于插入杯口,但需要较大的起吊高度。

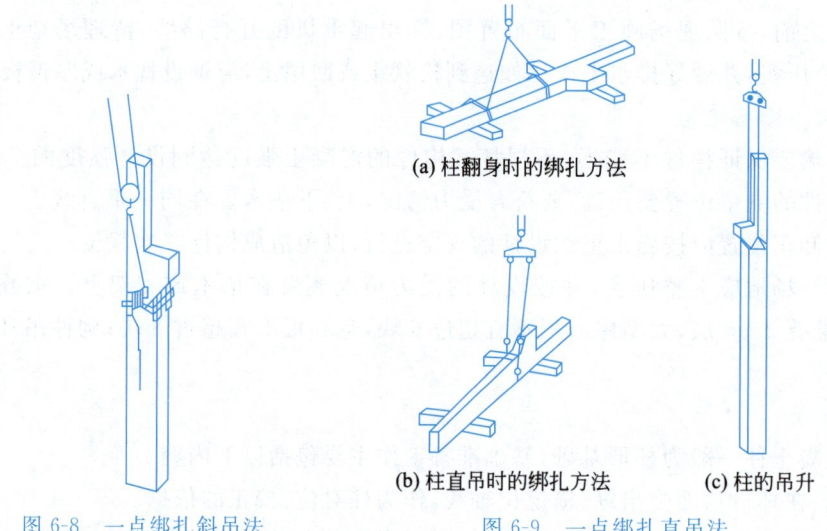

图 6-8　一点绑扎斜吊法　　　　图 6-9　一点绑扎直吊法

(3)两点绑扎法。当柱身较长、采用一点绑扎而使柱的抗弯能力不足时,可采用两点绑扎起吊,如图 6-10 所示。

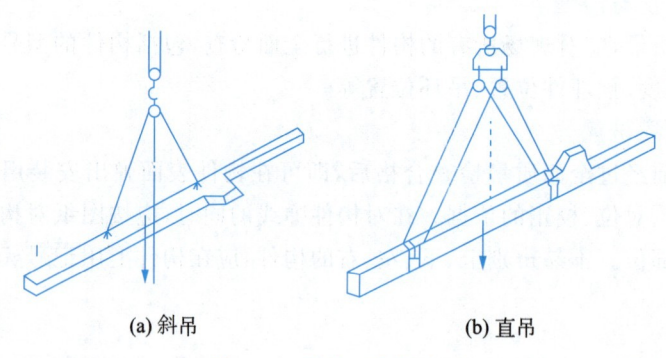

图 6-10　柱的两点绑扎法

2)柱的起吊

柱的起吊方法主要有旋转法和滑行法。

(1)旋转法是在旋转法吊升柱时,起重机边收钩边回转,使柱子绕着柱脚旋转成直立状态,然后吊离地面,略转起重臂,将柱放入基础杯口,如图 6-11(a)所示。

采用旋转法时,柱在堆放时的平面布置应做到柱脚靠近基础,柱的绑扎点、柱脚中心和基础中心三点同在以起重机回转中心为圆心,以回转中心到绑扎点的距离(起重半径)为半径的圆弧上,即三点同弧,如图6-11(b)所示。

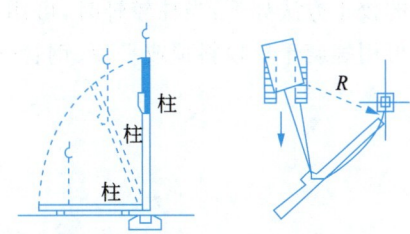

(a) 柱绕柱脚旋转,后入杯口　　(b) 三点同弧

图 6-11　单机吊装旋转法

采用旋转法吊升柱时,柱在吊升过程受振动小,吊装效率高;但应同时完成收钩和回转的操作,此时对起重机的机动性能要求较高。

(2) 滑行法是在起吊柱过程中,起重机起升吊钩,使柱脚滑行而吊起柱子的方法,如图6-12所示。

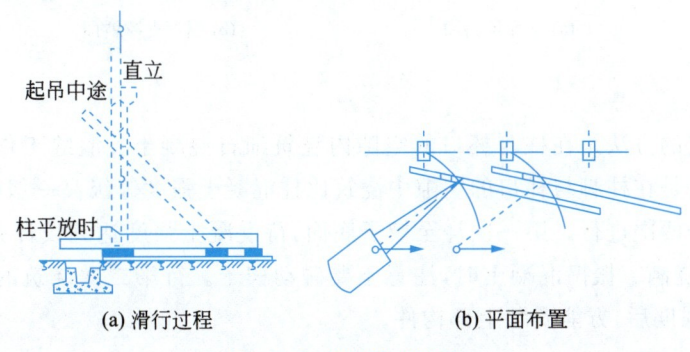

(a) 滑行过程　　　　　　(b) 平面布置

图 6-12　吊装柱滑行法

用滑行法吊装柱时,应将起吊绑扎点(两点以上绑扎时为绑扎中点)布置在杯口附近,并使绑扎点和基础杯口中心两点共圆弧,以便将柱吊离地面后稍转动吊杆即可就位。

采用滑行法吊装柱具有以下特点:在起吊过程中,起重机只需转动起重臂即可吊柱就位,比较安全。但柱在滑行过程中受到振动,使构件、吊具和起重机产生附加内力。为减少柱脚与地面的摩擦阻力,可在柱脚下设置托板、滚筒或铺设滑行轨道。此法用于柱较重、较长或起重机在安全荷载下的回转半径不够、现场狭窄、柱无法按旋转法布置时,也可用于采用桅杆式起重机吊装等情况。

3) 柱的对位与临时固定

如果采用直吊法,柱脚插入杯口后,应于悬离杯底30～50mm处进行对位。如采用斜吊法,则需将柱脚基本送到杯底,然后在吊索一侧的杯口中插入两个楔子,再通过起重机回转使其对位。对位时,应先从柱子四周向杯口放入8个楔块,并用撬棍拨动柱脚,使柱的吊装准线对准杯口上的吊装准线,并使柱基本保持垂直。

柱对位后,应先把楔块略为打紧,再放松吊钩,检查柱沉至杯底后的对中情况,若符合要求,即可将楔块打紧,然后起重钩便可脱钩。吊装重型柱或细长柱时,除需按上述进行临时固定外,必要时还应增设缆风绳拉锚。

4) 柱的校正

柱的校正包括平面位置、标高和垂直度三个方面。柱的标高校正在基础抄平时即可进行,平面位置在对位过程中也已完成,因此柱的校正主要是指垂直度的校正。

柱垂直度的校正是用两台经纬仪从柱相邻两边检查柱吊装准线的垂直度。柱垂直度的校正方法如下：当柱较轻时，可用打紧或放松楔块的方法或用钢钎来纠正；当柱较重时，可用螺旋千斤顶斜顶或平顶、钢管支撑斜顶等方法纠正，如图6-13所示。

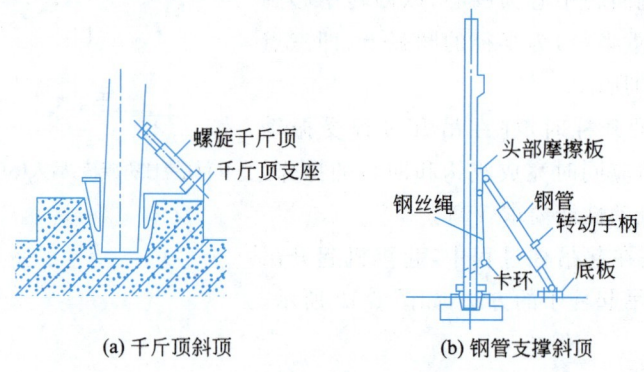

图6-13 柱垂直度的校正方法

柱最后固定的方法是在柱与杯口的空隙内浇筑细石混凝土。灌缝工作应在校正后立即进行。其方法是在柱脚与杯口的空隙中浇筑比柱混凝土强度等级高一级的细石混凝土，混凝土的浇筑分两次进行。第一次浇至楔子底面，待混凝土强度达到设计强度的25%后，拔出楔子，全部浇满。振捣混凝土时，注意不要碰动楔子。待第二次浇筑的混凝土强度达到75%的设计强度后，方能安装上部构件。

2. 吊车梁的吊装

吊装吊车梁时，应两点绑扎、对称起吊，吊钩应对准吊车梁重心，使其起吊后基本保持水平。对位时，不宜用撬棍顺纵轴线方向撬动吊车梁，吊装后需校正标高、平面位置和垂直度。吊车梁的标高主要取决于柱子牛腿的标高，只要牛腿标高准确，其误差就不会太大，如存在误差，可待安装轨道时加以调整。平面位置的校正主要是检查吊车梁纵轴线以及两列吊车梁之间的跨距是否符合要求。

吊车梁的校正工作可在屋盖系统吊装前进行，也可在吊装后进行，但要考虑安装屋架、支承等构件时可能引起的柱子偏差，从而影响吊车梁的位置准确。对于质量大的吊车梁，脱钩后撬动比较困难，应采取边吊边校正的方法。

吊车梁平面位置的校正常用通线法和平移轴线法。通线法是根据柱的定位轴线，在车间两端地面用木桩定出吊车梁定位轴线的位置，并设置经纬仪。先用经纬仪将车间两端的四根吊车梁位置校正准确，用钢尺检查两列吊车梁之间的跨距是否符合要求，再根据校正好的端部吊车梁沿其轴线拉上钢丝通线，逐根拨正，如图6-14所示。平移轴线法是根据柱和吊车梁的定位轴线间的距离（一般为750mm），逐根拨正吊车梁的安装中心线，如图6-15所示。

吊车梁校正后，应立即焊接牢固，用连接钢板与柱侧面、吊车梁顶端的预设铁件相焊接，并在接头处支模，浇灌细石混凝土。钢结构单层工业厂房吊车梁校正后，应将梁与牛腿的螺栓和梁与制动架之间的高强度螺栓连接牢固。

3. 屋架的吊装

1）屋架的绑扎

屋架的绑扎点应选在上弦节点处，左右对称，绑扎吊索的合力作用点（绑扎中心）应高于屋架重心,绑扎吊索与构件的水平夹角在扶直时不宜小于60°,吊升时不宜小于45°,以免屋架承受较大的横向压力。如图6-16所示,屋架跨度小于18m时,两点绑扎;屋架跨度大于18m时,用两根吊索四点绑扎;当跨度大于30m时,应考虑采用横吊梁,以降低起重高度;对三角组合屋架等刚性较差的屋架,由于下弦不能承受压力,绑扎时也应采用横吊梁。

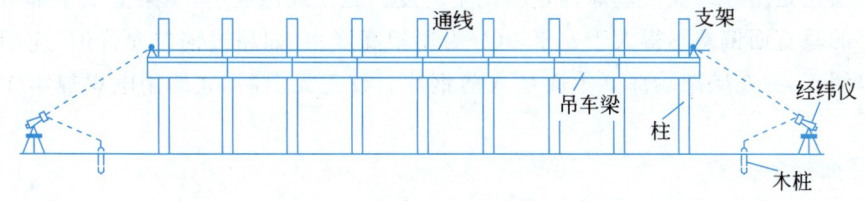

图6-14 通线法校正吊车梁示意图

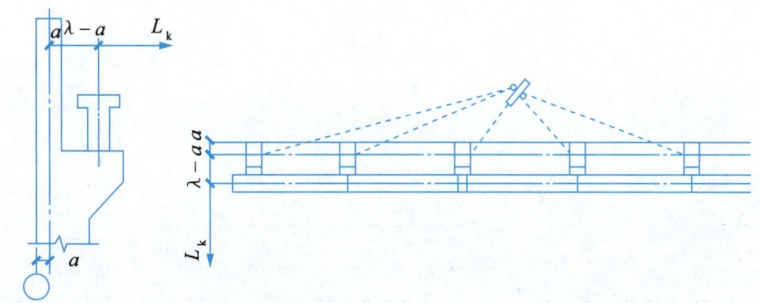

图6-15 平移轴线法校正吊车梁示意图

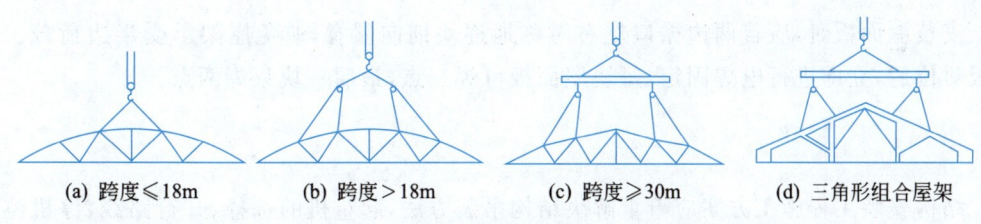

图6-16 屋架绑扎

2) 屋架的扶直与就位

钢筋混凝土屋架均是平卧、重叠预制,运输或吊装前均应翻身、扶直。由于屋架是平面受力构件,扶直时在自重作用下屋架承受平面外力,部分改变了构件的受力性质,特别是上弦杆易挠曲开裂,因此吊装、扶直操作时,应注意必须在屋架两端用方木搭井字架(井字架的高度与下一榀屋架面等高),以便屋架由平卧翻转、立直后搁置其上,以防屋架在翻转中由高处滑到地面而损坏。屋架翻身扶直时,争取一次将屋架扶直。在扶直过程中,如无特殊情况,不得猛启动或猛刹车。

3) 屋架的吊升、对位与临时固定

屋架的吊升是先将屋架吊离地面约300mm,然后将屋架转至吊装位置下方,再将屋架吊升超过柱顶约300mm,随即将屋架缓缓放至柱顶,进行对位。

屋架对位后,应立即进行临时固定。必须重视第一榀屋架的临时固定,因为它是单片结构,侧向稳定性较差,而且也是第二榀屋架的支承。第一榀屋架的临时固定可用四根缆风绳从两边拉牢;当先吊装抗风柱时,可将屋架与抗风柱连接。第二榀屋架及以后各榀屋架可用工具式支撑临时固定在前一榀屋架上。

4) 屋架的校正与最后固定

屋架校正是用经纬仪或垂球检查屋架垂直度。施工规范规定,屋架上弦中部对通过两支座中心的垂直面偏差不得大于 $h/250$（h 为屋架高度）。如超过偏差允许值,应用工具式支承加以纠正,并在屋架端部支承面垫入薄钢片。校正无误后,立即用电焊焊牢作为最后固定。

4. 屋面板的吊装

如图 6-17 所示,屋面板四角一般预埋有吊环,用带钩的吊索钩住吊环即可安装。1.5m×6m 的屋面板有四个吊环,起吊时,应使四根吊索长度相等,屋面板保持水平。

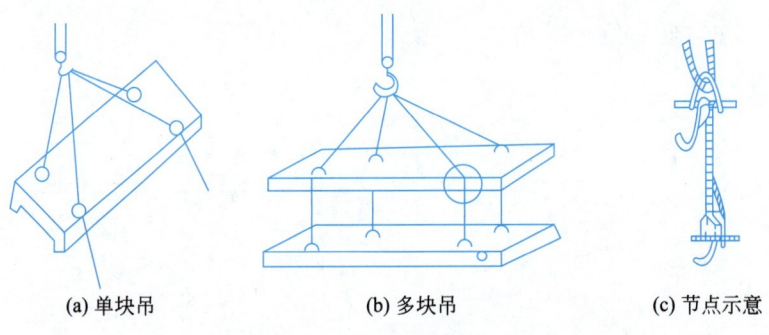

(a) 单块吊　　　　(b) 多块吊　　　　(c) 节点示意

图 6-17　屋面板钩挂示意图

安装屋面板时,应自两边檐口左右对称地逐块铺向屋脊,避免屋架承受半边荷载。屋面板对位后,立即进行电焊固定,每块屋面板可焊三点,最后一块只焊两点。

6.2.3　结构安装方案

结构安装工程施工方案应着重解决结构吊装方法、起重机的选择、开行路线、停机位置及构件的平面布置等。

1. 结构吊装方法

结构吊装方法主要有分件吊装法和综合吊装法两种。

1) 分件吊装法

分件吊装法是指起重机开行一次,只吊装一种或几种构件。通常分三次进行安装完构件:第一次吊装柱,并逐一进行校正和最后固定;第二次吊装吊车梁、连续梁及柱间支撑等;第三次以节间为单位吊装屋架、天窗架和屋面板等构件。分件吊装法的优点是每次吊装同类构件,不需经常更换索具,且操作程序相同,吊装速度快;校正有充分时间;构件可分批进场,供应单一,平面布置比较容易,现场不致拥挤,可根据不同构件选用不同性能的起重机,或同一类型起重机选用不同的起重臂,以充分发挥机械效能。其缺点是不能为后续工程及早提供工作面,起重机开行路线较长。

2) 综合吊装法

综合吊装法是指起重机在车间内的一次开行中,分节间安装各种类型的构件。具体做法如下:先安装4～6根柱子,立即加以校正和固定,接着安装吊车梁、连系梁、屋架、屋面板等构件。安装完一个节间所有构件后,转入安装下一个节间。

综合吊装法的优点是起重机开行路线短,停机点位置少,可为后续工作创造工作面,有利于组织立体交叉、平行流水作业,以加快工程进度;其缺点是要同时吊装各种类型构件,不能充分发挥起重机的效能,造成构件供应紧张,平面布置复杂,校正困难。

2. 起重机的选择

起重机的选择包括起重机类型的选择、起重机型号的选择和起重机数量的计算。

1) 起重机类型的选择

起重机类型的选择应根据结构形式、构件的尺寸、质量、安装高度、吊装方法及现有起重设备条件来确定。中小型厂房一般采用自行杆式起重机;重型厂房跨度大、构件重、安装高度大,厂房内设备安装往往要同结构吊装同时进行,因此一般选用大型自行杆式起重机和重型塔式起重机与其他起重机械配合使用;多层装配式结构可采用轨道式塔式起重机;高层装配式结构可采用爬升式、附着式塔式起重机。

2) 起重机型号的选择原则

所选起重机的三个参数,即起重量 Q、起重高度 H 和工作幅度(回转半径) R 均须满足结构吊装要求。

(1) 起重机的起重量必须满足下式要求:

$$Q \geqslant Q_1 + Q_2 \tag{6-1}$$

式中　Q——起重机的起重量,t;

Q_1——构件的质量,t;

Q_2——索具的质量,t。

(2) 起重机的起重高度必须满足所吊构件的高度要求(见图6-18),即

$$H \geqslant h_1 + h_2 + h_3 + h_4 \tag{6-2}$$

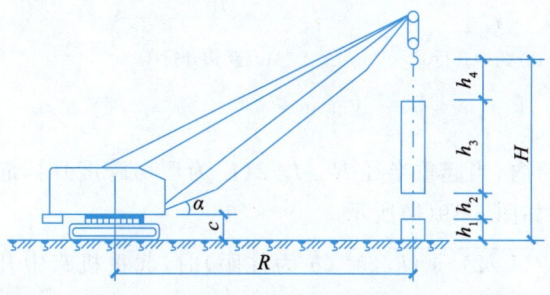

图 6-18　起重机起重高度计算简图

式中　H——起重机的起重高度,m,即从停机面至吊钩的垂直距离;

h_1——安装支座表面高度,m,从停机面算起;

h_2——安装间隙,m,应不小于0.3m;

h_3——绑扎点至构件吊起后底面的距离,m;

h_4——索具高度，m，自绑扎点至吊钩面，应不小于1m。

(3) 起重回转半径。起重回转半径的确定可从以下两种情况考虑。

① 当起重机可以不受限制地开到构件安装位置附近安装时，在计算起重量和起重高度后，便可查阅起重机起重性能表或性能曲线来选择起重机型号及起重臂长，从而查得在起重量和起重高度下相应的起重半径。

② 当起重机不能直接开到构件安装位置附近安装构件时，应根据起重量、起重高度和起重半径三个参数，查阅起重机性能表或性能曲线来选择起重机型号及起重臂长。

3) 起重机数量的选择

起重机数量可按下式计算：

$$N = \frac{1}{TCK} \sum \frac{Q_i}{P_i} \tag{6-3}$$

式中　N——起重机台数；
　　　T——工期，d；
　　　C——每天工作班数；
　　　K——时间利用系数，一般情况下取0.8～0.9；
　　　Q_i——每种构件的安装工程量，件或t；
　　　P_i——起重机相应的产量定额，件/台班或t/台班。

此外，在确定起重机数量时还应考虑构件装卸和就位工作的需要。

3. 起重机的开行路线和停机位置

起重机的开行路线和停机位置与起重机的性能、构件尺寸及质量、构件的平面布置、构件的供应方式和安装方法等因素有关。

采用分件吊装时，起重机开行路线有跨边开行和跨中开行两种，如图6-19所示。

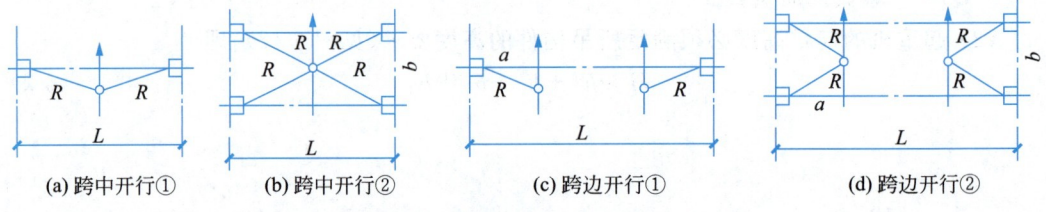

(a) 跨中开行①　　(b) 跨中开行②　　(c) 跨边开行①　　(d) 跨边开行②

图6-19　吊装柱时起重机的开行路线及停机位置

如果柱子布置在跨内，当起重半径$R > L/2$（L为厂房跨度）时，起重机在跨中开行，每个停机点可吊两根柱，如图6-19(a)所示。

当起重半径$R \geqslant \sqrt{(L/2)^2 + (b/2)^2}$（$b$为柱距）时，起重机跨中开行，每个停机点可安装四根柱，如图6-19(b)所示。

当起重半径$R < L/2$时，起重机在跨内靠边开行，每个停机点只吊一根柱，如图6-9(c)所示。

当起重半径$R \geqslant \sqrt{a^2 + (b/2)^2}$（$a$为开行路线到跨边的距离），起重机在跨内靠边开行，每个停机点可吊两根柱，如图6-19(d)所示。

如果柱子布置在跨外时，起重机在跨外开行，每个停机点可吊1～2根柱。

屋架扶直就位及屋盖系统吊装时,起重机在跨中开行。图6-20所示是单跨厂房采用分件吊装法时起重机的开行路线及停机位置图。起重机从A轴线进场,沿跨外开行吊装A列柱,再沿B轴线跨内开行吊装B轴列柱,然后转到A轴线扶直屋架并将其就位,再转到B轴线吊装B列吊车梁、连系梁,随后转到A轴线吊装A列吊车梁、连系梁,最后转到跨中吊装屋盖系统。

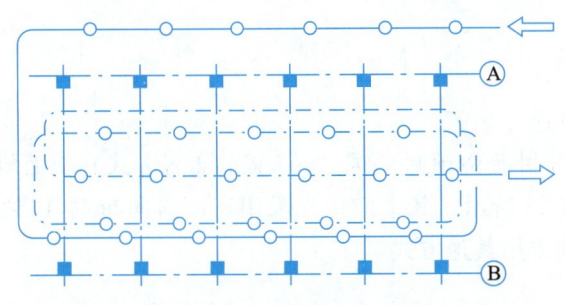

图6-20 起重机的开行路线及停机位置

单层厂房面积大或具有多跨结构时,为加快进度,可将建筑物划分为若干段,选用多台起重机同时作业。每台起重机可以独立作业,完成一个区段的全部吊装工作,也可选用不同性能的起重机协同作业,有的专门吊柱,有的专门吊屋盖系统结构,组织大流水施工。

4. 构件的平面布置

当起重机型号及结构吊装方案确定之后,即可根据起重机性能、构件制作及吊装方法,结合施工现场情况确定构件的平面布置。

1) 构件平面布置的要求

(1) 每跨的构件宜布置在本跨内,如场地狭窄、布置有困难时,也可布置在跨外便于安装的地方。

(2) 布置构件时,应便于支模和浇筑混凝土。对预应力构件,应留有抽管以及穿筋的操作场地。

(3) 布置构件时,要满足安装工艺的要求,尽可能在起重机的工作半径内,以减少起重机"跑吊"的距离及起重杆的起伏次数。

布置构件时,应保证起重机、运输车辆的道路畅通。起重机回转时,机身不得与构件相碰。

(4) 布置构件时,要注意安装时的朝向,避免在空中调向,影响进度和安全。

(5) 构件应布置在坚实地基上。在新填土上布置时,土要夯实,并采取一定措施,防止下沉而影响构件质量。

2) 柱的预制布置

柱的预制布置,有斜向布置和纵向布置两种。

如柱以旋转法起吊,应按三点共弧斜向布置,如图6-21所示。

当柱采用滑行法吊装时,可以纵向布置。预制柱的位置与厂房纵轴线相平行。若柱长小于12m,为节约模板与场地,两柱可叠浇,排成一行;若柱长大于12m,则可叠浇,排成两行。在柱吊装时,起重机宜停在两柱基的中间,每停机一次可吊装两根柱,如图6-22所示。

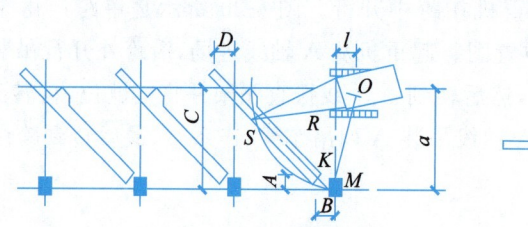
图 6-21 柱子斜向布置示意图

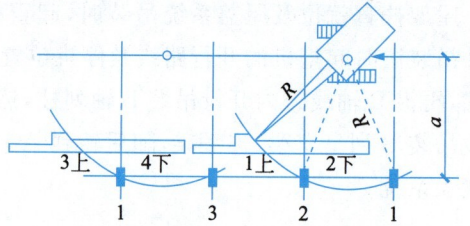
图 6-22 柱子纵向布置示意图

3) 屋架的预制布置

屋架一般在跨内平卧叠浇预制，每叠 2～3 榀。布置方式有正面斜向、正反斜向及正反纵向布置三种，如图 6-23 所示。其中应优先采用正面斜向布置，以便于屋架扶直就位；只有当场地受限制时，才采用其他方式。

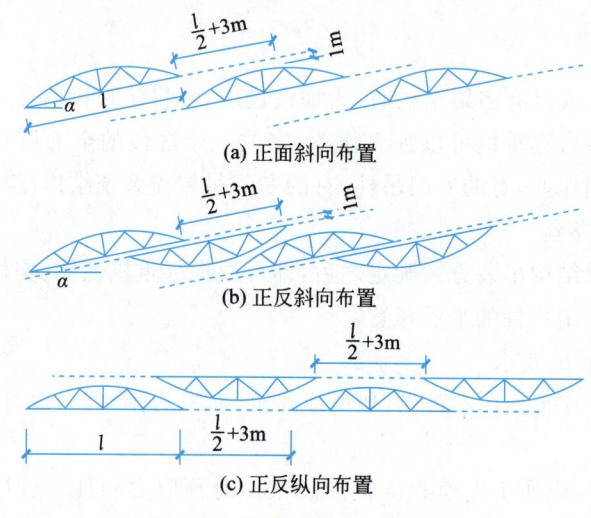

(a) 正面斜向布置

(b) 正反斜向布置

(c) 正反纵向布置

图 6-23 屋架预制布置示意图

屋架正面斜向布置时，下弦与厂房纵轴线的夹角 α 为 $10°\sim20°$；预应力屋架的两端应留出 $\frac{l}{2}+3m$ 的距离（l 为屋架跨度）作为抽管、穿筋的操作场地；如一端抽管时，应留出 $l+3m$ 的距离。用胶皮管作预留孔时，可适当缩短。每两垛屋架间要留 $1m$ 左右的空隙，以便支模和浇筑混凝土。

当屋架平卧预制时，还应考虑屋架扶直就位的要求和扶直的先后次序，先扶直的放在上层并按轴编号。对屋架两端朝向及预埋件位置也要做出标记。

4) 吊车梁的预制布置

当吊车梁安排在现场预制时，可靠近柱基顺纵向轴线或略作倾斜布置，也可插在柱子的空当中预制。如具有运输条件，也可在场外集中预制。

5) 屋架的扶直就位

屋架扶直后应立即进行就位。按就位的位置不同，可分为同侧就位和异侧就位两种，如图 6-24 所示。同侧就位时，屋架的预制位置与就位位置均在起重机开行路线的同一边；

异侧就位时,需将屋架由预制的一边转至起重机开行路线的另一边,此时,屋架两端的朝向已有变动。因此在预制屋架时,对屋架的就位位置应事先加以考虑,以便确定屋架两端的朝向及预埋件的位置。

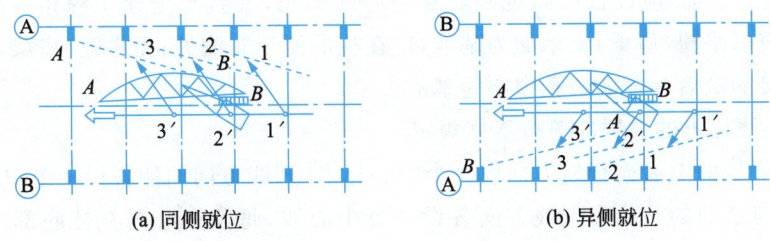

(a) 同侧就位　　　　　　　　(b) 异侧就位

图 6-24　屋架就位示意图

6) 吊车梁、连系梁、屋面板的就位

单层工业厂房除了柱和屋架等大构件在现场预制,其他如吊车梁、连系梁、屋面板等均在构件厂或附近露天预制场制作,然后运到现场吊装施工。

构件运到现场后,应按施工组织设计所规定的位置,按编号及构件吊装顺序进行就位或集中堆放。梁式构件的叠放不宜超过 2 层,大型屋面板的叠放不宜超过 8 层。

吊车梁、连系梁的就位位置,一般在其吊装位置的柱列附近,跨内或跨外均可,从运输车上直接吊至设计位置。

6.3　钢结构安装工程

6.3.1　单层钢结构工程安装

单层钢结构工程以单层工业厂房结构安装最为典型。钢结构单层工业厂房一般由柱、柱间支撑、吊车梁、制动梁(桁架)、托架、屋架、天窗架、上下弦支撑、檩条及墙体骨架等构件组成。柱基通常采用钢筋混凝土阶梯或独立基础。

1. 一般规定

(1) 单层工业厂房安装前,应按变形缝或空间刚度单元等划分成一个或若干个检验批。地下钢结构可按不同地下层划分检验批。

(2) 钢结构安装检验批应在进场验收和焊接连接、紧固件连接、制作等分项工程验收合格的基础上进行验收。

(3) 安装的测量校正、高强度螺栓安装、负温度下施工及焊接工艺等,应在安装前进行工艺试验或评定,并应在此基础上制订相应的施工工艺或方案。

(4) 安装偏差的检测,应在结构形成空间刚度单元连接固定后进行。

(5) 安装时,必须控制屋面、楼面、平台等的施工荷载和冰雪荷载等,严禁超过桁架、楼面板、屋面板、平台铺板等的承载能力。

(6) 在形成空间刚度单元后,应及时对柱底板和基础顶面的空隙进行细石混凝土、灌浆料等二次浇灌。

(7) 吊车梁或直接承受动力荷载的梁及其拉翼缘、吊车桁架或直接承受动力荷载的桁架及其受拉弦杆上不得焊接悬挂物和卡具。

2. 钢柱的安装

(1) 安装柱子前,应设置标高观测点和中心线标志,并且与土建工程相一致。标高观测点的设置应以牛腿(肩梁)支承面为基准,设在柱的便于观测处;无牛腿(肩梁)柱,应以顶端与桁架连接的最后一个安装孔中心为基准。

(2) 中心线标志的设置应符合下列规定。

① 在柱底板的上表面行线方向设一个中心标志,列线方向两侧各设一个中心标志。

② 在柱身表面的行线和列线方向各设一个中心线,每条中心线在柱底部、中部(牛腿或肩梁部)和顶部各设一处中心标志。

③ 双牛腿(肩梁)柱在行线方向的两个柱身表面分别设中心标志。

(3) 多节柱安装时,宜将柱组装后再整体吊装。

(4) 钢柱安装就位后需要调整时,校正应符合下列规定。

① 应排除阳光侧面照射所引起的偏差。

② 应根据气温(季节)控制柱垂直度偏差:气温接近当地年平均气温时(春、秋季),柱垂直偏差应控制在"0"附近;气温高于或低于当地平均气温时,应以每个伸缩段(两伸缩缝间)设柱间支撑的柱子为基准。垂直度校正接近至"0",行线方向连跨应以与屋架刚性连接的两柱为基准;此时,当气温高于平均气温(夏季)时,其他柱应倾向基准点的相反方向;气温低于平均气温(冬期)时,其他柱应倾向基准点方向。柱的倾斜值应根据施工时气温和构件跨度与基准的距离而定。

(5) 柱子安装的允许偏差应符合相关要求。

(6) 屋架、吊车梁安装后,应进行总体调整,然后固定连接。固定连接后尚应进行复测,超差的应进行调整。

(7) 对长细比较大的柱子,吊装后应增加临时固定措施。

(8) 柱子支承的安装应在柱子校正后进行,只有在确保柱子垂直度的情况下,才可安装柱间支承,支承不得弯曲。

3. 钢吊车梁安装

1) 测量准备

用水准仪测出每根钢柱上标高观测点在柱子校正后的标高实际变化值,做好实际测量标记。根据各钢柱上搁置吊车梁的牛腿面的实际标高值,定出全部钢柱上搁置吊车梁的牛腿面的统一标高值。以标高值为基准,得出各钢柱上搁置吊车梁的牛腿面的实际标高差。根据各个标高差值和吊车梁的实际高差来加工不同厚度的钢垫板,同一牛腿面上的钢垫板应分成两块加工。吊装吊车梁前,应将垫板点焊在牛腿面上。

2) 吊装

钢吊车梁吊装在柱子最后固定、柱间支承安装完毕后进行。吊装时,一般利用梁上的工具式吊耳作为吊点或捆绑法进行吊装。

在屋盖吊装前安装吊车梁,可采用单机吊、双机抬吊等吊装方法。

在屋盖吊装后安装吊车梁,最佳的吊装方法是利用屋架端头或柱顶拴滑轮组来抬吊,或用短臂起重机或独脚拔杆起重机吊装。

3）吊车梁的校正

钢吊车梁的校正包括标高调整、纵横轴线和垂直度的调整。钢吊车梁的校正必须在结构形成刚度单元以后才能进行。

纵横轴线校正方法如下：柱子安装后，及时将柱间支撑安装好形成排架。用经纬仪在柱子纵列端部把柱基正确轴线引到牛腿（肩梁）顶部水平位置，定出正确轴线距吊车梁中心线的距离，在吊车梁顶面中心线拉一通长钢丝（也可用经纬仪），逐根将梁端部调整到位。为方便调整位移，吊车梁下翼缘一端为正圆孔，另一端为椭圆孔，用千斤顶和手拉葫芦进行轴线位移，将铁楔再次调整、垫实。

当两排吊车梁纵横轴线无误时，复查吊车梁跨距。

吊车梁的标高和垂直度的校正可通过对钢垫板的调整来实现。吊车梁的垂直度校正应和吊车梁轴线的校正同时进行。

4. 吊车轨道安装

（1）吊车轨道的安装应在吊车梁安装符合规定后进行。

（2）吊车轨道的规格和技术条件应符合设计要求与国家现行相关标准的规定，如有变形，经矫正后方可安装。

（3）在吊车梁顶面上弹放墨线的安装基准线，也可在吊车梁顶面上拉设钢线，作为轨道安装基准线。

（4）轨道接头采用鱼尾板连接时，要做到以下两点。

① 轨道接头应顶紧，间隙应不大于3mm；接头错位应不大于1mm。

② 伸缩缝应符合设计要求，其允许偏差为±3mm。

（5）轨道采用压轨器与吊车梁连接时，要做到以下几点。

① 压轨器与吊车梁上翼应密贴，其间隙不大于0.5mm，有间隙的长度不大于压轨器长度的1/2。

② 压轨器固定螺栓紧固后，螺纹露长不小于2倍螺距。

（6）轨道端头与车挡之间的间隙应符合设计要求，当设计无要求时，应根据温度留出轨道自由膨胀的间隙。两车挡应与起重机缓冲器同时接触。

5. 钢屋架安装

吊装钢屋架前，必须对柱子横向进行复测和复校，钢屋架的侧向刚度较差，安装前需要进行加固。单机吊（一点或二、三、四点加铁扁担办法）要加固下弦，双吊机起吊时要加固上弦。

吊装时，保证屋架下弦处于受拉状态，试吊至地面50cm检查无误后再继续起吊。

屋架的绑扎点必须绑扎在屋架节点上，以防构件在吊点处产生弯曲变形。其吊装流程如下：第一榀钢屋架起吊时，在松开吊钩前，做初步校正，对准屋架基座中心线和定位轴线，进行就位。就位后，在屋架两侧设缆风绳固定。如果端部有挡风柱，校正后可与挡风柱固定，调整屋架的垂直度，检查屋架的侧向弯曲情况。第二榀钢梁起吊就位后不要松钩，用绳索临时与第一榀钢屋架固定，安装支撑系统及部分檩条，每坡用一个屋架间调整器进行屋架垂直度校正，固定两端支座处（螺栓固定或焊接），安装垂直支撑、水平支撑，检查无误，成为样板间,以此类推。

为减少高空作业,提高生产效率,应在地面上将天窗架预先拼装在屋架上,并将吊索两面绑扎,把天窗架夹在中间,以保证整体安装的稳定。

钢屋架垂直度校正法如下:在屋架下弦一侧拉一根通长钢丝,同时在屋架上弦线量出一个同等距离的标尺,用线坠校正,也可用经纬仪进行校正。另外,可用一台经纬仪放在柱顶一侧,与轴线平移一定距离,在对面柱子同一侧平移同样的距离为瞄准点,从屋架顶端中心线处用标尺挑出同样的距离,三点在一条线上,即可使屋架垂直。

在图 6-25 中,将线坠和通长钢丝换成钢丝绳即可。

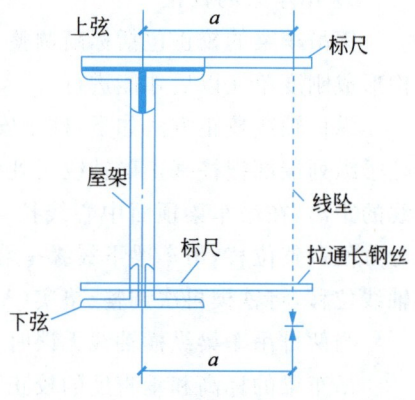

图 6-25 钢屋架垂直校正示意图

6. 维护系统结构安装

墙面檩条等构件安装应在主体结构调整定位后进行,可用拉杆螺栓调整墙面檩条的平直度。

7. 平台、梯子及栏杆的安装

(1) 钢平台、钢梯、栏杆的安装应符合设计要求及相关规定。

(2) 平台钢弧应铺设平整,与支撑梁密贴,表面有防滑措施,栏杆安装牢固可靠,扶手转角应光滑。

6.3.2 多层及高层钢结构安装

钢结构用钢量大、造价高、防火要求高,用于多层及高层钢结构建筑的体系有框架体系、框架剪力墙体系、框筒体系、组合筒体系及交错钢桁架体系等。钢结构具有强度高、抗振性能好、施工速度快等优点,因此在高层建筑中得到广泛应用。

1. 安装前的准备工作

多层及高层钢结构安装工程在安装前的准备工作主要包括以下内容。

(1) 检查并标注定位轴线及标高的位置。

(2) 检查钢柱基础,包括基础的中心线、标高、地脚螺栓等。

(3) 确定流水施工的方向,划分流水段。

(4) 安排钢构件在现场的堆放位置。

(5) 选择起重机械。起重机械的选择是多层及高层钢结构工程安装前准备工作的关键。多层及高层钢结构的安装多采用塔式起重机,并要求塔式起重机具有足够的起重能力,臂杆长度具有足够的覆盖面,钢丝绳要满足起吊高度的要求。当需要多机作业时,臂杆要有足够的高差,互不碰撞并安全运转。

(6) 选择吊装方法。多层及高层钢结构的吊装多采用综合吊装法,其一般吊装顺序如下:平面内从中间的一个节间开始,以一个节间的柱网为一个吊装单元,先吊装柱,后吊装梁,再往四周扩展;垂直方向自下而上,组成稳定结构后,分层次安装次要构件,一节间一节间钢框架、一层一层楼安装完成。这样有利于消除安装误差累积和焊接变形,使误差减少到最低限度。

(7) 建筑物定位轴线、基础上柱的定位轴线和标高、地脚螺栓(锚栓)的允许偏差应符合有关规定。

2. 安装与校正

1) 钢柱的吊装与校正

(1) 钢柱吊装:钢结构高层建筑的柱子,多为3~4层一节,节与节之间用坡口焊连接。吊装钢柱前,应预先按施工需要在地面上将操作挂篮、爬梯等固定在相应的柱子部位上。钢柱的吊点在吊耳处,根据钢柱的质量和起重机的起重量,钢柱的吊装可选用双机抬吊或单机吊装,如图6-26所示。采用单机吊装时,需在柱根部垫以垫木,用旋转法起吊,防止柱根部拖地和碰撞地脚螺栓损坏丝扣;采用双机抬吊时,多用递送法起吊,钢柱在吊离地面后,在空中进行回直。在吊装第一节钢柱时,应在预埋的地脚螺栓上加设保护套,以免钢柱就位时碰坏地脚螺栓的丝牙。

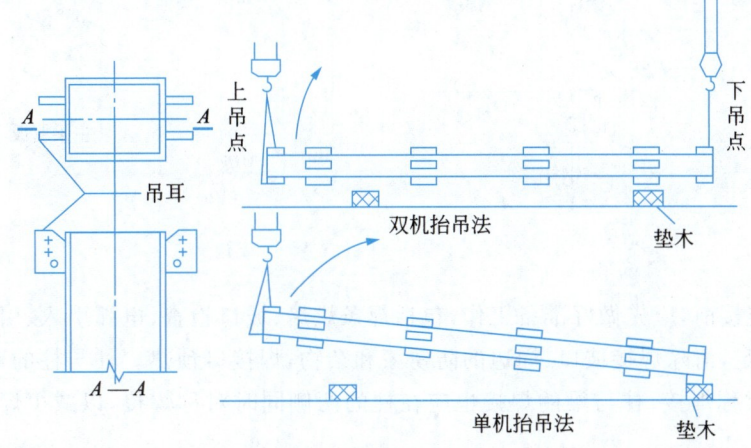

图 6-26 钢柱吊装

(2) 钢柱校正:钢柱就位后,立即对垂直度、轴线、牛腿标高进行初校,安设临时螺栓,卸去吊索。钢柱上、下接触面间的间隙一般不得大于1.5mm。如间隙为1.6~6.0mm,可用低碳钢垫片垫实间隙。柱间间距偏差可用液压千斤顶与钢楔,或倒链与钢丝绳、缆风绳进行校正,柱子安装的允许偏差应符合相关要求。

(3) 柱底灌浆:在第一节框架安装、校正、螺栓紧固后,即应进行底层钢柱柱底灌浆。灌浆方法是先在柱脚四周立模板,将基础上表面清理干净,清除积水,用高强度聚合砂浆从一侧自由灌入至密实,灌浆后用湿草袋和麻袋覆盖养护。

2) 钢梁的吊装与校正

在吊装钢梁前,应于柱子牛腿处检查标高和柱子间距,并应在梁上装好扶手杆和扶手绳,以便待主梁吊装就位后,将扶手绳与钢柱系牢,以保证施工人员的安全。钢梁一般可在钢梁的翼缘处开孔作为吊点,其位置取决于钢梁的跨度。为加快吊装速度,对质量较小的次梁和其他小梁,可利用多头吊索一次吊装数根。

为了减少高空作业,保证质量并加快吊装进度,可将梁、柱在地面组装成排架后进行整体吊装。当一节钢框架吊装完毕,应对已吊装的柱、梁进行误差检查和校正。对于控制柱网的基准线,用线坠或激光仪观测,其他柱根据基准柱用钢卷尺量测,校正方法同单层钢结构安装工程柱、梁的校正。

梁校正完毕,用高强度螺栓临时固定,再进行柱校正,紧固连接高强度螺栓,焊接柱节点和梁节点,进行超声波检验,应符合相关规定。

3. 构件间的连接

钢柱之间的连接常采用坡口焊连接。主梁与钢柱的连接,一般在上、下翼缘用坡口焊连接,而腹板用高强度螺栓连接。次梁与主梁的连接基本是在腹板处用高强度螺栓连接,少量在上、下翼缘处用坡口焊连接,如图 6-27 所示。柱与梁的焊接顺序,先焊接顶部的柱、梁节点,再焊接底部,最后焊接中间部分。

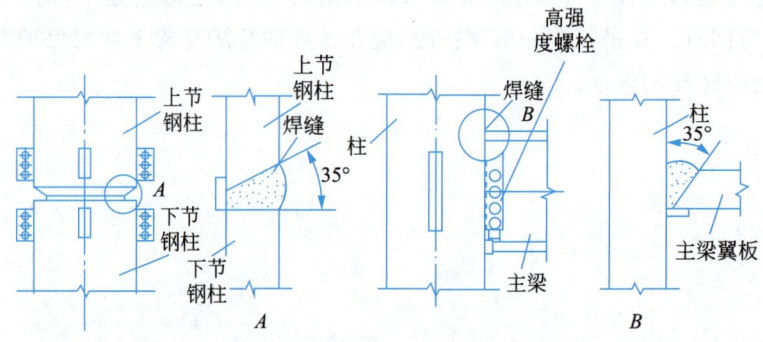

图 6-27　上柱与下柱、柱与梁连接构造

坡口焊连接前,应先做好准备工作,包括焊条烘焙、坡口检查、电弧引入、引出板和钢垫板,并点焊固定,清除焊接坡口、周边的防锈漆和杂物,焊接口预热。柱与柱的对接焊接,采用两人同时对称焊接,柱与梁的焊接也应在柱的两侧同时对称焊接,以减少焊接变形和残余应力。

高强度螺栓连接两个连接构件的紧固顺序是先主要构件,后次要构件。工字形构件的紧固顺序是上翼缘→下翼缘→腹板。

同一节柱上各梁柱节点的紧固顺序如下:柱子上部的梁柱节点→柱子下部的梁柱节点→柱子中部梁柱节点。

每一节点安设紧固高强度螺栓顺序如下:摩擦面处理→检查安装连接板(对孔、扩孔)→临时螺栓连接→高强度螺栓紧固→初拧→终拧。

学习笔记

第 7 章 防水工程施工

> **教学目标**
> 1. 了解卫生间防水工程的施工,以及防水工程中常见的质量问题与处理方法。
> 2. 熟悉常见屋面防水材料。
> 3. 掌握刚性防水屋面和卷材防水屋面的施工。

7.1 防 水 材 料

7.1.1 柔性防水材料

1. 防水卷材

防水卷材由厚纸或纤维织物为胎基,经浸涂沥青或其他合成高分子防水材料而成的成卷防水材料。根据其主要防水组成材料可分为沥青防水卷材、高聚物改性防水卷材和合成高分子防水卷材三大类(见表 7-1)。

微课:石油沥青卷材屋面施工

表 7-1 防水卷材分类

类 别	防水卷材名称
沥青防水卷材	石油沥青纸质油毡(现已禁用); 石油沥青玻璃布油毡; 石油沥青玻璃纤维胎油毡; 铝箔面油毡
高聚物改性防水卷材	弹性体改性沥青防水卷材(SBS 卷材); 塑性体改性沥青防水卷材(APP 卷材); PVC 改性焦油沥青防水卷材; 再生胶改性沥青防水卷材
合成高分子防水卷材	橡胶系防水卷材; 塑料系防水卷材; 橡胶塑料共混系防水卷材

1) 沥青防水卷材

沥青防水卷材用原纸、纤维毡等胎体材料浸涂沥青,表面撒布粉状、粒状或片状材料制成可卷曲的片状防水材料。沥青防水卷材指的是有胎卷材和无胎卷材。凡是用厚纸或玻璃丝布、石棉布、棉麻织品等胎料浸渍石油沥青制成的卷状材料,称为有胎卷材;将石棉、橡胶粉等掺入沥青材料中,经碾压制成的卷状材料称为辊压卷材即无胎卷材。常见的沥青防水卷材特性及用途见表 7-2。

表 7-2 常见的沥青防水卷材的特性及用途

材料名称	特性	用途
石油沥青玻璃布油毡	抗拉强度高,胎体不容易腐烂,材料柔韧性好,耐久性比一般纸胎油毡高 1 倍以上	适用于铺设地下防水、防腐层,并用于屋面做防水层及金属管道(热管道除外)的防腐保护层
石油沥青玻璃纤维胎油毡	良好的耐水性、耐腐性、耐久性和柔韧性都优于纸胎沥青油毡	主要用于防水等级为Ⅲ级的屋面工程
铝箔面油毡	具有良好的抗蒸汽渗透性、防水性好,且具有一定的抗拉强度	用于多层防水的面层和隔气层

2)高聚物改性防水材料

高聚物改性防水材料简称改性沥青防水卷材,俗称改性沥青油毡,是新型防水材料中使用比例最高的一类,在防水材料中占有重要地位。该类防水材料是在石油沥青中添加聚合物,通过高分子聚合物对沥青的改性作用,提高沥青软化点,增加低温下沥青的流动性,使感温性能得到明显改善,增加弹性,使沥青具有可逆变形的能力;改善耐老化性和耐硬化性,使聚合物沥青具有良好的使用功能,即高温不流淌、低温不脆裂,刚性、机械强度、低温延伸性有所提高,增大负温下柔韧性,延长使用寿命,从而使改性沥青防水卷材能够满足建筑工程防水应用的功能。

高聚物改性防水材料有如下两个主要品种。

(1) SBS 改性沥青防水卷材。SBS 是苯乙烯-丁二烯-苯乙烯的英文词头缩写,属于嵌段共聚物。SBS 改性沥青防水卷材是在石油沥青中加入 SBS 进行改性的卷材。SBS 是由丁二烯和苯乙烯两种原料聚合而成的嵌段共聚物,是一种热塑性弹性体,它在受热的条件下呈现树脂特性,即受热可熔融成黏稠液态,可以和沥青共混,兼有热缩性塑料和硫化橡胶的性能,因此 SBS 也称为热缩性丁苯橡胶,它不需要硫化,并且具有弹性高、抗拉强度高、不易变形、低温性能好等优点。在石油沥青中加入适量的 SBS 制成的改性沥青具有冷不变脆、低温性好、塑性好、稳定性高、使用寿命长等优良性能,可大大改善石油沥青的低温屈挠性和高温抗流动性能,彻底改变了石油沥青冷脆裂的弱点,并保持了沥青的优良憎水性和黏性。

将改性的石油沥青以聚酯胎、玻纤胎、聚乙烯膜胎、复合胎等为胎基的材料,浸渍 SBS 改性石油沥青为涂盖材料,也可再在涂盖材料的上表面以细砂(S)、粉料或矿物粒(M)、塑料薄膜(PE)为面层,可制成不同胎基、不同面层、不同厚度的各种规格的系列防水卷材,表 7-3 为《弹性体改性沥青防水卷材标准》(GB 18242—2008)中 SBS 改性沥青防水卷材的规格。

SBS 改性沥青防水卷材不但具有上述很多优点,而且施工方便,可以选用冷粘结、热粘结、自粘结,可以叠层施工。厚度大于 4mm 的可以单层施工,厚度大于 3mm 的可以热熔施工,故广泛应用于工业建筑和民用建筑,如保温建筑的屋面和不保温建筑屋面、屋顶花园,地下室、卫生间、桥梁、公路、涵洞、停车场、游泳池、蓄水池等建筑工程防水,尤其适用于较低气温环境和结构变形复杂的建筑防水工程。

表 7-3 SBS 改性沥青防水卷材的规格

规格		3			4			5		
上表面材料		PE	S	M	PE	S	M	PE	S	M
下表面材料		PE	PE、S		PE	PE、S		PE	PE、S	
面积/(m²/卷)	公称面积	10,15			10,7.5			7.5		
	偏差	±0.1			±0.1			±0.1		
单位面积质量/(kg/m²)		3.3	3.5	4.0	4.3	4.5	5.0	5.3	5.5	6.0
厚度/mm	平均值	3.0			4.0			5.0		
	最小单值	2.7			3.7			4.7		

(2) APP 改性沥青防水卷材。APP 是塑料无规聚丙烯的代号。APP 改性沥青防水卷材指采用 APP 塑性材料作为沥青的改性材料。聚丙烯可分为无规聚丙烯、等规聚丙烯和间规聚丙烯三种。在改性沥青防水卷材中应用较多的为廉价的无规聚丙烯,它是生产等规聚丙烯的副产品,是改性沥青用树脂与沥青共混性最好的品种之一,有良好的化学稳定性,无明显熔化点,在 165~176℃ 呈黏稠状态,随温度的升高黏度下降,在 200℃ 左右流动性最好。APP 材料的最大特点是分子中极性碳原子少,因而单键结构不易分解,掺入石油沥青后,可明显提高其软化点、延伸率和粘结性能。其软化点随 APP 的掺入比例增加而增高,因此能够提高卷材耐紫外线照射性能,具有耐老化性优良的特点。

APP 改性沥青防水卷材具有多功能性,适用于新、旧建筑工程、腐殖质土下防水层、碎石下防水层、地下墙防水等,广泛用于工业与民用建筑的屋面和地下防水工程,以及道路、桥梁建筑的防水工程,尤其适用于较高气温环境和高湿地区建筑工程防水。

3) 合成高分子防水卷材

以合成橡胶、合成树脂或此两者的共混体为基料,加入适量的化学助剂和填充料等。经不同工序加工而成可卷曲的片状防水材料;或把上述材料与合成纤维等复合形成两层或两层以上可卷曲的片状防水材料,包括橡胶系防水卷材、塑料系防水卷材和橡胶塑料共混系防水卷材三类。

总体来说,合成高分子防水卷材具有以下特点。

(1) 拉伸强度高:合成高分子防水卷材的拉伸强度都在 3MPa 以上,最高的拉伸强度可达 10MPa 左右,可以满足施工和应用的实际要求。

(2) 断裂伸长率高:合成高分子防水卷材的断裂伸长率都在 100% 以上,有的高达 500% 左右,可以较好地适应建筑工程防水基层伸缩或开裂变形的需要,确保防水质量。

(3) 抗撕裂强度高:合成高分子防水卷材的撕裂强度都在 25kN/m 以上。

(4) 耐热性能好:合成高分子防水卷材在 100℃ 以上的温度条件下,一般都不会流淌和产生集中性气泡。

(5) 后期收缩大:大多数合成高分子防水卷材的热收缩和后期收缩均较大,常使卷材防水层产生较大内应力加速老化,或产生防水层被拉裂、搭接缝拉脱翘边等缺陷。

(6) 低温柔性好:一般都在 -20℃ 以下,如三元乙丙橡胶防水卷材的低温柔性在 -45℃ 以下,因此高分子防水卷材在低温条件下使用时,可提高防水层的耐久性,增强防水层的适应能力。

（7）耐腐蚀能力强：合成高分子防水卷材的耐臭氧、耐紫外线、耐气候等能力强，耐老化性能好，延长防水耐用年限。

（8）施工技术要求高：需熟练技术工人操作。与基层完全粘结困难，搭接缝多，易产生接缝粘结不善产生渗漏的问题，因此宜与涂料复合使用，以增强防水层的整体性，提高防水的可靠度。

2. 防水涂料

防水涂料是指常温下呈黏稠状液体，用刷子、滚筒、刮板、喷枪等工具涂刮或喷涂于基面，经溶剂（水）挥发或反应固化后的涂层具有防水抗渗功能的涂料，在基层上固化后形成的涂层称为涂膜防水层。与卷材相比，涂膜防水层的整体性好，防水涂料施工简便，对不规则基层和复杂节点部位的适应能力强。各类型防水涂料见表7-4，表7-5为常见防水涂料的特性及用途。

表 7-4　防水涂料种类

类　别		材　料　名　称
沥青基类	溶剂型	沥青涂料
	水乳型	石灰膏乳化沥青、水性石棉沥青、乳化沥青、黏土乳化沥青
高聚物改性沥青类	溶剂型	氯丁橡胶沥青类、再生橡胶沥青类
	水乳型	水乳型氯丁橡胶沥青类、水乳型再生橡胶沥青类
	热熔型	SBS改性沥青防水涂料
合成树脂类	单组溶剂型	丙烯酸酯类
	单组水乳型	丙烯酸酯类
	单组反应型	焦油环氧树脂类
	双组分反应型	环氧树脂类、焦油环氧树脂类
合成橡胶类	单组溶剂型	氯磺化聚乙烯橡胶类、氯丁橡胶类
	单组水乳型	氯丁、丁苯、丙烯酸酯、硅橡胶
	单组反应型	聚氨酯类
	双组分反应型	聚氨酯类、焦油聚氨酯类、沥青聚氨酯类、聚硫橡胶
水泥类		聚合物水泥类、无机盐水泥类

表 7-5　常见防水涂料的特性及用途

名　称	特　性	适用范围	类　型
沥青防水涂料	工地配制简单方便、价格低廉	用于防水等级为Ⅲ、Ⅳ级的屋面	水性涂料
氯丁橡胶沥青防水涂料	阳离子型，强度较高，耐候性好，无毒，不污染环境，抗裂性好，操作方便	用于Ⅱ、Ⅲ、Ⅳ级的屋面	水乳型高聚物改性沥青防水涂料
再生橡胶沥青防水涂料	与水乳型涂料比较，防水涂层结膜密实，干固快，耐水抗渗性好，价格低廉	适于寒冷地区的Ⅱ、Ⅲ级屋面	溶剂型高聚物改性沥青防水涂料

续表

名 称	特 性	适用范围	类 型
焦油聚氨酯防水涂料	弹性好,伸长率大,对基层开裂适应性好,具有一定的耐候性、耐油性、耐磨性、不燃烧及耐碱性,与基层粘结性良好,价格较低	单独用于Ⅱ、Ⅲ级的屋面防水	反应型合成高分子防水涂料
丙烯酸酯防水涂料	涂膜有良好的粘结性、防水性、耐候性、无污染、无毒、不燃,以水为稀释剂,施工方便,且可调制成多种颜色	适用于有不同颜色要求的屋面,宜涂覆于各种新旧防水层上	挥发型防水涂料

3. 建筑密封材料

建筑密封材料是建筑工程施工中不可缺少的一类材料,用以处理建筑物的各种缝隙进行填充,并与缝隙表面很好地结合成一体,实现缝隙密封的材料。一般可分为三大类:无定型密封材料(密封膏)、定型密封材料(止水带、密封圈、密封件等)、半定型密封材料(密封带、遇水膨胀止水条等)。

下面主要介绍工程中常见无定型密封材料建筑密封膏。

1) 建筑密封膏

建筑密封膏是一种使用时为可流动或可挤注的不定型的膏状材料,应用后,可在一定的温度条件下(一般为室温固化型)通过吸收空气中的水分进行化学交联固化,或通过密封膏自身含有的溶剂、水分挥发固化,形成具有一定形状的密封层。

建筑密封膏主要用于建筑物的缝隙密封处理。外墙板缝的密封,窗、门与墙体连接部位的密封。屋面、厕浴间、地下防水工程节点部位的密封,卷材防水层的端部密封,以及各种缝隙及裂缝的密封。

2) 特点与用途

工程中常见建筑密封膏的性能与用途见表7-6。

表7-6 常见建筑密封膏的性能与用途

种 类	性 能	用 途
聚氨酯密封膏	具有很好的强度、延伸率、弹性、很强的适应变形能力以及优秀的密封性能	一般用于建筑物非外露部位
丙烯酸酯密封膏	耐候性好,粘结效果好,可在潮湿基面施工	一般多用于外墙板缝等部位的密封
硅酮密封膏	拉伸模量较高、粘结性能好、固化速度快	适用于玻璃、幕镜、大型玻璃幕墙等接缝密封
聚硫密封膏	耐油性能和耐老化性能很好、强度高、气密性、水密性均好、粘结性能可靠	一般建筑、土木工程的各种接缝密封

7.1.2 刚性防水材料

1. 防水混凝土

防水混凝土为在0.6MPa以上水压下不透水的混凝土,它是通过调整混凝土的配合比或掺加外加剂、钢纤维、合成纤维等,并配合严格的施工及施工管理,减少混凝土内部的空隙率或改变孔隙形态、分布特征,从而达到防水(防渗)的目的。一般分为以下三类。

(1) 普通防水混凝土:所用原材料与普通混凝土基本相同,但两者的配制原则不同。普通防水混凝土主要借助于采用较小的水灰比,适当提高水泥用量、砂率(35%~40%)及灰砂比,控制石子最大粒径,加强养护等方法,以抑制或减少混凝土孔隙率,改变孔隙特征,提高砂浆及其与粗骨料界面之间的密实性和抗渗性。普通防水混凝土一般抗渗压力可达0.6~2.5MPa,施工简便,造价低廉,质量可靠,适用于地上和地下防水工程。

(2) 外加剂防水混凝土:在混凝土拌合物中加入微量有机物(引气剂、减水剂、三乙醇胺)或无机盐(如氯化铁),以改善其和易性,提高混凝土的密实性和抗渗性。引气剂防水混凝土抗冻性好,能经受150~200次冻融循环,适用于抗水性、耐久性要求较高的防水工程。减水剂防水混凝土具有良好的和易性,可调节凝结时间,适用于泵送混凝土及薄壁防水结构。三乙醇胺防水混凝土早期强度高,抗渗性能好,适用于工期紧迫、要求早强及抗渗压力大于2.5MPa的防水工程。氯化铁防水混凝土具有较高的密实性和抗渗性,抗渗压力可达2.5~4.0MPa,适用于水下、深层防水工程或修补堵漏工程。

(3) 膨胀水泥防水混凝土:利用膨胀水泥水化时产生的体积膨胀,使混凝土在约束条件下的抗裂性和抗渗性获得提高,主要用于地下防水工程和后灌缝。

2. 防水砂浆

防水砂浆是通过提高砂浆的密实性及改进抗裂性以达到防水抗渗的目的,主要用于不会因结构沉降,温度、湿度变化以及受振动等产生有害裂缝的防水工程。用作防水工程中防水层的防水砂浆有以下三种。

(1) 刚性多层抹面的水泥砂浆:由水泥加水配制的水泥素浆和由水泥、砂、水配制的水泥砂浆,将其分层交替抹压密实,以使每层毛细孔通道大部分被切断,残留的少量毛细孔也无法形成贯通的渗水孔网。硬化后的防水层具有较高的防水和抗渗性能。

(2) 掺防水剂的防水砂浆:在水泥砂浆中掺入各类防水剂以提高砂浆的防水性能,常用的掺防水剂的防水砂浆有氯化物金属类防水砂浆、氯化铁防水砂浆、金属皂类防水砂浆和超早强剂防水砂浆等。

(3) 聚合物水泥防水砂浆:用水泥、聚合物分散体作为胶凝材料与砂配制而成的砂浆。聚合物水泥砂浆硬化后,砂浆中的聚合物可有效地封闭连通的孔隙,增加砂浆的密实性及抗裂性,从而可以改善砂浆的抗渗性及抗冲击性。聚合物分散体是在水中掺入一定量的聚合物胶乳(如合成橡胶、合成树脂、天然橡胶等)及辅助外加剂(如乳化剂、稳定剂、消泡剂、固化剂等),经搅拌而使聚合物微粒均匀分散在水中的液态材料。常用的聚合物品种有有机硅、阳离子氯丁胶乳、乙烯-聚醋酸乙烯共聚乳液、丁苯橡胶胶乳、氯乙烯-偏氯化烯共聚乳液等。

7.2 屋面防水工程

屋面是建筑物屋顶的表面,它主要是指屋脊与屋檐之间的部分,这一部分占据了屋顶的较大面积,或者说屋面是屋顶中面积较大的部分。屋面一般包含混凝土现浇楼面(结构层)、水泥砂浆找平层、保温隔热层、防水层、水泥砂浆保护层及避雷措施等,特殊工程时还有瓦面的施工。

本节主要对屋面防水层做详细讲解,只简单介绍屋面其他层的做法。

7.2.1 结构层

结构层是楼板层的承重部分,包括板、梁等构件。结构层承受整个楼板层的全部荷载,并对楼板层的隔声、防火等起主要作用。

7.2.2 找平层

找平层是在结构层上整平、找坡或加强作用的构造层。找平层采用水泥砂浆或水泥混凝土铺设。找平层的施工方法如下:找平层应设分格缝,缝的间距不宜大于6m。找平层表面平整度的允许偏差为5mm。铺设找平层前将保温层清理干净,保持湿润。铺设时,应按先远后近、由高到低的程序进行。采用水泥砂浆找平时,收水后应二次压光,充分养护。铺设找平层12h后,洒水养护7～10d。

7.2.3 保温隔热层

屋面保温隔热层的作用:减弱室外气温对室内的影响,或保持因采暖、降温措施而形成的室内气温。对保温隔热所用的材料,要求相对密度小、耐腐蚀并有一定的强度。常用的保温隔热材料有石灰炉渣、水泥珍珠岩、加气混凝土和微孔硅酸钙等,还有预制混凝土板架空隔热层。保温层一般分为正置式保温层和倒置式保温层两种。

1. 正置式保温层

保温层设置在防水层下面,是传统屋面构造做法。传统屋面隔热保温层的选材一般为珍珠岩、水泥聚苯板、加气混凝土、陶粒混凝土、聚苯乙烯板(EPS)等材料。这些材料普遍存在吸水率大的问题,吸水后大大降低了保温隔热性能,无法满足隔热的要求,所以一定要将防水层做在其上面,防止水分的渗入,保证隔热层的干燥,方能隔热保温。

2. 倒置式保温层

所谓倒置式保温层,即把传统屋面中,防水层和隔热层的层次颠倒,防水层在下面,保温隔热层在上面。与传统施工法相比,该工法能使防水层无热胀冷缩现象,延长了防水层的使用寿命;同时,保温层对防水层提供一层物理性保护,防止其受到外力破坏。

7.2.4 防水层

根据建筑物的重要性,屋面防水的等级要求见表7-7。

1. 刚性防水层

刚性屋面适用于防水等级为Ⅰ～Ⅲ级的屋面防水;不适用于设有松散材料保温层的屋面以及受较大振动或冲击的和坡度大于15%的建筑屋面。刚性屋面的施工要结合实际情况采用刚柔结合的施工方法进行。下面主要介绍细石混凝土防水层的施工方法,图7-1为细石混凝土防水层的构造。

表 7-7 屋面防水的等级

防水等级	建筑物类别	合理使用年限	备注
Ⅰ级	特别重要,对防水有特殊要求的工程	25 年	如国家级国际政治活动中心,国家级博物馆、档案馆,国际机场,重要纪念性建筑,像人民大会堂、钓鱼台国宾馆、国家图书馆、故宫博物院等
Ⅱ级	重要的建筑和高层建筑	15 年	城市中较大型的公共建筑、重要的博物馆、图书馆、医院、星级宾馆、影剧院、会堂、车站、大型厂房、恒温恒湿车间、实验室、别墅等,包括超过 12 层的高层建筑
Ⅲ级	一般建筑	10 年	包括一般的工业与民用建筑、普通住宅、一般办公楼、学校、旅馆等
Ⅳ级	临时性建筑	5 年	如简易宿舍、车间、计划改建的临时防水的建筑

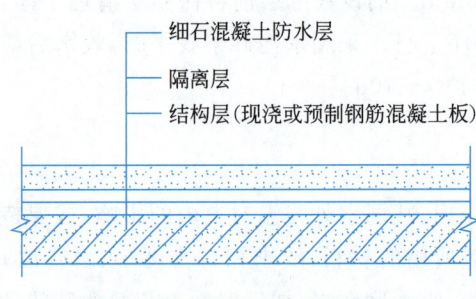

图 7-1 细石混凝土防水层的构造

1) 对材料的要求

(1) 细石混凝土不得使用火山灰质水泥;当采用矿渣硅酸盐水泥时,应采用减少泌水性的措施。粗骨料含泥量不应大于 1%,细骨料含泥量不应大于 2%。

(2) 混凝土水灰比不应大于 0.55;每立方米混凝土水泥用量不得少于 330kg;含砂率宜为 35%~40%;灰砂比宜为 1∶2.5~1∶2;混凝土强度等级不应低于 C20。

(3) 混凝土中掺加的外加剂应有合格证明,并做现场复试后方可使用。外加剂按配合比准确计量,投料顺序得当,并应使用机械搅拌,机械振捣。

2) 施工前准备

(1) 已施工完的结构层、找平层、隔气层、保温层、隔离层应办理完验收手续,伸出屋面的机房、水池、烟囱等已按设计施工完毕。

(2) 基层清理干净,已洒水冲洗、湿润,在女儿墙面四周弹好水平控制线,找好泛水及标高。

(3) 已安装伸出屋面的水管、风管等,并在四周预留分格缝,以便嵌缝;管根部位应用细石混凝土填塞密实,将管根固定。

(4) 夜晚作业时,应落实好照明设施;雨期施工时,应尽量安排在晴天施工,施工时环境温度应在 5~35℃,避免在负温度或烈日暴晒下施工。

3) 施工过程

施工过程如下:基层处理→隔离层施工→立分格缝模板→钢筋网绑扎→浇筑细石混凝

土防水层→振捣滚压抹光→二次压光→拆分格缝模板及边模→三次压光修整分格缝→养护→分格缝内嵌填密封材料。

4) 分格缝留置与要求

(1) 配筋细石混凝土防水层在屋面板支撑端处、屋面转折处、防水层与突出屋面结构的交接处设置分格缝,其纵、横缝的间距不应大于 6m,图 7-2 为刚性屋面的分格缝划分。

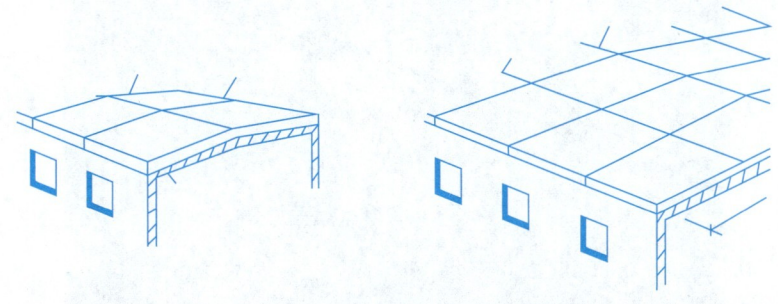

图 7-2 刚性屋面的分格缝划分

(2) 无配筋细石混凝土防水层除在上述部位留置分格缝外,板块中间还需留置分格缝,分格缝最大距离不超过 2m,分格缝深度不小于混凝土厚度的 2/3,缝宽为 10~20mm,缝中嵌填密封材料。

(3) 分格缝截面做成上宽下窄形,采用木板或玻璃条做分格模板,分格缝模板安装位置要准确,并拉通线找直、固定,确保横平竖直,起条时,不得损坏分格缝处的混凝土。

(4) 细石混凝土防水层与女儿墙、山墙交接处施工时,应在离墙 250~300mm 处留置分格缝,缝内嵌硅胶或玻璃胶等密封材料。

(5) 铺设钢筋网时,钢筋网的钢筋规格、间距必须符合设计要求,网片采用绑扎或焊接,分格缝处断开并应弯成 90°,绑扎铁丝收口应向下弯,不得露出防水层表面,钢筋网片必须置于细石混凝土中部偏上位置,保护层厚度应大于 10mm,图 7-3 为某屋面钢筋网铺设。

5) 施工方法

(1) 无筋刚性防水层是在 40mm 厚 C20 细石混凝土内掺加水泥用量 3% 的硅质密实剂,在拍实的找坡层或隔离层上直接做刚性防水板块。板块必须设分格缝,半缝分隔间距为 1.5m×1.5m,全缝分隔间距为不大于 6m,分格缝内分别嵌入 7mm 厚和 20mm 厚专用密封膏(水乳型丙烯酸建筑密封膏),下部用细砂填充。

(2) 配筋刚性防水层是在 40mm 厚 C20 细石混凝土内配置 $\phi6$ 或冷拔 $\phi4$ 的一级钢筋(双向中距 100~200mm),钢筋网片可绑扎(钢丝尾要向下)或点焊,钢筋安放位置以居中偏上为宜,保护层不应小于 10mm 厚。细石混凝土易掺防水剂、减水剂或膨胀剂等外加剂。配筋刚性防水层必须设置分格缝,分格缝间距不大于 6m,钢筋网片在分格缝处应断开。应在浇筑完毕后 6~12h(夏期可缩短至 2~3h)进行养护。浇水养护时间以达到标准条件下养护 28d 强度的 60% 左右为宜,一般不得少于 14d,浇水次数应能保持混凝土处于湿润状态。一般当气温 15℃ 左右,每天浇水 2~4 次;炎热及气候干燥时,应适当增加浇水次数。养护完成后,在分格缝内嵌入 20mm 厚专用密封膏(水乳型丙烯酸建筑密封膏),下部用细砂填充。

图 7-3　某屋面钢筋网铺设

2. 卷材防水层

1) 卷材防水屋面的构造

卷材防水屋面是用胶黏剂将卷材逐层粘结铺设而成的防水屋面,一般由结构层、隔气层、保温层、找平层、防水层和保护层组成,如图 7-4 所示。其中,隔气层和保温层在一定的气温条件和使用条件下可不设。

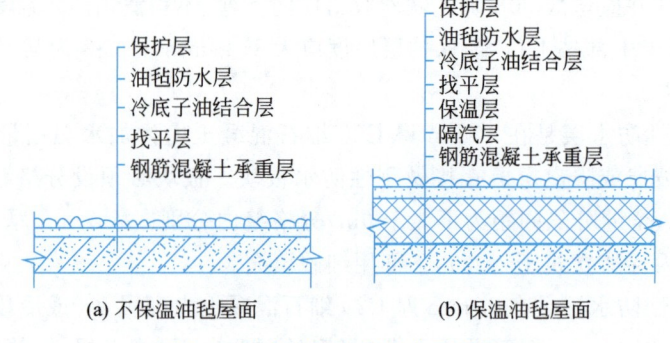

图 7-4　油毡屋面构造层次示意图

2) 施工前准备

(1) 找平层的质量、排水坡度、细部处理应达到相关要求。

(2) 用简易的测试方法检查找平层的干燥度。其方法是用 $1m^2$ 的防水卷材平坦地铺盖在找平层上,静置 3~4h 后掀开检查,找平层覆盖部位与卷材上不见水印就可铺贴防水卷材。

(3) 无保温层的分格缝中,要嵌填好密封材料,有保温层的分格缝兼作排气道时,在分格缝面单边粘贴 200～300mm 宽的防水卷材覆盖。排气道必须纵横贯通,并设置排气孔。

(4) 检查伸出屋面的管道、设备、预埋件等安装质量,基层的孔隙都要灌筑密实。

(5) 检查水平、垂直运输的机具运行正常,道路要畅通。

(6) 脚手架顶端的护栏要绑扎好,屋面洞口的防护设施要达到施工安全规定。

(7) 防止沥青胶在运输和施工时污染外墙装饰,施工前要采取有效的防护措施。

3) 卷材防水层施工

(1) 施工工艺:表 7-8 为卷材防水层的各种施工方法。

表 7-8 卷材防水层施工方法

施工方法	施 工 工 艺
热粘法	采用热玛琋脂进行卷材与基层、卷材与卷材粘结的施工方法
冷粘法	采用胶黏剂或玛琋脂进行卷材与基层、卷材与卷材的粘结,而不需要加热施工的方法
自粘法	采用带有自粘胶的防水卷材,不用热施工,也不需要涂胶粘结材料,而进行粘结的施工方法
热熔法	采用火焰加热器熔化热熔型防水卷材底层的热熔胶进行粘结的施工方法
焊接法	采用热空气焊枪进行防水卷材搭接黏合的施工方法

(2) 铺贴施工流程如下:基层清理→底胶涂布→复杂部位增强处理→卷材表面涂胶晾胶基层表面涂胶晾胶卷材铺贴→排气→压实→卷材接头粘贴→压实→卷材末端收头及封边处理→保护层施工。

(3) 铺贴施工一般要求如下:正确的施工顺序是保证施工质量的首要条件,施工顺序颠倒或安排不妥,必然会造成混乱,给工程施工进度和工程质量带来损害。

卷材铺贴的搭接方向,主要考虑到坡度大或受震动时卷材易下滑,尤其是含沥青(温感性大)的卷材,高温时软化下滑是常有发生的。对于高分子卷材铺贴方向要求不严格,为便于施工,一般顺屋脊方向铺贴,搭接方向应顺流水方向,不得逆流水方向,避免流水冲刷接缝,使接缝损坏。垂直屋脊方向铺卷材时,应顺大风方向。当卷材叠层铺设时,上、下层不得相互垂直铺贴,以免在搭接缝垂直交叉处形成挡水条,卷材铺贴搭接方向见表 7-9。

表 7-9 卷材铺贴搭接方向

屋面坡度	铺贴方向和要求
>3%	卷材宜平行屋脊方向,即顺平面长向为宜
3%～15%	卷材可平行或垂直屋脊方向铺贴
>15%或受震动	沥青卷材应垂直屋脊铺,改性沥青卷材宜垂直屋脊铺;高分子卷材可平行或垂直屋脊铺
>25%	应垂直屋脊铺,并应采取固定措施,固定点还应密封

屋面卷材防水层施工时,应先做好节点、附加层和屋面排水比较集中等部位的处理;然后由屋面最低处向上施工。铺贴天沟、檐沟卷材时,宜顺天沟、檐沟方向减少卷材的搭接。当铺贴连续多跨的屋面卷材时,应遵循先高跨后低跨、先远后近的次序。铺贴卷材应采用搭接法。平行于屋脊的搭接缝,应顺流水方向搭接;垂直于屋脊的搭接缝,应顺年最大频率

风向搭接。叠层铺贴的各层卷材,在天沟与屋面的交接处,应采用叉接法搭接,搭接缝应错开;搭接缝宜留在屋面或天沟侧面,不宜留在沟底。上、下层及相邻两个卷材的搭接缝应错开,各种卷材的搭接宽度应符合规范要求。天沟、檐沟、檐口、泛水和立面卷材收头的端部应裁齐,塞入预留凹槽内,用金属压条钉压固定,最大钉距不应大于900mm,并用密封材料嵌填封严。图7-5～图7-7为雨落水口、伸缩缝和阴阳角细部示意图。

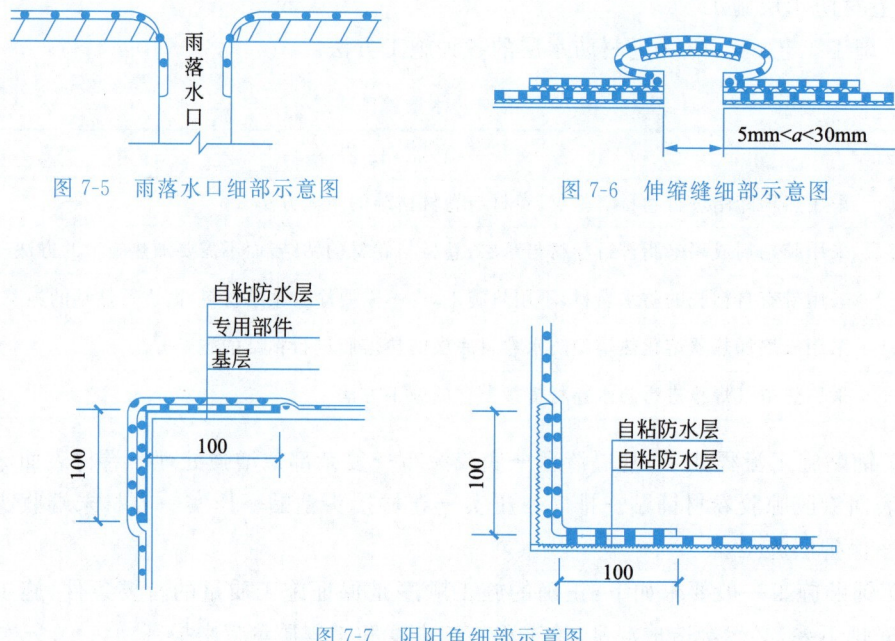

图7-5 雨落水口细部示意图　　图7-6 伸缩缝细部示意图

图7-7 阴阳角细部示意图

7.3 卫生间防水工程

卫生间楼面防水是建筑防水的重要组成部分,是保证房屋基本使用活动和居住的前提条件。

1. 材料选择

由于卫生间一般面积较小,管道口众多,卫生间防水都采用防水涂料,主要有聚氨酯涂膜、氯丁胶乳沥青防水涂料、硅橡胶防水涂料和SBS弹性沥青涂料。下面以聚氨酯涂膜施工为例。

2. 施工前准备

(1) 厕浴间楼地面垫层已完成,穿过厕浴间地面及楼面的所有立管、套管已完成,并已固定牢固,经过验收。管周围缝隙用1:2:4豆石混凝土填塞密实(楼板底需吊模板)。

(2) 厕浴间楼地面找平层已完成,标高符合要求,表面应抹平压光、坚实、平整,无空鼓、裂缝、起砂等缺陷,含水率不大于9%。

(3) 找平层的泛水坡度应在2%(即1:50),不得局部积水,与墙交接处及转角处、管根部位,均要抹成半径为100mm的均匀一致、平整光滑的小圆角,要用专用抹子。凡是靠墙的管根处,均要抹出 5%(1∶20)坡度,避免此处积水。

(4) 涂刷防水层的基层表面,应将尘土、杂物清扫干净,表面残留的灰浆硬块及高出部分应刮平、扫净。对管根周围不易清扫的部位,应用毛刷将灰尘等清除,如有坑洼不平处或阴阳角未抹成圆弧处,可用众霸胶∶水泥∶砂=1∶1.5∶2.5 砂浆修补。

(5) 基层做防水涂料之前,在突出地面和墙面的管根、地漏、排水口、阴阳角等易发生渗漏的部位,应做附加层增补。

(6) 厕浴间墙面按设计要求及施工规定(四周至少上卷 300mm)有防水的部位,墙面基层抹灰要压光,要求平整,无空鼓、裂缝、起砂等缺陷。穿过防水层的管道及固定卡具应提前安装并在距管 50mm 范围内凹进表层 5mm,管根做成半径为 10mm 的圆弧。

(7) 根据墙上的+0.5m 水平控制线,弹出墙面防水高度线,标出立管与标准地面的交界线,涂料涂刷时要与此线平。

(8) 厕浴间做防水之前,必须设置足够的照明设备(安全低压灯等)和通风设备。

(9) 防水材料一般为易燃有毒物品,储存、保管和使用时要远离火源,施工现场要备有足够的灭火器等消防器材,施工人员要着工作服,穿软底鞋,并设专业工长监管。

(10) 环境温度保持在+5℃以上。

3. 施工过程

1) 基层清理

涂膜防水层施工前,先将基层表面上的灰皮用铲刀除掉,用笤帚将尘土、砂粒等杂物清扫干净,尤其是管根、地漏和排水口等部位要仔细清理。如有油污时,应用钢丝刷和砂纸刷掉。基层表面必须平整,凹陷处要用水泥腻子补平,如图 7-8 所示。

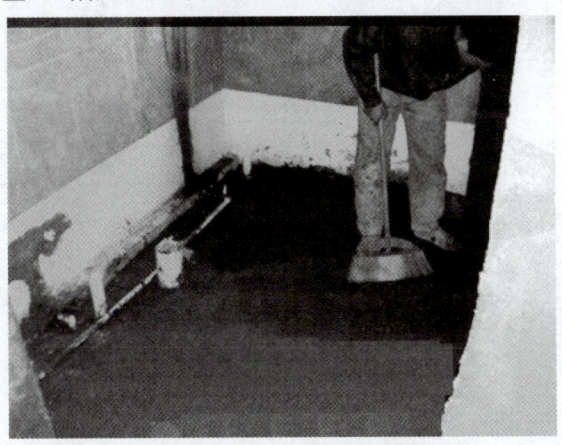

图 7-8 工人正在进行基层清理

2) 细部附加层施工

(1) 打开包装桶后,先搅拌均匀。严禁用水或其他材料稀释产品。

(2) 细部附加层施工:用油漆刷蘸搅拌好的涂料在管根、地漏、阴阳角等容易漏水的薄弱部位均匀涂刷,不得漏涂(地面与墙角交接处,涂膜防水上卷墙上 250mm 高)。常温 4h 表干后,再刷第二道涂膜防水涂料,24h 实干后,即可进行大面积涂膜防水层施工,每层附加层厚度宜为 0.6mm。

3）涂膜防水层施工

聚氨酯防水涂膜一般厚度分别为 1.1mm,1.5mm,2.0mm,根据设计厚度不同,可分成两遍或三遍进行涂膜施工,如图 7-9 所示。

图 7-9　工人正在进行现场涂膜

4）防水层细部施工

管根与墙角如图 7-10 所示。地漏处细部做法如图 7-11 所示。门口细部做法如图 7-12 所示。

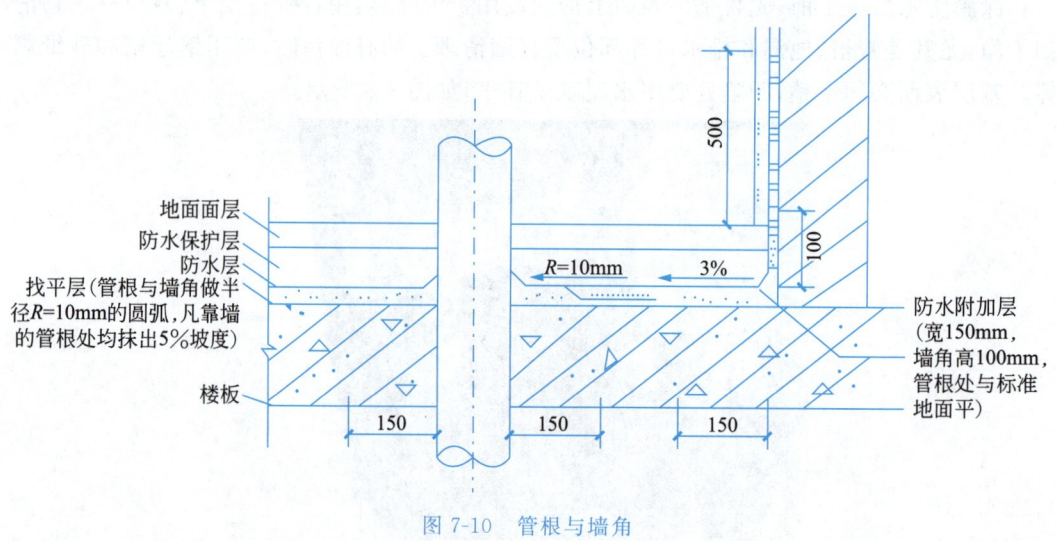

图 7-10　管根与墙角

5）涂膜防水层的验收

根据防水涂膜施工工艺流程,按检验批、分项工程对每道工序进行认真检查验收,做好记录,待合格后方可进行下道工序施工。防水层完成并实干后,对涂膜质量进行全面验收,要求满涂,厚度均匀一致,封闭严密,厚度达到设计要求(做切片检查)。防水层无起鼓、开裂、翘边等问题,且表面光滑。经检查验收合格后,方可进行蓄水试验(蓄水深度高出标准地面 20mm),24h 无渗漏,做好记录,可进行保护层施工。

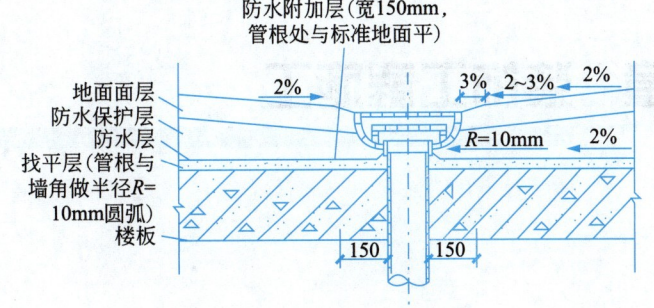

图 7-11　地漏处细部做法

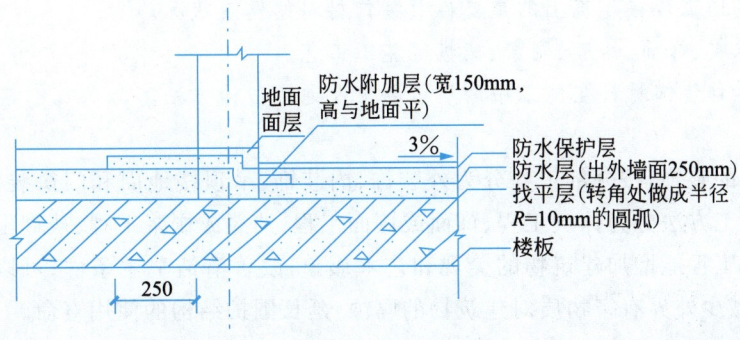

图 7-12　门口细部做法

学习笔记

第 8 章 装饰工程施工

> **教学目标**
> 1. 了解装饰工程在建筑上的重要性及装饰材料的发展状况。
> 2. 熟悉抹灰、饰面、油漆、刷浆、裱糊等施工工艺。
> 3. 掌握各种装饰材料在施工中的质量要求及通病防治方法。

建筑工程的装饰,按分部工程分为外装饰、内装饰、吊顶楼地面和门窗装饰等;按其使用的材料和施工方法分为抹灰工程、饰面或镶面工程、油漆或刷浆工程、裱糊工程等。

建筑装饰工程能增加建筑物的美观和艺术形象;改善清洁卫生条件;可以隔热、隔音、防潮;还可以减少外界有害物质对建筑物的腐蚀,延长围护结构的使用寿命。

建筑装饰工程具有以下特点。

(1) 在同一施工部位,装饰项目繁多,需要的工种也多,要求各道工序搭接严密。这样使施工周期长,装饰工期一般占整个工期的 50%。

(2) 装饰工程的施工,大多是手工操作,工作量大,机械化程度低。

(3) 随着科学技术的发展和人民生活水平的提高,装饰的标准也越来越高,所占工程造价的比重也越来越大。

总之,针对装饰工程的施工工期长、手工操作多,机械化程度低,所耗的劳动量大等特点,且新型装饰材料日新月异,如何在现有基础上,更好地发挥装饰效果,进一步提高经济效益,是工程师应研究的新课题。

8.1 抹 灰 工 程

所谓抹灰工程,就是用砂浆涂抹在建筑物(或构筑物)的墙面、顶棚、楼地面等部位的一种装修工程。按使用的材料和装修的效果,分为一般抹灰和装饰抹灰,如图 8-1 所示。

8.1.1 一般抹灰工程

1. 一般抹灰工程的分类

抹灰工程的抹灰层的组成如图 8-2 所示。

(1) 普通抹灰:由一底一面组成,无中层,也可不分层。适用于简易住房或地下室、储藏室等。

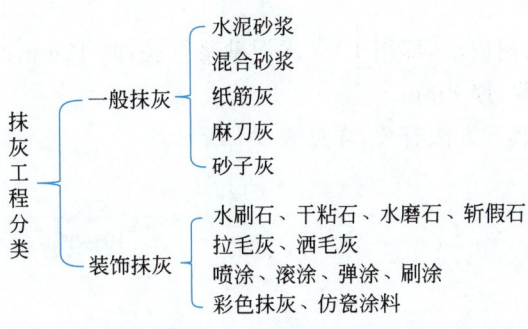

图 8-1 抹灰工程分类

(2) 中级抹灰:由一底层、一中层和一层面层组成。

(3) 高级抹灰:由一底层、数层中层、一面层多遍完成。

2. 一般抹灰的组成

1) 抹灰工程的分层

为确保抹灰粘结牢固,抹面平整,减少收缩裂缝,故抹灰工程是分层进行的。

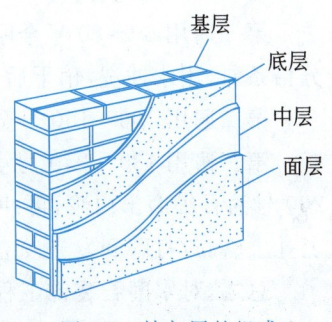

图 8-2 抹灰层的组成

(1) 底层与基层起粘结作用,厚 5~7mm;此外,还起初步找平作用,这就要求基层要达到横平竖直,表面不能凹凸不平,否则,底层的厚度会超过 10mm,不但造成浪费,而且粘结也不牢固。

(2) 中层主要起找平和传递荷载的作用,厚 5~12mm,施工时,要求大面积平整、垂直,表面粗糙,以增加与面层的粘结能力。

(3) 面层厚 2~5mm,主要起装饰作用。室内粉刷还要起反光作用,以增加室内亮度。

2) 抹灰工程的材料

抹灰工程的材料要求如下。

(1) 水泥:常用硅酸盐水泥或白水泥,其标号可用 425 号,但水泥体积的安定性必须合格,否则,抹灰层会起壳、起灰。

(2) 石灰:块状生石灰需经熟化成石灰膏才能使用,在常温下,熟化时间不应少于 15d;用于罩面的石灰膏,在常温下,熟化的时间不得少于 30d。

(3) 砂:抹灰工程用的砂,一般是中砂或中、粗混合砂,但必须颗粒坚硬、洁净,含泥土等杂质不超过 3%。

8.1.2 装饰抹灰

装饰抹灰的底层均用 1:3 水泥砂浆打底,厚 15mm。其面层抹灰的做法各不相同。

1. 水刷石

水刷石装抹灰工程三遍成活,即用 1:3 水泥砂浆打底,厚 12m;中层为素水泥浆一道;面层为 1:1 水泥石米浆,厚 8~12mm,待面层开始终凝时,即一边用棕刷蘸水刷掉面层水泥浆,一边用低压冲水,使石粒外露。要求所用的石料粒径均匀,紧密平整,且为原色石粒。若用染色石粒,随着日晒雨淋,时间一长,会渐渐变浅。

2. 水磨石

水磨石工程也是三遍成活,即用 1∶3 水泥砂浆打底,厚 12mm;中层为素水泥浆一道;面层为 1∶1 水泥石渣浆,厚 8mm。

开磨时间与温度、磨石方法有关,详见表 8-1 所示。

表 8-1　开磨时间

养护温度/℃	5～10	10～20	20～30
机磨/d	5	3	2
手工磨/d	2	1.5	1

磨石分三遍进行。

第一遍用 60～80 号金刚石磨盘,边磨边浇水,粗磨至石子外露,磨平、磨匀、磨出全部分格条,再用水冲洗,稍干后,刷上同色水泥浆一遍,养护 2d。

第二遍用 100～150 号金刚石,磨至表面光滑,用水冲洗,稍干后,上浆补砂眼养护 2d。

第三遍用 180～240 号金刚石,细磨至表面光亮,用水冲洗后,再涂刷草酸,最后用 280 号油石细磨出白浆,再冲水,晾干后打上薄薄一层地板蜡。待地板蜡干后,再在磨石机上扎上磨布,打磨到发光发亮为止。

总之,对水磨石装饰工程的质量要求是表面平整、光滑;石子显露均匀,色泽一致;条位分格准确,且无砂眼、无磨纹、无漏磨之处。

3. 干粘石或干撒石

干粘石或干撒石是三遍成活。底层为 1∶3 水泥砂浆,厚 12mm;中层为 1∶2 或 1∶2.5 水泥砂浆,厚 6mm;面层为素水泥浆,起粘结作用,厚 1mm。

其具体操作是当底层养护 2d 后,浇水湿润抹中层,随即抹面层,同时将石米或有原色的砂子甩粘到面层上,拍实拍平。

其外观效果与水刷石类似,但操作简便、易学、工效高、造价低;碰撞易掉,故离室外地坪高度 1m 以下,不宜采用干粘石。

4. 斩假石

斩假石又叫剁斧石,三遍成活。底层为 1∶3 水泥砂浆,厚 12mm;中层为素水泥浆一道,面层为 1∶2.5 水泥石碴,厚 11mm。

其施工操作如下:当底层养护 1d 后,刷中层,随即抹面层,养护 3～5d 后,即可用剁斧将其表面斩毛。

质量要求是剁的方向要一致,剁纹均匀顺直,深浅一致,质感典雅、庄重、大方,酷似天然石料。

斩假石造价高,工效低,一般用于小面积的装饰工程。

5. 喷涂、滚涂、弹涂和刷涂

喷涂、弹涂、滚涂和刷涂是应用较普遍的外墙面装饰工艺。具有机械化程度高,进度快,且装饰效果好等特点。

1) 喷涂

先用 1∶3 水泥砂浆打底;再用 1∶3 的 107 胶水溶液喷刷一道,作为粘结层;然后用砂浆泵和喷枪将涂料均匀地喷涂在粘结层上,使之成涂层饱满、波纹起伏的"波面",也可喷涂成细碎颗粒的"粒状"。

涂料的配合比如表 8-2 所示。

表 8-2 喷涂砂浆配合比

饰面做法	水泥	颜料	细骨料	甲基硅酸钠	木质素磺酸钙	聚乙烯醇缩甲醛胶	石灰膏	砂浆稠度/cm
波面	100	适量	200	4~6	0.3	10~15	—	13~14
波面	100	适量	400	4~6	0.3	20	100	13~14
粒面	100	适量	200	4~6	0.3	10	—	10~11
粒面	100	适量	200	4~6	0.3	20	100	10~11

2) 滚涂

用刻有花纹的橡胶或泡沫塑料辊子,将带颜色的聚合物水泥砂浆均匀地涂抹在底层上,以形成所设计的图案和花纹。其做法是先用 1:3 水泥砂浆打底,厚 10~13mm;再粘贴分格条;最后用辊子将色浆滚出各种花纹,色浆的质量配合比如表 8-3 所示。

表 8-3 滚涂砂浆配合比

材料	白水泥	水泥	砂子	801 胶	水	颜料
灰色	100	10	110	22	33	
绿色	100	—	100	20	33	氧化铬绿
—	—	100	100	20	33	

3) 弹涂

借助手动或电动弹力器,将有颜色的水泥砂浆弹到墙面上,对于砖砌体的墙面,在打好底层的基础上进行弹涂;对于混凝土或加气混凝土墙面,可直接在基层上进行弹涂。

弹涂的施工工艺过程是基层整平或用 1:3 水泥砂浆打底;刷色浆一道;弹第一道色点;弹第二道色点,并进行局部弹找均匀;最后弹上树脂胶,用于面层保护。

这种装饰是利用弹在墙上的色点,相互衬托,美观大方。其砂浆的质量配合比如表 8-4 所示。

表 8-4 弹涂砂浆配合比

项目	水泥		颜料	水	聚乙烯醇缩甲醛胶
刷底色浆	普通硅酸盐水泥	100	适量	90	20
刷底色浆	白水泥	100	适量	80	13
弹面花点	普通硅酸盐水泥	100	适量	55	14
弹面花点	白水泥	100	适量	45	10

4) 刷涂

将聚合水泥浆直接刷在檐口、腰线、窗套等装饰部位的底层上。待刷浆层干燥后,再刷一遍 30%的甲基硅酸钠水溶液保护层。刷涂用的聚合水泥刷浆,其质量配合比如表 8-5 所示。

表 8-5　刷涂水泥砂浆配合比

做法	水泥	107胶或外用乳液	水	六偏磷酸钠	颜料
头遍浆	106	20	50～60	0.1	适量
二遍浆	100	30	70	0.1	适量

6. 仿瓷涂料

仿瓷涂料是一种新型涂料,代号有用 308 或 888。在砂子灰打底后,用它来罩面,粉刷抹平,表面光滑洁净。它的特点是表面刚度大,像陶瓷一样,因此称为仿瓷涂料。如果有污点,可用湿抹布擦掉。

这种装饰,常用于公共建筑或学生宿舍、教学楼等。

7. 点状涂料

点状涂料是采用喷涂工艺施工而成,其配合比如下。

- 底层:涂料:硬化剂＝7:1。
- 中层:涂料:水＝10:1。
- 面层:合成树脂涂料:合成树脂溶剂＝6:4。

点状涂料广泛用在我国高级建筑中的会议室、图书馆、宾馆、体育馆、商场等公共场所的内墙面,是一种质感强、美观大方、经久耐用、施工方便、工序简单、干燥较快、装饰效果好的涂料。

8. 新型迪诺瓦涂料

迪诺瓦(Dinoval)系列涂料是我国引进的一种水性中高档建筑涂料,一般是在水泥砂浆表面做"一底二面"涂层。

1) 底涂

底面处理剂无毒无害,可用水稀释。目前有两种底面处理剂,可根据不同基层的特点和要求选用。

(1) 高渗透型底面处理剂(SSD-300)。可用 2:1 加水稀释,渗透力强,既可用于内墙底面处理,又可用于外墙底面处理。

(2) 高浓缩型底面处理剂(SSD-301)。可用 1:4 加水稀释,被稀释能力强,一般用于建筑物的内墙,也可视基层情况而用于外墙。

不论哪种底面处理剂,其主要作用如下。

(1) 加固基层,减轻风化、起粉、酥松现象的出现。

(2) 降低基层的吸水能力,使之具有憎水性。

(3) 能透过基层一定深度,形成干燥层,既可阻碍外部水分的浸入,又可阻碍内部可溶性化学物质的透出。

(4) 具有较高的透气性,使基层内的水分蒸发出去。

(5) 增强面层涂料与基层的粘结力。

2) 中涂和面涂

外墙乳胶漆 SSD-110(Dinoval),是一种兼具无机硅酸盐和有机乳胶型两类涂料性能的特种外墙涂料。它不仅适用于新建筑物的涂装,也对老建筑物的整新和保护起到了良好的效果。

这种料的透气性高,墙体内部的湿气可通过此涂层顺利地散发于大气之中。

SSD-110 外墙乳胶漆的涂层表面具有细腻、填充性好、遮盖力强的优点,且耐久性很好,在日晒、雨淋、冰冻之下以及大气中腐蚀介质的侵蚀,依然能保光保色,不剥落,耐污染、耐酸碱、耐霉变,其耐用期可达 10~15 年。

施工方便,可滚、喷或涂刷,但要求水泥砂浆基层一定要抹光、压平;还要在干燥之后才能进行涂层施工。

9. 高级高弹性迪诺瓦系列外墙乳胶漆 SSD-120(Dinogarant Multi-TOP)

它除具有掩盖墙体裂缝的特殊功能,可长期在 $-20℃\sim+80℃$ 的室外气温范围内保持高强性外,还具有耐污性、拒水性、透气性和抗混凝土碳化的功能。这种涂料无毒无味,施工方便,可采用滚、喷、刷等工艺施工。

(1) 对于砂浆或混凝土为基层的细微裂缝外墙面,其涂层做法如下。

① 底涂。SSD-300 高渗透型底面处理剂加水 50%,待稀释均匀后涂刷于基层。

② 中涂和面涂。用 SSD-120 型高弹性外墙乳胶漆,用量约为 $220mL/m^2$。

(2) 对于基层出现毛细裂缝或轻微伸缩裂缝的外墙面,其涂层做法如下。

① 底涂和面涂同上面所述,只是中涂用迪诺瓦专用拉毛辊具滚涂,涂料用量约为 $500mL/m^3$。

② SSD-130(Streichfveller)厚质砂壁状涂料,是以丙烯酸乳液为基料,含细小石英砂为骨料的内、外墙装饰涂料,能用水稀释,无毒无害。施工简便,涂层饱满,耐久性、填充性好,纹理质感强,粘结牢固。

③ 内墙涂料,如 SSD-200 型,高级丝光内墙面乳胶漆,其涂层细腻、柔滑,不仅典雅高贵,而且经久耐用,广泛用于卫生要求高的墙面,如医院、食品车间、餐饮等公共场所。此外,还有 SSD-210 型高级亚光内墙乳胶漆及 SSD-211 型亚光内墙乳胶漆。

(3) 多功能高弹性外墙涂料施工注意事项如下。

① 混凝土基层或墙面抹的水泥砂浆面的含水量一定要少于 10%,pH 值小于 10 时方可施工。此外,还要严防假冒、伪劣产品,否则会造成外墙的灰尘,不易被雨水冲刷掉而污染墙面,使其不美观。

② 当平均气温在 5℃ 以下,湿度在 80% 以上,或天气预报有下雨的可能,以及会有强风的情况下,不宜施工。

③ 当第一遍滚涂 8h 后,再均匀地滚涂第二遍。

8.1.3 抹灰工程的机械喷涂

对于专业施工队伍进行抹灰,常用机械喷涂,它的优点是可以减轻劳动强度,提高工效,缩短工期,还能保证质量;缺点是落地灰多,需清理。

1. 机械化喷涂抹灰的原理

所谓机械喷涂,就是把拌好的砂浆,经过筛过滤后倾入砂浆泵,用管道送入喷枪,再借助空气压缩机的压力,均匀地喷涂在建筑物的抹灰底层上,最后搓平压实,完成全部面层的喷涂程序。

2. 主要机械设备

机械化喷涂抹灰的主要机械设备,由组装车(图8-3(a))和输浆管(图8-3(b))及喷枪(图8-3(c))等组成。

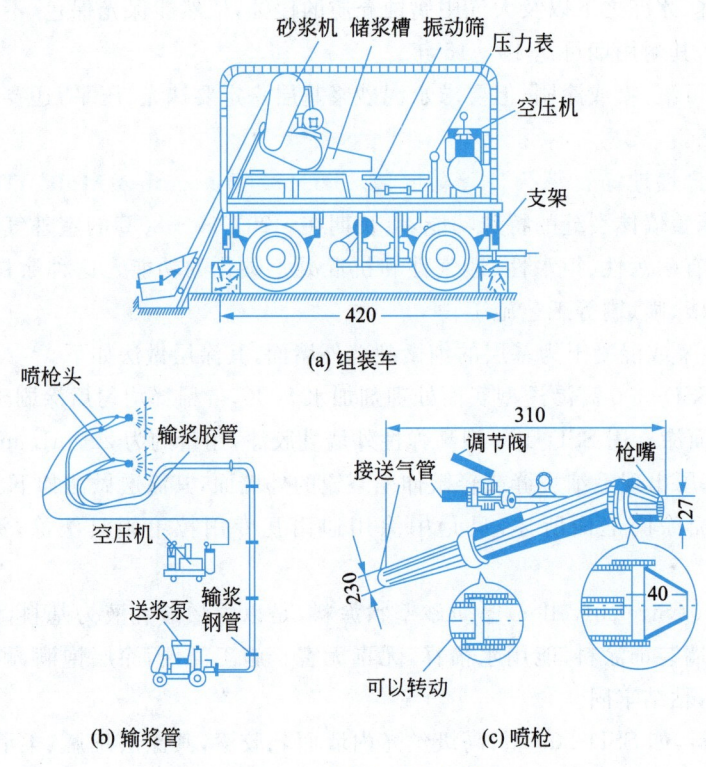

图 8-3 喷涂机械示意图

3. 喷涂抹灰施工

1) 外墙面喷涂施工

在用1∶1∶6的水泥、石灰膏、砂子调拌的砂浆打底后,再用1∶0.5∶4的水泥、石灰、砂浆罩面后,最后喷涂。喷涂时,先从窗边缘20mm处开始,自上而下,均匀喷涂。

2) 内墙面喷涂施工

在底层上冲筋,以控制喷灰层的厚度。喷涂时,自上而下成"S"形来回喷涂。

3) 顶棚喷涂施工

在打好底子灰后,自门洞口开始,采用"S"形来回喷涂。

8.2 饰面工程

所谓饰面,即用天然石材饰面板、人造石材饰面板或各种饰面砖镶贴在基层上的高级建筑装饰。

8.2.1 饰面用材的质量要求

常用的饰面材料,如图8-4所示。

无论采用哪种饰面材料,除品种、规格、图案等要符合设计要求外,还要求其表面平整,不得有隐伤、风化;几何尺寸准确,边缘整齐,棱角分明;面层洁净,颜色一致。

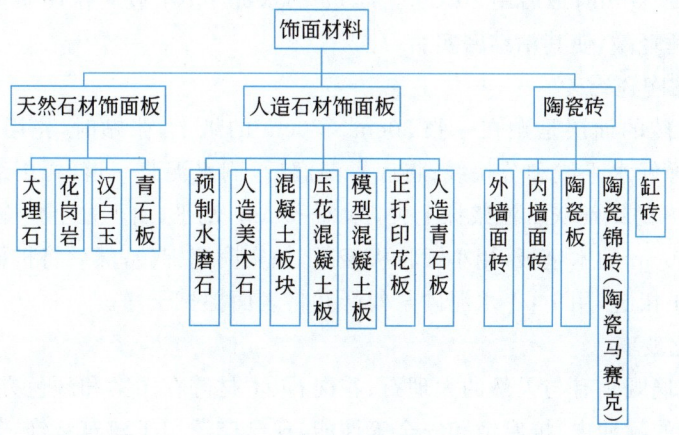

图8-4 饰面材料的种类

8.2.2 饰面工程的施工

饰面工程的施工是将块材面料镶贴在基层上,其种类繁多,按其分部工程的分类,有墙面饰面和楼地面饰面。

1. 墙面饰面的施工

1) 大理石、花岗石镶贴墙面

先用1∶3水泥砂浆打底,刮平、划毛;将花岗石块或大理石块的四个角钻成小孔,用8号镀锌钢绳扎牢;就位后,用木槌轻敲使其平整;再以小碗用水调石膏粉,粘在4块板相邻的角上,以作临时固定;最后用1∶2.5水泥砂浆分次灌注,每次灌注高度不超过30cm;待水泥砂浆凝固后,再用水润湿临时固定的石膏粉,然后铲除,如图8-5所示。

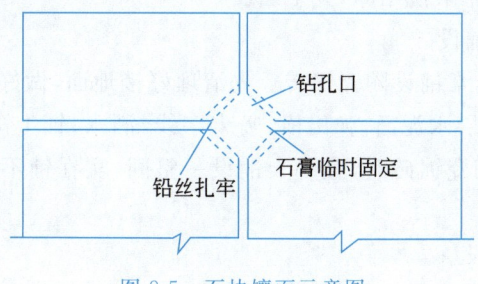

图8-5 石块镶面示意图

2) 镶贴瓷砖墙面

先用1∶3水泥砂浆打底,刮平、划毛;选择规则整齐划一的瓷砖;在墙面的底层上划出纵、横皮数线,定出水平标准;再镶贴瓷砖。在镶贴时,一定要注意对湿润部位或被水浸泡的部位,用1:2～1:1.5的水泥砂浆镶贴;对其他部位的瓷砖,则用1:0.3:3混合灰涂在瓷砖的背面,贴在墙上,并用木槌轻敲,以便使灰浆挤满。

3) 外墙面镶贴面砖

先用1:3水泥砂浆打底、抹平、划毛;弹上纵横皮数线;待基层凝固后,再刷107水泥浆胶黏结层,厚2～3mm;最后用10:0.5:2.5的水泥:107胶:水的质量比混合物粘贴面砖,并用橡皮锤轻敲,使其粘结密实。

4) 墙面镶贴陶瓷锦砖

因为陶瓷锦砖的面层是贴在一张30cm×30cm的纸上,张贴时,先用1:3水泥浆打底,刮平,划毛;弹好水平线和分块线;将底子湿润后,刷水泥浆一道,再用纸筋:石灰膏:水泥浆=1:1:8的纸筋灰水泥浆抹上去,厚2～3mm,刮平;由下往上贴陶瓷锦砖,用能放下4张30cm×30cm的木垫板,用小锤将板轻敲,拍实陶瓷锦砖;然后将护面纸用软毛刷润湿揭开;最后拨正扭缝,用1:1水泥砂浆勾严并将表面擦拭干净。

5) 彩釉钢化玻璃

彩釉钢化玻璃既具有与天然的大理石、花岗石、木材等在图案和颜色方面的一般性能,又具有钢化玻璃的耐冲击、抗腐蚀和安全等性能,现已广泛用于建筑装饰,如幕墙、内隔墙、装饰玻璃等。其主要技术指标如下。

(1) 单片玻璃厚度:3～19mm。

(2) 单片玻璃尺寸:最大为2100mm×3600mm,误差为±1mm。

(3) 形状:直线或异形。

(4) 彩釉颜色:可任意套色。

(5) 耐酸、碱;耐高湿、高温。

2. 楼地面饰面的施工

1) 预制水磨石、大瓷砖、花岗石、大理石地面的铺设

先扫一层水泥浆,弹好横、竖"十"字线,铺以干硬性水泥砂浆厚30mm;进行试铺。合格后,翻松砂浆,浇水,并撒一层水泥以干面;正式铺设时,应使横竖缝对直,图案符合设计要求,并用木槌轻敲,使之平稳,粘结密实。铺好后,3～4d内不能上人,因为下面的水泥砂浆未凝固。交工时,先用草酸洗干净,并上蜡。

2) 陶瓷锦砖地面的铺设

对于厕所、浴室地面,常铺设陶瓷锦砖。先清理好楼地面,做好泛水;用1:3水泥砂浆厚20mm抹平,再撒上一层水泥面,弹出横、竖十字线,洒水;铺上陶瓷锦砖,养护3～4d即可。需要注意的是铺设陶瓷锦砖时,宜一天铺设一整间,实在铺不完的,也要将接槎切齐,清理余灰,

3) 小瓷砖地面的铺设

先用1:3水泥砂浆打底,厚7～10mm,刮平,划毛,养护1～2d;弹好横竖皮数线;撒上素水泥一层,洒点水;用1:0.3:3的水泥、石灰膏、砂浆涂抹在瓷砖的背面,作为粘结层,厚7～10mm,一块一块地由前往后退着贴,并用灰铲的木把将瓷砖轻敲,使之粘结层挤密;铺后第三天用1:1水泥砂浆勾缝,并擦拭干净表面。

8.2.3 饰面工程的质量要求

在验收饰面工程的质量时,应检查其材料的品种、规格、颜色、图案以及铺贴的方法是否达到要求;颜色是否均匀一致;线条是否清晰、整齐。总之,无论原材料是饰面板还是饰面砖,都不得有翘曲、空鼓、掉角、裂缝等缺陷;对所施工的饰面表面应平整,几何尺寸应准确,边缘整齐,不得有损坏棱角,更不得出现隐伤或风化,也不得有变色,或颜色深浅不一,或出现污点,或留有砂浆流痕,或光泽受损等;对于有地漏的卫生间、浴室,不得倒泛水;安装板材、块材的铁制锚固件、联结件,应镀锌或做防锈处理;所有饰面的板材或块材,要横平竖直,严防错动位置,不得竖接槎;对于镶贴墙裙、门窗贴脸,其突出墙面的厚度要一致;镶贴时,应从门口开始,中间不得出现半砖;所有饰面板材、块材,与底层要结合牢固,无空鼓。饰面工程质量的允许偏差详见表8-6。

表 8-6 饰面工程允许偏差

项次	项目	天然石材			人造石材		饰面砖			检验方法
		光面镜面	粗磨面、麻面、条纹面	天然面	水磨石	水刷石	外墙面砖	釉面砖	陶瓷锦砖	
1	表面平整	1	3	—	2	4	2			用2m直尺和楔形塞尺检查
2	立面垂直	2	3	—	2	4	2			用2m托线板检查
3	阳角方正	2	4	—	2	—	2			用200mm方尺检查
4	接缝平直	2	4	5	2	4	3	2		5m拉线检查,不足5m拉通线检查
5	墙裙上口平直	2	3	3	2	3	2			
6	接缝高低	0.3	3	—	0.5	3	室内0.5,室外1.0			用直尺和楔形塞尺检查
7	接缝宽度	0.5	1	2	0.5	2	—			用尺检查

8.2.4 饰面工程的通病与防治

1. 饰面工程的通病

(1)空鼓脱落,主要原因如下:①粘结材料的收缩应力大于结构基层的粘结力;②饰面块材背面的微细孔不能将吸入的浆体与粘结层连为一体;③基层与找平层没有可靠的联结。

(2)接缝不平,缝宽不均。主要原因如下:一是没有弹好横竖线;二是材料规格不一;三是次品较多。

(3)表面污染,主要原因如下:一是在运输、存放、包装以及施工过程中,会使板面发生污染;二是吸水率大杂质渗进其内,造成变色或颜色不一致;三是砂浆坠落。

(4)外观不符要求,如有隐伤、风化;色泽不一;翘边、破损、掉色、掉角、裂缝;墙裙、踢脚、门套等表面出墙厚度不一。

(5) 墙面管道周围碎块等。

2. 通病的防治

1) 防治空鼓

防治空鼓的措施如下：粘结砂浆与基层砂浆的标号要基本接近；用于饰面块材粘结砂浆的坍落度不能太小，要有足够的水分让其凝固；粘结砂浆不能太薄，也不能太厚，勾缝要严实。

2) 接缝的毛病

防治接缝主要措施如下：铺贴前，一定要弹好线，并使用水平尺、杠尺进行检查。

3) 表面不净

防治表面污染的措施如下：避免日晒雨淋。如有污染，则用草酸或用10%的稀盐酸溶液刷洗；用清水冲洗，擦干上蜡。

4) 选好块材

对于块材在进行饰面装饰施工之前，一定要按设计图纸要求的规格、品种、颜色、图案、数量先进行试摆。如发现有差错，必须立即纠正；如有规格不一、厚薄不匀、凹凸不平的情况，要将其挑选出来。对那些块材表面有残浆、油渍、泥土灰尘的，要彻底清除干净。

8.3 油漆和刷浆工程

油漆工程是将油质液体涂刷在木材、金属构件的表面上；而刷浆工程是将水质涂料喷刷在抹灰层的表面上。

8.3.1 油漆的种类

1. 常用的建筑装饰传统油漆

常用的建筑油漆如下。

(1) 清油：又名调和油，可作为厚漆（铅油）和防锈漆调配的油料。

(2) 厚漆：又名铅油，有红、白、绿、黑色等。使用时需加清油稀释，多用于刷底漆或调配腻子。

(3) 清漆：不含颜料，以树脂成膜的透明漆，能显示木纹。

(4) 调和漆：有大红奶黄、白、绿、灰、黑色等，用于一般建筑物的门窗涂刷。使用时，可用松节油或200号溶剂汽油稀释。

(5) 磁漆：由清漆加颜料而成，表面呈磁光色彩，耐火耐磨，多用于高档家具和高级建筑的金属表面涂饰。

(6) 乳胶漆：一种用水代溶剂的新型水性涂料，其附着力强，耐碱性好，耐曝晒、耐雨淋、对墙面干燥程度要求不高，多用于涂刷建筑物的各种线条。

(7) 生漆：又名大漆或国漆，即漆树所产之漆。经过加工之后，用于高级建筑或高档家具的表面涂饰。在涂刷施工时，注意生漆的熬制火候，涂刷前，宜在地面洒些水，使之湿润，这样，所涂刷的生漆一般在12h以内即可干固。但要注意，有的人碰上生漆的气味，就会产生皮肤过敏,生漆疮,这类人群最好等漆干且无气味后再使用其家具。

(8) 防锈漆:有油质防锈漆和树脂防锈漆两大类,主要用于金属结构表面涂刷,起防锈作用。樟丹油就是防锈漆的一种,涂刷后,干燥慢;而红丹酚醛防锈漆,涂刷后,干燥快。无论是哪类防锈漆,涂刷后,都具有附着力强、韧性好的特点。

2. 最新开发的建筑油漆

1) 新型建筑外墙装饰油漆

(1) 多彩乳胶漆:有平光、亚光、半光、高光等多种型号,遮盖力强,耐水耐磨。

(2) 彩石漆:高级的外墙室外油漆,使其装饰面具有天然石材质感。

(3) 彩色涂层钢板:我国生产的彩色涂层钢板,已被建筑行业广泛应用,这是因为彩色涂层钢板具有以下优点。

① 强度高:抗拉强度在 300MPa 以上,与传统的钢材相比,节约钢材,减轻结构自重。

② 抗腐蚀性好:在使用年限 50 年左右不生锈。

③ 装饰性好:色彩丰富。

2) 新型的内墙漆及地板漆

(1) 高级内墙乳胶漆:适用于室内墙壁装饰和保护墙面。可用于木墙壁,也可用于砖墙,而且质地柔滑,容易清洁去污。

(2) 高级水晶地板漆:漆膜坚硬、丰满,附着力强,填充性好,耐磨、耐污,抗化学腐蚀,保色性强,分为全光和亚光两大类。全光漆晶莹通透,明亮如镜;亚光漆底蕴含蓄,古朴深沉。

3) 新型建筑装饰底漆

(1) 封固底漆:对于木材存在材质不匀、吐油、松软、难打磨、易变形等问题,先使用这种漆打底,起到改善油漆吸附力的作用。

喷涂后,应置干 3h 以上再轻磨。

(2) 木色底漆:在拉木纹之前使用。不同颜色的木色底漆配合不同颜色的木纹剂,而造出各种颜色的变化。

喷涂后,应置干 3h 以上再打磨。

(3) 透明底漆:达到全封闭的效果,增加油漆的丰满质感。

喷涂后,应置干 3h 以上再打磨。

(4) 防裂油:对于压花或弯曲的部分木器,在着色时,往往会出现局部发黑,光泽颜色不一致的情况。防裂油具有高度的渗透性及封闭作用,除了可以改善着色的光泽均匀,还可以保护木件,使之耐用,更可以提高面漆的丰满感觉。但应置干 12h 以上,才能进行下一道工序。

4) 新型建筑装饰面漆

(1) 耐光变亚光清面漆:漆膜极佳,耐划伤、耐烫伤、耐黄变,不易老化,品质始终如一。

(2) 速干亚面漆:耐污、流平、抗磨,光泽均匀。

(3) 都芳漆:都芳漆是木制品用漆,在施工中,能用水进行稀释,无毒、无味、无刺激性,无腐蚀性、防霉抗湿、耐酸、耐碱,附着力强,目前广泛用于家具、门窗、地板等木制品的装饰,也可用于涂刷金属表面。

(4) 标准面漆:分全光漆和亚光漆两类,全光漆坚固丰满,亚光漆柔和柔顺。两类漆流平性均好。

(5) 有色透明面漆:色泽均匀、柔和、晶种齐全,突出清晰自然的实木效果。

(6) 耐黄变高固含亚光面漆:亚光,其耐污性、耐黄变性、耐磨性均好,光泽均匀,干燥极快。

(7) 高硬度面漆:硬度高,光泽好,漆膜丰厚,能适应不同气候,不同喷涂环境和全天候施工。

(8) 高固分面漆:全光,比一般聚酯漆高出 40% 的固体成分,漆膜特别丰厚,光亮流平性极佳,并且经过特别技术制成,可预防针孔及气泡等现象的出现。

8.3.2 油漆的施工

颜色油漆的施工,按其施工顺序有基层处理、打底子、刮油灰(抹腻子)和涂刷等。

(1) 基层处理:即表面处理。如果是木材,则应清除钉子、油污外,还应削去松动的节疤及脂囊,用腻子满刮裂缝和凹陷处;如果是金属,则应清除表面的油渍、锈斑、焊渣、毛刺等;如果是混凝土,待其凝固后,用砂布磨光,用腻子补平裂缝和孔洞。

(2) 打底子:用清油刷底油一道,其目的是使基层表面能具有均匀的吸色能力,以保证整个油漆面的漆膜连续,色泽均匀一致。

(3) 满刮油灰(或满刮腻子):油灰即桐油拌石灰粉,腻子即用清油或清漆拌石膏粉,加适量的松香水。其目的是使表面坚实牢固,不起皮,无裂缝。待其干后,用砂纸或砂布打磨一遍,满刮油灰或腻子后,再打磨一遍,使其表面平整光滑。

(4) 涂刷油漆:油漆的涂刷方法有刷涂、喷涂、揩涂及滚涂等,可根据所用的油漆的种类采用不同的方法。刷涂是用棕刷蘸油漆涂刷在构、配件的表面,其设备简单,操作方便,比较省油漆;但工效低,工作量大。

8.3.3 油漆工程的质量要求

1. 质量要求

涂刷油漆要分层进行,且每层刷的遍数要多,漆膜越薄越好。其质量要求如表 8-7 和表 8-8 所示。表中的"大面"是指门窗关闭后的里面及外面;"小面"是指门窗开启后,除大面之外的其他部分。

表 8-7 混色油漆表面质量要求

项次	项 目	普通油漆	中级油漆	高级油漆
1	脱皮、漏刷、返锈	不容许	不容许	不容许
2	透底、流坠、皱皮	大面不容许	大面和小面明显处不容许	不容许
3	光亮和光滑	光亮均匀一致	光亮、光滑均匀一致	光亮足,光滑无挡手感
4	分色裹楞	大面不容许,小面容许偏差 3mm	大面不容许,小面容许偏差 2mm	不容许
5	装饰线、分色线平直(拉 5m 线检查)	偏差不大于 3mm	偏差不大于 3mm	偏差不大于 1mm
6	颜色、刷纹	颜色一致	颜色一致、刷纹通透	颜色一致、无刷纹
7	五金、玻璃等	洁净	洁净	洁净

表 8-8　清漆表面质量要求

项次	项　目	中级油漆	高级油漆
1	刷纹、脱皮、斑迹	不容许	不容许
2	木纹	棕眼刮平、木纹清楚	棕眼刮平、木纹清楚
3	光滑和光亮	光亮足、光滑	光亮柔和、光滑无挡手感
4	裹楞、流坠、皱皮	大面不容许、小面明显处不容许	不容许
5	颜色、刷纹	颜色基本一致，无刷纹	颜色一致、无刷纹
6	五金、玻璃	洁净	洁净

2. 安全措施

（1）防火：工地油漆库房要隔绝火源；避免阳光暴晒；操作人员不准吸烟；开启涂料、溶剂桶盖时，不能敲打，以防碰撞与摩擦产生的火花起火。

（2）防毒：工地油漆库房要通风良好，确保有毒溶剂的气化浓度不超过允许值；操作人员必须穿好工作服，戴上手套和口罩，更不得在库房内食用食物。

（3）喷涂用的空压机：压力不得超过规定的极限值；喷枪口不得转向操作人员。

（4）做好接地线：使用的电动工具应做好接地，防止发生事故。

3. 油漆的质量通病与防治

1）流坠

流坠是指涂料在重力作用下产生的流淌。究其原因，大多是黏度过低，蘸料过多，涂膜过厚，或喷的距离不当。

克服流坠的方法如下：操作时，刷毛不要太短，也不要太软；涂刷要迅速、均匀；如果已产生流坠，则在未完全干涸之前，用铲刀将凸出的多余涂料铲除，再满刷涂料一遍。

2）透底

透底是指涂刷得太薄，其原因是涂料调配不均匀；或漏刷或轻刷。要克服透底现象，一要严格控制涂料浓度；二要涂刷均匀。

3）慢干、返粘

超过规定的干固时间而未干，称为慢干。若虽已干固，但其表面仍长期出现粘手现象，称为返粘。

产生慢干、返粘的原因如下：掺有半干或不干性油；熬炼不够；催干剂用量太少；基层有蜡质、油脂、盐、碱等物；基层潮湿未干；漆膜太厚等。

克服慢干、返粘的方法如下：一是选择质量好的油漆；二是将基层清理干净，并控制含水率；三是多刷几遍，每遍漆膜要薄；四是加入适量的催干剂。

4）咬色

当面层油漆成膜后，底层漆膜的颜色渗透到基层上，形成色泽不一致的现象。

出现咬色现象，是因为基层面上有油污或染上颜色；或未干透；或操作时，在深色油漆上加浅色油漆等。

要克服咬色的方法如下：一是在木质表面，刷虫胶清漆一道，以隔离染色剂；二是刷不同颜色油漆时，要遵循由浅而深的顺序进行。

5) 刷纹

所谓刷纹,即在涂刷面层留有涂刷的痕迹。

出现刷纹的原因如下:一是溶剂挥发太快;二是漆刷太小,且刷毛太硬;三是操作不当。

克服刷纹的方法如下:一要选用挥发不太快的溶剂;二要选用刷毛整齐,且又松软的漆刷;三要顺木纹方向平行操作。

6) 发白

发白,也称为"泛白",是由于溶剂挥发太快,空气中湿度太大,且温度低造成的。

7) 失光

漆膜干后有光泽,经过一段时间后,其光泽逐渐消失继而晦暗。这是因为基层粗糙不平,形成漫反射;或涂料质量有问题,含脂量不足。

要克服失光的方法如下:一要选择优良的涂料;二要在满刮油灰的前提下磨光,使基层平整;三要等前一层漆膜干透,再刷下一道漆;四要将失光的漆膜进行远红外线照射,能使失光现象逐渐好转。

8.3.4 刷浆工程

刷浆是将水质涂料喷刷在抹灰层的表面上。建筑上常用的刷浆涂料有:石灰浆、大白粉、可赛银、色浆、水泥色浆、油粉浆、青色浆、红色浆、聚合物水泥浆、106涂料、钙塑涂料等。

1. 刷浆涂料及配制

(1) 106涂料:市场有成品采购。因为质量较好,操作也方便,无毒性,且防水好,涂刷在墙面上之后经久耐用。

(2) 聚合物水泥浆:以水泥为主要胶结材料,掺入107胶,可以改善涂层的强度,韧性好,又可防止开裂和脱落。

2. 刷浆工程的质量要求

在刷浆前,基层表面应平整,清除所有油污及砂浆流痕,保持干净;如表面有裂缝、孔眼,则满刮腻子,并用砂布或砂纸磨平、磨光;刷浆面应干燥。

涂刷时,要求颜色均匀不流坠,不显刷纹,不脱皮,不掉粉,不反碱,不咬色,不漏刷,不透底。其质量要求如表8-9所示。

表8-9 刷浆的质量要求

项次	项目	普通刷浆	中级刷浆	高级刷浆
1	掉粉、起皮	不容许	不容许	不容许
2	漏刷、透底	不容许	不容许	不容许
3	反碱、咬色	容许少量有	容许有轻微少量	不容许
4	喷点、刷纹	2m正视喷点均匀、刷纹通顺	1.5m正视喷点均匀、刷纹通顺	1m正视喷点均匀、刷纹通顺
5	流坠、疙瘩、溅沫	容许少量有	容许有轻微少量	不容许

续表

项次	项　目	普通刷浆	中级刷浆	高级刷浆
6	颜色砂眼	—	颜色一致,容许有轻微少量砂眼	颜色一致,无砂眼
7	装饰线、分色线平直(5m挂线检查)	—	偏差不大于3mm	偏差不大于2mm
8	门、窗、灯具等	洁净	洁净	洁净

8.4　裱糊工程

裱糊工程,是将普通壁纸、塑料壁纸及玻璃纤维墙布,用胶黏剂裱糊在内墙面的一种装饰工程。这种装饰的施工期短,效果好。

8.4.1　对材料的质量要求

裱糊工程所用的材料,主要有普通壁纸、塑料壁纸、玻璃纤维墙布,腻子以及胶黏剂。

1. 壁纸和墙布

无论是壁纸或墙布,都要求洁净,花纹图案清晰。

(1) 普通壁纸是以木浆原纸为基层,涂上聚氯乙烯-醋酸乙烯共聚乳胶,并加入外加剂。其表面印花,纸厚0.9mm,纸重$1.5N/m^2$,纵向抗拉力为70~75N,横向抗拉力为35~40N。

(2) 塑料壁纸是聚氯乙烯树脂与增塑剂、稳定剂、颜料、填料等经过混炼,压延成薄膜,最后与纸基热压复合而成。其耐磨性能好。

(3) 玻璃纤维墙布是以玻璃纤维织成的坯布为基层,再以聚丙烯酸甲乙酯、增稠剂、颜料等制成彩色坯布,经过切边、卷筒而成。

(4) 高级石英纤维壁布是利用天然石英纤维纺纱织成布,无毒无害,可承受碰撞、敲击。透气、抗静电、耐腐,使用年限极长。

施工时,应注意以下几点:

(1) 注意正、反两面不要混淆;

(2) 剪切和粘结前,要进行测量,使宽度和长度得当;

(3) 不得在环境温度低于+8℃的情况下施工;

(4) 墙壁一定要干燥、干净、平整;对于发霉或生菌的墙壁,要做相应的杀菌处理;对于被尼古丁熏黑或变色的墙面,要用特殊的涂料预先处理,然后才能上壁布。

壁纸和墙布施工中常用到以下工具:

(1) 羊毛滚筒刷;

(2) 油漆刷;

(3) 抹勺和刮板以及滚筒压轮;

(4) 切刀、剪刀、钢尺和米尺。

壁纸和墙布施工程序如下:

(1) 对墙面进行准备性预处理;

(2) 用羊毛滚筒将胶均匀地涂覆到墙壁上,其宽度稍大于壁布宽度;其胶体使用约为 $250\sim300 \mathrm{g/m^2}$;

(3) 将壁布一卷顺着一卷贴到上过胶的墙面上;

(4) 立刻用压辊或相应的刮板在壁布上辊压,以消除气泡;

(5) 在转角处,壁布的转折宽度为 $10\sim15 \mathrm{m}$;

(6) 待壁固化,应在 1h 后再上涂料。

2. 胶黏剂

胶黏剂应具有防腐、防霉,并具有耐久性。使用时,根据不同的墙纸或墙布选择不同的胶黏剂品种。胶黏剂的配合比如表 8-10 所示。

表 8-10 胶黏剂的配合比

胶黏剂用途	配 合 比
裱糊普通壁纸	面粉 : 明矾(或甲醛) = 100 : 10(0.2) 面粉 : 酚(或硼酸) = 100 : 0.02(0.2)
裱糊塑料壁纸	聚乙烯醇缩甲醛胶(含甲醛 45%) : 羧甲基纤维素(2.5%溶液) : 水 = 100 : 30 : 50 聚乙烯醇缩甲醛胶 : 水 = 1 : 1
裱糊玻璃纤维墙布	聚醋酸乙烯酯乳胶 : 羧甲基纤维素(2.5%溶液) = 60 : 40

8.4.2 裱糊工程施工

1. 基层处理

基层要坚实、平整,无飞刺,无砂粒。满刮腻子后应磨平、磨光,待表面干燥后,再涂刷 107 胶一道作为底胶,其目的是克服基层吸水太快,引起胶黏剂脱水,影响粘结效果。

2. 裁纸

要求纸幅要垂直,花纹、图案纵横连贯一致,裁边平直整齐,无纸毛、飞刺。待裁好的墙纸放入水槽内浸泡 $3\sim5 \mathrm{min}$,取出后,抖干水,静置 20min 后再裱糊。

3. 刷胶糊纸

在裱糊壁纸的背面及墙面基层均涂刷胶黏剂;在玻璃纤维墙布的背面不涂刷胶黏剂,以免干后发黄,只在墙面基层涂刷胶黏剂。

要求涂刷胶黏剂的涂刷宽度与壁纸的宽度一致,每刷一段糊一段。阳角处不得有接缝;阴角处,整张糊纸易发生空鼓,也易发生倾斜,故在施工时,将纸切开,从阴角的一侧开始向外展开。

对各种墙面,其被糊工序也不尽相同,如表 8-11 所示。

表 8-11 各种墙面的裱糊工序

项次	工序名称	抹灰混凝土面			石膏板面			木料面		
		普通壁纸	塑料壁纸	玻璃纤维墙布	普通壁纸	塑料壁纸	玻璃纤维墙布	普通壁纸	塑料壁纸	玻璃纤维墙布
1	清扫基层、填补缝隙、磨砂纸	+	+	+	+	+	+	+	+	+
2	接缝处糊条				+	+	+	+	+	+
3	找补腻子、磨砂纸				+	+	+	+	+	+
4	满刮腻子、磨平	+	+	+						
5	用 1∶1 的聚乙烯缩甲醛胶水溶液湿润	+	+	+						
6	壁纸湿润		+			+			+	
7	基层涂刷胶黏剂	+	+	+	+	+	+	+	+	+
8	壁纸涂刷胶黏剂		+			+			+	
9	裱糊	+	+	+	+	+	+	+	+	+
10	擦净挤出的胶水	+	+	+	+	+	+	+	+	+
11	清理修复	+	+	+	+	+	+	+	+	+

注：1. 表中"＋"号表示应进行的工作。

2. 不同材料的基层相接处应糊条。

3. 混凝土表面和抹灰表面，必要时可增加满刮腻子遍数。

8.4.3 裱糊的质量要求

裱糊的质量要求如下。

（1）基层须干燥，其含水率不大于 5%，以防止因基层干缩而将壁纸拉裂。

（2）基层面应平整、无飞刺、砂粒、凸包；阴阳角要垂直方正。

（3）墙纸品种要求无斑点，无霉变，图样真，立体感强，颜色图案符合设计要求。

（4）外观质量要求是色泽均匀一致，无空鼓，无气泡；不得翘边、张嘴、皱折；无斑污，斜视无胶痕；拼接的各幅之间不露缝；拼接处的图案、花纹应吻合；不得有脱层等缺陷。

8.5 装饰工程常见的质量事故及防治措施

8.5.1 大理石墙面接缝不平、色泽不匀、板面纹理不顺

1. 现象

墙面大理石镶贴后，板块与板块之间接缝粗糙不平，花纹横竖突变不顺，色泽深浅不匀，影响装饰效果。

2. 原因分析

基层处理不好,对板材质量没有严格挑选,安装前试拼不认真,施工操作不当,分次灌浆过高。

3. 预防措施

(1) 安装前,应先检查基层墙面垂直平整情况,偏差较大之处应事先剔凿或修补。

(2) 安装前,在基层弹线找好规矩,墙面要在每个分仓格或较大的面积上弹出中心线、水平通线,柱子应先测量出柱中心线和柱与柱之间的水平通线。

(3) 根据墙面弹线按规矩进行大理石板试拼,对好颜色,调整花纹,使板与板之间上、下、左、右纹理通顺,颜色协调,缝子平直均匀;试拼后,由上至下逐块编写镶贴顺序号,然后对号镶贴。

(4) 对于小规格块材,可采用粘贴方法;大规格块材(边长大于400m)或镶贴高度超过1m时,须采用绑扎灌浆或者干挂方法来固定。

(5) 待石膏浆凝固后,用1:2.5水泥砂浆(稠度一般为80~120mm)分层灌注。

8.5.2 瓷砖饰面空鼓脱落

1. 现象

瓷砖镶贴质量不好,造成局部或大面积的空鼓,严重的情况下瓷砖会脱落掉下。

2. 原因分析

(1) 基层处理不干净或处理不当;墙面浇水不透。

(2) 瓷砖粘贴前浸泡时间不够,造成砂浆早期脱水或浸泡后未晾干。

(3) 粘贴砂浆厚薄不匀,砂浆不饱满,操作过程中用力不均,砂浆收水后,对粘贴好的瓷砖进行纠偏移动而造成饰面空鼓。

3. 预防措施

(1) 使用瓷砖前,必须清洗干净,用水浸泡至瓷砖不冒泡,且不少于2h,待表面晾干后方可镶贴。

(2) 粘结瓷砖的砂浆厚度一般应控制在7~10mm,过厚或过薄均易产生空鼓。

(3) 当瓷砖墙面有空鼓和脱落情况时,应取下瓷砖,铲去一部分原有的粘贴砂浆,采用掺水泥重量3%的107胶水泥砂浆粘贴。

8.5.3 外墙陶瓷锦砖墙面不平整,分格缝不匀,砖缝不平直

1. 原因分析

(1) 基层底灰表面平整和阴阳角有偏差,陶瓷锦砖粘贴后表面不平整。

(2) 施工前,没有按照设计图纸尺寸核对施工实际情况,进行排砖、分格和绘制大样图、抹底子灰时,各部位挂线找规矩不够,造成尺寸不准,引起分格缝不均匀。

(3) 陶瓷锦砖粘贴揭纸后,没有及时对砖缝进行检查,认真拨正调直。

2. 预防措施

(1) 施工前,应对照设计图纸尺寸绘制出施工大样图,并加工好分格条,事先选好陶瓷锦砖,裁好规格,编上号,便于粘贴时对号入座。

（2）按照施工大样图,对各空心墙、砖垛等处事先测好中心线、水平线和阴阳角垂直线,贴好灰饼,对不符合要求、偏差较大的部位,要预先剔凿或修补,以作为安装窗框、做窗台、腰线等依据。

（3）抹底子灰后,应根据大样图在底子灰上从上到下弹出若干水平线,在阴阳角、窗口处弹上垂直线,以作为粘贴陶瓷锦砖时控制的标准线。

（4）陶瓷锦砖面层粘贴后,要用拍板靠放在已贴好的面层上,用小锤敲拍板,满敲均匀,使面层粘结牢固和平整,然后刷水将护纸揭去,检查陶瓷锦砖缝平直及大小情况,将弯扭的缝子用小刀拨正调直,再用小锤敲拍板拍平一遍,以达到表面平整为止。

学习笔记

第 9 章 冬、雨期施工

> **教学目标**
>
> 1. 熟悉冬期施工的特点和原则,掌握雨期施工的特点和要求;掌握砌筑工程和混凝土工程冬期施工的方法。
> 2. 能编制冬期和雨期施工方案。
> 3. 掌握砌筑工程和混凝土工程冬期施工的方法和要求;掌握雨期施工的主要措施。

9.1 概 述

我国疆域辽阔,很多地区受内陆(海上)高低压及季风交替的影响,气候变化较大。在华北、东北、西北、青藏高原,每年都有较长的低温季节。沿海一带城市受海洋暖湿气流影响,春夏之交雨水频繁,并伴有台风、暴雨和潮汛。冬期的低温和雨期的降水,给施工带来很大的困难,常规的施工方法已不适用,必须采取冬、雨期施工措施,才能确保工程质量。

9.1.1 冬期施工的特点、要求和施工准备

1. 冬期施工的特点

(1) 质量事故多发期:在冬期施工中,长时间的持续负低温、大的温差、强风、降雪和反复的冰冻,经常造成建筑工程质量事故。

(2) 质量事故发现滞后性:冬期施工发生质量事故不易察觉,到来年春天解冻时,质量问题才暴露出来。

(3) 冬期施工的计划性和准备工作时间性很强:冬期施工,常由于时间紧迫,仓促施工,故易发生质量事故。

2. 冬期施工的要求

(1) 确保工程质量。

(2) 经济合理,使增加的措施费用最少。

(3) 所需的热源及技术措施材料有可靠的来源,并使消耗的能源最少。

(4) 工期能满足规定要求。

3. 冬期施工的准备工作

(1) 掌握分析当地的气温情况,搜集有关气象资料,作为选择冬期施工技术措施的依据。

(2) 抓好施工组织设计的编制工作。将不适宜冬期施工的分项工程安排在冬期前、后完成,合理选择冬期施工方案。

(3) 凡进行冬期施工的工程项目,必须会同设计单位复核施工图纸,再对其是否能适应冬期施工要求。

(4) 应提前准备冬期施工的设备、工具、材料及劳动防护用品。

(5) 冬期施工前对配制外掺剂的人员、测温保温人员、司炉工等应专门组织技术培训,考试合格后方可上岗。

9.1.2 雨期施工的特点、要求和准备工作

1. 雨期施工的特点

(1) 雨期施工的开始具有突然性。由于暴雨、山洪等恶劣气象往往不期而至,故雨期施工准备工作应及早进行。

(2) 雨期施工带有突击性。由于雨水对建筑结构和地基基础的冲刷或浸泡具有严重的破坏性,故当天气较好时,要进行突击施工。

(3) 雨期施工持续性。雨期施工往往持续的时间较长,施工不便,可能拖延工期,事先应充分估计。

2. 雨期施工的要求

(1) 编制施工组织设计时,要根据雨期施工的特点,将不适合在雨期施工的分项工程提前或拖后进行。

(2) 合理进行施工安排。做到晴天抓紧室外工作,雨天安排室内工作。

(3) 密切注意气象预报。做好抗台防汛工作,必要时及时加固在建项目。

(4) 做好各种器材的准备工作和建筑材料防潮工作。

3. 雨期施工的准备工作

(1) 施工现场的道路、设施必须做到排水畅通,防止地面水排入地下室、基础、地沟内,要做好对危石的处理,防止滑坡和塌方。

(2) 应做好原材料、成品、半成品的防雨工作。

(3) 应在雨期前做好施工现场房屋、设备的排水防雨措施。

(4) 备足排水需用的水泵及有关器材,准备适量的塑料布、油毡等防雨材料。

9.2 砌筑工程冬、雨期施工

9.2.1 砌筑工程冬期施工的一般要求

(1) 当室外日平均气温连续 5d 稳定低于 5℃时,砌体工程应采取冬期施工措施。需要注意的是气温应根据当地气象资料确定;冬期施工期限以外,当日最低气温低于 0℃时,也应按规定执行。

(2) 冬期施工的砌体工程质量验收除应符合本地区要求外,尚应符合现行行业标准《建筑工程冬期施工规程》(JGJ/T 104—2011)的有关规定。

(3) 砌体工程冬期施工应有完整的冬期施工方案。

(4) 冬期施工所用材料应符合下列规定。

① 石灰膏、电石膏等应采取防冻措施,如遭冻结,应经融化后使用。

② 拌制砂浆用砂,不得含有冰块和大于 10mm 的冻结块。

③ 砌体用块体不得遭水浸冻。

(5) 冬期施工砂浆试块的留置,除应按常温规定要求外,尚应增加 1 组与砌体同条件养护的试块,用于检验转入常温 28d 的强度。如有特殊需要,可另外增加相应龄期的同条件养护试块。

(6) 地基土有冻胀性时,应在未冻的地基上砌筑,并应防止在施工期间和回填土前地基受冻。

(7) 冬期施工中,砖、小砌块浇(喷)水湿润应符合下列规定。

① 对于烧结普通砖、烧结多孔砖、蒸压灰砂砖、蒸压粉煤灰砖、烧结空心砖、吸水率较大的轻集料混凝土小型空心砌块,在气温高于 0℃ 的条件下砌筑时,应浇水湿润;在气温不高于 0℃ 的条件下砌筑时,可不浇水,但必须增大砂浆稠度。

② 普通混凝土小型空心砌块、混凝土多孔砖、混凝土实心砖及采用薄灰砌筑法的蒸压加气混凝土砌块施工时,不应对其浇(喷)水湿润。

③ 抗震设防烈度为 9 度的建筑物,当烧结普通砖、烧结多孔砖、蒸压粉煤灰砖、烧结空心砖无法浇水湿润时,如无特殊措施不得砌筑。

(8) 拌合砂浆时水的温度不得超过 80℃,砂的温度不得超过 40℃。

(9) 采用砂浆掺外加剂法、暖棚法施工时,砂浆使用温度不应低于 5℃。

(10) 采用暖棚法施工,块体在砌筑时的温度不应低于 5℃,距离所砌的结构底面 0.5m 处的棚内温度也不应低于 5℃。

① 在暖棚内的砌体养护时间应根据暖棚内温度按表 9-1 确定。

表 9-1 暖棚法砌体的养护时间

暖棚的温度/℃	5	10	15	20
养护时间/d	≥6	≥5	≥4	≥3

② 采用外加剂法配制的砌筑砂浆,当设计无要求,且最低气温等于或低于 -15℃ 时,砂浆强度等级应较常温施工提高一级。

③ 配筋砌体不得采用掺氯盐的砂浆施工。

9.2.2 砌体工程冬期施工常用方法

砌体工程冬期施工常用方法有掺盐砂浆法、冻结法和暖棚法。

1. 掺盐砂浆法

掺盐砂浆法是在砂浆中掺入一定数量的氯化钠(单盐)或氯化钠加氯化钙(双盐),以降低冰点,使砂浆中的水分在低于 0℃ 的一定范围内不冻结。这种方法施工简便、经济、可靠,是砌体工程冬期施工广泛采用的方法。掺盐砂浆的掺盐量应符合规定。当设计无要求且最低气温不大于 -15℃ 时,砌筑承重砌体砂浆强度等级应按常温施工提高一级。

配筋砌体不得采用掺盐砂浆法施工。

2. 冻结法

冻结法是采用不掺外加剂的水泥砂浆或水泥混合砂浆砌筑砌体,允许砂浆遭受冻结。砂浆解冻时,当气温回升至0℃以上后,砂浆继续硬化,但此时的砂浆经过冻结、融化、再硬化以后,其强度及与砌体的粘结力都会有不同程度的下降,且砌体在解冻时变形较大,对于空斗墙、毛石墙、承受侧压力的砌体,在解冻期间可能受到振动或动力荷载的砌体,在解冻期间不允许发生沉降的砌体(如筒拱支座),不得采用冻结法。对于冻结法施工,当设计无要求且日最低气温大于−25℃时,砌筑承重砌体砂浆强度等级应按常温施工提高一级;当日最低气温不大于−25℃时,应提高二级。砂浆强度等级不得小于M2.5,重要结构砂浆强度等级不得小于M5。

为保证砌体在解冻时正常沉降,应符合下列规定:每日砌筑高度及临时间断的高度差均不得大于1.2m;门窗框的上部应留出不小于5mm的缝隙;砌体水平灰缝厚度不宜大于10mm。留置在砌体中的洞口和沟槽等,宜在解冻前填砌完毕;解冻前应清除结构的临时荷载。

在冻结法施工的解冻期间,应经常对砌体进行观测和检查,如发现裂缝、不均匀沉降等情况,应立即采取加固措施。

3. 暖棚法

暖棚法是利用简易结构和廉价的保温材料,将需要砌筑的砌体和工作面临时封闭起来,棚内加热,使之在正温条件下砌筑和养护。暖棚法费用高、热效低、劳动效率不高,因此宜少采用。一般而言,地下工程、基础工程以及量小又急需使用的砌体,可考虑采用暖棚法施工。

采用暖棚法施工,块材在砌筑时的温度不应低于+5℃,距离所砌的结构底面0.5m处的棚内温度也不应低于+5℃。

9.2.3 砌筑工程雨期施工

1. 砌体工程雨期施工要求

(1) 砖在雨期必须集中堆放,以便用塑料薄膜、竹席等覆盖,且不宜浇水。砌墙时,要求干湿砖块合理搭配。砖湿度过大时不可上墙,砌筑高度不宜超过1.2m。

(2) 雨期如遇大雨,必须停工。砌砖收工时,应在砖墙顶盖一层干砖,避免大雨冲刷灰浆。搅拌砂浆宜用中粗砂,因为中粗砂拌制的砂浆收缩变形小。另外,要减少砂浆用水量,防止砂浆使用中变稀。大雨过后受雨水冲刷过的新砌墙体应翻动最上面两皮砖。

(3) 稳定性较差的窗间墙、独立砖柱,应加设临时支撑或及时浇筑圈梁,以增加砌体的稳定性。

(4) 砌体施工时,内外墙要尽量同时砌筑,并注意转角及丁字墙间的连接要同时跟上,同时要适当缩小砌体的水平灰缝,减小砌体的压缩变形,其水平灰缝宜控制在8mm左右。遇台风时,应在与风向相反的方向加临时支撑,以保证墙体的稳定。

(5) 雨后继续施工,必须复核已完工砌体的垂直度和标高。

2. 雨期施工工艺

砌筑方法宜采用三一法,每天的砌筑高度应控制在1.2m以内,以减小砌体倾斜的可能性。必要时,可将墙体两面用夹板支撑加固。

根据雨期长短及工程实际情况,可搭活动的防雨棚,随砌筑位置变动而搬动。若为小雨,可不采取此措施。收工时,在墙上盖一层砖,并用草帘加以覆盖,以免雨水将砂浆冲掉。

3. 雨期施工安全措施

雨期施工时,应对脚手架等增设防滑设施。金属脚手架和高耸设备应有防雷接地设施。在梅雨期,露天施工人员易受寒,要备好姜汤和药物。

9.3 混凝土结构工程冬、雨期施工

根据当地多年气温资料,室外日平均气温连续 5d 稳定低于 5℃时,混凝土结构工程应按冬期施工要求组织施工。冬期施工时,气温低,水泥水化作用减弱,新浇筑的混凝土强度增长明显地延缓,当温度降至 0℃以下时,水泥水化作用基本停止,混凝土强度也停止增长。特别是温度降至混凝土冰点温度以下时,混凝土中的游离水开始结冰,结冰后的水体积膨胀约 9%。在混凝土内部产生冰胀应力,致使结构强度降低。受冻的混凝土在解冻后,其强度虽能继续增长,但已不能达到原设计的强度等级。试验证明,混凝土的早期冻害是由于内部析水结冰所致。混凝土在浇筑后立即受冻,抗压强度约损失 50%,抗拉强度约损失 40%。试验证明,混凝土遭受冻结带来的危害与遭冻的时间、水胶比、水泥强度等级、养护温度等有关。

冬期浇筑的混凝土在受冻以前必须达到的最低强度,称为混凝土受冻临界强度。

在受冻前,不同的混凝土受冻临界强度应达到如下标准:硅酸盐水泥或普通硅酸盐水泥配制的混凝土不得低于其设计强度标准的 30%;矿渣硅酸盐水泥配制的混凝土不得低于其设计强度标准值的 40%;C10 及以下的混凝土不得低于 5.0MPa;掺防冻剂的混凝土,当温度降低到防冻剂规定温度以下时,其强度不得低于 3.5MPa。

9.3.1 混凝土冬期施工的一般规定

一般情况下,冬期施工要求混凝土在常温下浇筑、养护,使其强度在冰冻前达到受冻临界强度,在冬期施工时,应对原材料和施工过程采取必要的措施,来保证混凝土的施工质量。

微课:混凝土冬期施工基本知识

1. 对材料的要求及加热

(1)冬期施工中配制混凝土用的水泥,应优先选用活性高、水化热大的硅酸盐水泥和普通硅酸盐水泥。水泥的强度等级不应低于 42.5R 级。最小水泥用量不宜少于 300kg/m³,水胶比不应大于 0.6。使用矿渣硅酸盐水泥时,宜采用蒸汽养护;使用其他品种水泥时,应注意其中掺和材料对混凝土抗冻、抗渗等性能的影响。冷混凝土法施工宜优先选用含引气成分的外加剂,含气量宜控制在 2%~4%。掺用防冻剂的混凝土,严禁使用高铝水泥。

(2)混凝土所用集料必须清洁,不得含有冰、雪等冰结物及易冻裂的矿物质。冬期集料所用储备场地应选择地势较高、不积水的地方。

(3) 冬期施工对组成混凝土材料的加热,应优先考虑加热水,因为水的热容量大,加热方便,但加热温度不得超过表 9-2 所规定的数值。当水、集料达到规定温度仍不能满足热工计算要求时,可将水温提高到 100℃,但水泥不得与 80℃ 以上的水直接接触。水的常用加热方法有用锅烧水、用蒸汽加热水和用电极加热水三种。水泥不得直接加热,使用前宜运入暖棚存放。

冬期施工拌制混凝土的砂、石温度要符合热工计算需要温度,如表 9-2 所示。集料加热的方法有将集料放在底下加温的铁板上面直接加热,或者通过蒸汽管、电热线加热等。但不得用火焰直接加热集料,并应控制加热温度。加热的方法可因地制宜,以蒸汽加热法为好,其优点是加热温度均匀,热效率高,缺点是集料中的含水量增加。

表 9-2 拌合水及集料的最高温度 单位:℃

序号	水泥品种及强度等级	拌合水	集料
1	强度等级小于 42.5 级的普通硅酸盐水泥、矿渣硅酸盐水泥	80	60
2	强度等级大于或等于 42.5 级的普通硅酸盐水泥、硅酸盐水泥	60	40

(4) 钢筋冷拉可在负温下进行,但冷拉温度不宜低于 $-20℃$。当采用控制应力方法时,冷拉控制应力较常温下提高 $30N/mm^2$;采用冷拉率控制方法时,冷拉率与常温时相同。钢筋的焊接宜在室内进行。如必须在室外焊接,最低气温不低于 $-20℃$,具有防雪和防风措施。刚焊接的接头严禁立即碰到冰雪,避免造成冷脆现象。

冬期浇筑的混凝土,宜使用无氯盐类防冻剂。对抗冻性要求高的混凝土,宜使用引气剂或引气减水剂。

2. 混凝土的搅拌、运输和浇筑

1) 混凝土的搅拌

混凝土不宜露天搅拌,应尽量搭设暖棚,优先选用大容量的搅拌机,以减少混凝土的热损失。混凝土搅拌时间应根据各种材料的温度情况,考虑相互间的热平衡过程,可通过试拌确定延长的时间,一般为常温搅拌时间的 1.25~1.5 倍。搅拌混凝土的最短时间应符合规定。搅拌混凝土时,集料中不得带有冰、雪及冻土。搅拌掺用防冻剂的混凝土,当防冻剂为粉剂时,可按要求掺量直接撒在水泥上面,和水泥同时投入;当防冻剂为液体时,应先配制成规定浓度溶液,再根据使用要求,用规定浓度溶液再配制成施工溶液。各溶液应分别置于明显标志的容器内,不得混淆,每班使用的外加剂溶液应一次配成。

配制与加入防冻剂,应设专人负责并做好记录,严格按剂量要求掺入。混凝土拌合物的出机温度不宜低于 10℃。

2) 混凝土的运输

混凝土的运输过程是热损失的关键阶段,应采取必要的措施减少混凝土的热损失,同时应保证混凝土的和易性。常用的主要措施为减少运输时间和距离,使用大容积的运输工具,并采取必要的保温措施,保证混凝土入模温度不低于 5℃。

3) 混凝土的浇筑

混凝土在浇筑前,应清除模板和钢筋上的冰雪与污垢,尽量加快混凝土的浇筑速度,防止热量散失过多。当采用加热养护时,混凝土养护前的温度不得低于 2℃。

冬期不得在强冻胀性地基土上浇筑混凝土。当在弱冻胀性地基土上浇筑混凝土时,地基土应进行保温,以免遭冻。对加热养护的现浇混凝土结构,混凝土的浇筑程序和施工缝的位置,应能防止在加热养护时产生较大的温度应力。当分层浇筑厚大整体式结构混凝土时,已浇筑层的混凝土温度,在被上一层混凝土覆盖前,不得低于按热工计算的温度,且不得低于 2℃。冬期施工混凝土振捣应用机械振捣,振捣时间应比常温时有所增加。

9.3.2　混凝土冬期施工方法

混凝土冬期施工主要有蓄热法、蒸汽加热法、电热法、暖棚法和掺外加剂法等,无论采用什么方法,均应保证混凝土在冻结以前至少应达到临界强度。

1. 蓄热法

蓄热法就是将具有一定温度的混凝土浇筑完后,在其表面用草帘、锯末、炉渣等保温材料加以覆盖,避免混凝土的热量和水泥的水化热散失得太快,保证混凝土在冻结前达到所要求强度的一种冬期施工方法。

蓄热法适用于室外最低气温不低于 -15℃时,地面以下的工程或表面系数不大于 5(结构冷却的表面积与其全部体积的比值)的结构混凝土的冬期养护。如选用适当的保温材料,并采用快硬早强水泥,在混凝土外部进行早期短时加热和采取掺入早强型外加剂等措施,可进一步扩大蓄热法的应用范围,这是混凝土冬期施工较经济、简单而有效的方法。

2. 蒸汽加热法

蒸汽加热法是利用蒸汽使混凝土保持一定的温度和湿度,以加速混凝土硬化。蒸汽加热法除预制厂用的蒸汽养护窑外,在现浇结构中还有汽套法、毛管法和构件内部通汽法等。

(1) 汽套法是在构件模板外再加设密封的套板模,模板与套板间的空隙不宜超过 150mm,在套板内通入蒸汽加热养护混凝土。汽套法加热均匀,但设备复杂、费用大,只适宜在特殊条件下用于养护梁、板等水平构件。

(2) 毛管法,即在模板内侧做成凹槽,凹槽上盖以钢板,在凹槽内通入蒸汽进行加热。毛管法用汽少、加热均匀,适用于养护柱、墙等垂直结构。此外,也有在大模板的背面装设蒸汽管道,再用薄钢板封闭,适当加以保温的做法,用于大模板工程冬期施工。

(3) 构件内部通汽法是在浇筑构件时先预留孔道,再将蒸汽送入孔道内加热混凝土,待混凝土达到要求的强度后,随即用砂浆或细石混凝土灌入孔道内加以封闭。

采用蒸汽加热的混凝土,宜选用矿渣水泥及火山灰水泥,严禁使用矾土水泥。普通水泥的加热温度不得超过 80℃;矿渣水泥与火山灰水泥的加热温度可提高到 85~95℃,湿度必须保持 90%~95%。为了避免温差过大,防止混凝土产生裂缝,应严格控制混凝土的升温速度与降温速度:当表面系数 $M \geq 6$ 时,每小时升温不大于 15%,降温不大于 10℃;当表面系数 $M < 6$ 时,每小时升温不大于 10℃,降温不大于 5℃。模板和保温层,应在混凝土冷却到 5℃后方可拆除。当混凝土与外界的温差大于 20℃时,还应用保温材料临时覆盖拆模后的混凝土表面,使其缓慢冷却。未完全冷却的混凝土有较高的脆性,避免承受冲击或动荷载,以防开裂。

3. 电热法

电热法是利用电流通过不良导体混凝土或电阻丝所发出的热量来养护混凝土。电热法主要有电极法和电热器法两类。

（1）电极法，即在新浇筑的混凝土中，每隔一定间距（200～400mm）插入电极（$\phi 6$～$\phi 12$ 短钢筋），接通电源，利用混凝土本身的电阻，变电能为热能。电热时，要防止电极与钢筋接触而引起短路。对于较薄的构件，也可将薄钢板固定在模板内侧作为电极。

（2）电热器法是利用电流通过电阻丝产生的热量进行加热养护。根据需要，电热器可制成板状，用以加热现浇楼板；也可制成针状，用以加热装配整体式的框架接点；对于用大模板施工的现浇墙板，则可用电热模板（大模板背面装电阻丝形成热夹具层，其外用薄钢板包矿渣棉封严）加热等。

电热应采用交流电（因直流电会使混凝土内水分分解），电压为 50～110V，以免产生强烈的局部过热和混凝土脱水现象。只有在无筋或少筋结构中，才允许采用电压为 120～220V 的电流加热。电热应在混凝土表面覆盖后进行。电热过程中，应注意观察混凝土外露表面的温度。当表面开始干燥时，应先断电，并浇温水湿润混凝土表面。电热法养护混凝土的温度应符合表 9-3 的规定，当混凝土强度达到 50% 时，即可停止电热。

表 9-3　电热法养护混凝土的温度　　　　　　　　　　　单位：℃

水泥强度等级	结构表面系数		
	<10	10～15	>15
32.5	70	50	45
42.5	40	40	35

电热法设备简单、施工方便有效，但耗电量大、费用高，应慎重选用，并注意施工安全。

4. 暖棚法

暖棚法是在混凝土浇筑地点用保温材料搭设暖棚，在棚内采暖，使温度升高，可使混凝土养护如同在常温中一样。

采用暖棚法养护时，棚内温度不得低于 5℃，并应保持混凝土表面湿润。

5. 掺外加剂法

不同性能的外加剂，可以起到抗冻、早强、促凝、减水、降低冰点等作用，能使混凝土在负温下继续硬化，而无须采取任何加热保温措施，这是混凝土冬期施工的一种有效方法，可以简化施工、节约能源，还可以改善混凝土的性能。

9.3.3　混凝土工程雨期施工

在涂刷模板隔离层前，要及时掌握天气预报，避开雨天，以防隔离层被雨水冲掉。应加强对模板的检查，特别是对其支撑系统的检查，如支撑的下陷及松动的检查，应及时加固处理。

大面积的混凝土浇筑前，要了解 2～3d 的天气预报，尽量避开大雨。混凝土浇筑现场要预备大量防雨材料，以备浇筑时突遇雨时，可进行覆盖。现浇混凝土应根据结构情况，多考虑几道施工缝的留设位置。

雨期施工时，应加强对混凝土粗细骨料含水量的测定，及时调整混凝土搅拌时的用水量，并在有遮蔽的情况下运输、浇筑。雨后要排除模板内的积水，并将雨水冲掉砂浆部分的松散砂、石清除掉,然后按施工缝接搓处理。

9.4　冬期与雨期施工的安全技术

9.4.1　冬期施工的安全技术

冬期施工主要应做好防火、防寒、防毒、防滑、防爆等工作。
(1) 冬期施工前,要加固各类脚手架,要加设防滑设施,及时清除积雪。
(2) 必须经常注意清理易燃材料。
(3) 严寒时节,施工现场应根据实际需要和规定配设挡风设备。
(4) 要防止一氧化碳中毒,防止锅炉爆炸。

9.4.2　雨期施工的安全技术

雨期施工主要应做好防雨、防风、防雷、防电、防汛等工作。
(1) 基础工程应开设排水沟、基槽、坑沟等。
(2) 一切机械设备应设置在地势较高、防潮避雨的地方,要搭设防雨棚。
(3) 脚手架要经常检查,发现问题要及时处理或更换加固。
(4) 所有机械棚要搭设牢固,防止倒塌漏雨。
(5) 雨期应防止因雷电袭击而造成的事故。

学习笔记

第 10 章 装配式混凝土施工

> **教学目标**
> 1. 熟悉起重设备与吊具的相关知识及选用原则,掌握测量定位、放线的步骤和要求。
> 2. 掌握构件起吊、安装就位、校核与调整的步骤,以及临时支撑的安装和调整步骤。
> 3. 掌握灌浆料拌制及检测方法,以及构件坐浆及灌浆操作的步骤和要求。
> 4. 掌握构件后浇节点混凝土施工步骤和要求,以及构件浆锚搭接连接、螺栓连接、焊接连接的原理。

10.1 施工前的准备工作

10.1.1 施工现场准备的内容

装配式建筑施工与现浇混凝土施工有很大的不同,现场的人员、起重机械设备、施工机具、吊具、场地道路等都应根据构件要求进行配置与准备。

1. 施工现场人员

现场管理人员除了应具备基本工程管理能力,还应当熟悉装配式建筑施工工艺和安全吊装管理能力,能按照施工计划与构件生产商衔接,对现场作业进行调度和管理。

与现浇混凝土工艺相比,装配式混凝土施工现场常规作业人员大幅度减少,但新增了吊装作业人员、灌浆工等,测量放线人员的作业内容也有所变化。需要特别注意的是,信号员、起重机械驾驶员等都是特殊工种,必须持证上岗。

2. 场地与道路

现场道路应满足大型构件进出场的要求。

(1) 路面平整,应满足大型车辆的转弯半径的要求和荷载要求。

(2) 有条件的施工现场应设两个门,一个进,一个出。

(3) 工地也可使用挂车运输构件,将挂车车厢运到现场存放,车头开走。构件直接从车上吊装,这样可以避免构件二次驳运,不需要存放场地,也减少了起重机的工作量。

装配式建筑的安装施工建议构件直接从车上吊装,这样将大大提高工作效率。但很多城市对施工车辆在部分时间段内限行,工地不得不准备构件临时堆放场地。

临时堆放场地应设在起重机作业半径覆盖范围内,这样可以避免二次搬运;场地地面要求平整、坚实,有良好的排水措施。如果构件存放到地下室顶板或已经完工的楼层上,必须征得设计人员同意,楼盖承载力应满足堆放要求;场地布置应考虑构件之间的人行通道,方便现场人员作业,道路宽度不宜小于 600mm。

10.1.2　施工组织准备的内容

　　装配式建筑施工需要工厂、施工企业、其他委托加工企业和监理单位密切配合,同时制约因素较多,因此施工方需要制订一份周密、详细的施工组织设计,应对不同建筑结构体系编制针对性的预制构件吊装施工方案,并应符合国家和地方等相关施工质量验收标准和规范的要求。

　　施工组织设计除了普通现浇混凝土该有的内容,应根据工程总工期,确定装配式建筑的施工进度、质量、安全及成本目标;编制施工进度总计划时,应考虑施工现场条件、起重机工作效率、构件工厂供货能力、气候环境情况和施工企业人员、设备、材料的能力等条件。需要明确的结构吊装施工和支撑体系施工方案,可以利用 BIM 技术模拟推演,确定预制构件的施工衔接原则和顺序;在编制施工方案时,应考虑与传统现浇混凝土施工之间的作业交叉,尽可能使两种施工工艺之间相互协调与匹配。

10.1.3　施工安全条件相关知识

　　除现浇混凝土工程所需要的施工安全措施外,装配式混凝土施工的安全条件还需注意以下几点:要对参与装配式建筑安装作业的所有人员进行系统、全面的安全培训,培训合格后才能上岗;对于装配式建筑施工作业各个环节,都应编制安全操作规程,应在施工前进行书面安全技术交底;要注意运送构件的道路、卸车场地应平整、坚实,并满足使用;在构件吊装作业区域,应设置临时隔离和醒目的标识;构件安装后的临时支撑,应采用专业厂家的设施。

10.1.4　构件进场质量检查的相关知识

　　预制构件到达现场,现场质量人员应对构件以及其配件进行检查验收,包括数量核实、规格型号核实和外观质量检验,还应检查构配件的质量证明文件或质量验收记录。

　　一般情况下,预制构件直接从车上吊装,所以数量、规格、型号的核实和质量检验在车上进行,检验合格后即可直接吊装。即使不直接吊装,将构件卸到工地堆场,也应当在车上进行检验,一旦发现不合格,就可以直接运回工厂处理。

　　预制构件质量证明文件包括以下内容:
　　(1) 预制构件产品合格证明书;
　　(2) 混凝土强度检验报告、钢筋进场复验报告;
　　(3) 保温材料、拉结件、套筒等主要材料进场复验报告;
　　(4) 预制构件隐蔽工程质量验收表;
　　(5) 其他重要检验报告。

　　预制构件进场时,应对构件外观质量进行全数检查。预制构件的外观不应有严重缺陷,且不应有影响结构性能和安装、使用功能的尺寸偏差,不宜有一般缺陷。对已出现的一般缺陷,应按技术方案进行处理,并应重新检验。

　　同时,需对预制构件的外观尺寸及预埋件位置进行检查。同一类构件,以不超过 100 个为一批次,每批次抽查数量的 5%,且不少于 3 个。

　　带外装饰面的预制构件,要求外装饰面砖的图案、分格、色彩、尺寸等应符合设计要求,且表面平整,接缝顺直,接缝宽度和深度应符合设计要求。

10.1.5 安装条件复核的相关知识

预制构件安装施工前,应对前道工序的质量进行检查,确认具备安装条件时,才可以进行构件安装。

1. 现浇混凝土伸出钢筋位置与数量校验

检查现浇混凝土伸出钢筋的位置、长度是否正确。如果现浇混凝土伸出钢筋位置出现偏差,很可能会发生构件无法安装的情况。若在简单调整后依然出现无法安装,现场施工人员不可自行决定如何处理,更不得擅自直接截除钢筋,这样做会造成结构安全隐患,应当由设计和监理共同给出处理方案。目前常见的较为稳妥的方案是将混凝土凿除一定深度,采用机械调整钢筋的办法。

对工地现场偏斜钢筋进行校直时,禁止使用电焊加热或者气焊加热的方法。

2. 构件连接部位标高和表面平整度检查

构件安装连接部位表面标高应当在误差允许范围内,如果标高偏差较大,或表面出现较大倾斜,会影响上部构件安装的平整度和水平缝灌浆厚度的均匀性,必须经过处理后才能安装构件。

3. 连接部位混凝土质量检查

检查连接部位混凝土是否存在酥松、孔洞、蜂窝等情况,如果存在,应经过凿除、清理、补强处理后才能进行吊装。

4. 外挂墙板在主体结构上的连接节点检查

检查外挂墙板在主体结构上连接节点的位置是否在允许误差范围内,如果误差过大,将无法安装墙板,需要进行调整。关于调整的方法,可以采取增加垫板或调整连接件孔眼尺寸大小等。

10.1.6 现场与设备安全检查

为了确保吊装施工顺利、有序、高效地实施,吊装预制构件前,应对现场作业环境和吊装设备进行安全检查。

1. 施工环境安全检查

(1) 确认目前吊装所用的预制构件是否按计划要求进场和验收,构件堆放的位置和吊车吊装线路是否正确、合理。

(2) 确认预制构件堆放位置相对于吊装位置是否正确,避免后续构件移位。

(3) 明确吊装顺序。

(4) 确认现场施工指挥人员、信号员、吊车司机均已准备就绪;确认信号指示方法。

(5) 吊装前,应对以下部位进行最后确认:建筑物总长、纵向和横向的尺寸及标高;现浇混凝土预留钢筋、预埋件位置及高度;吊装精度测量用的基准线位置。

2. 施工设备构件安全检查

1) 对机械器具进行检查

(1) 检查试用塔式起重机,确认后可正常运行。

(2) 准备吊装架、吊索等吊具。检查吊具,特别是检查绳索是否有破损,吊钩卡环是否有问题等。

(3) 准备牵引绳等辅助工具和材料,以满足吊装施工需要。

(4) 对于柱子、剪力墙板等竖直构件,应安好调整标高的支垫(在预埋螺母中旋入螺栓或在设计位置安放金属垫块),准备好斜支撑部件,检查斜支撑地锚。

(5) 对于叠合楼板、梁、阳台板、挑檐板等水平构件,应架立好竖向支撑。

2) 预制构件吊点、吊具检查

预制构件起吊时,吊点合力应与构件重心在一条铅垂线上,较长的构件,如预制梁、墙等,可采用可调式横梁进行吊装就位;预制构件尽量采用标准吊具,吊具目前采用的预埋吊环和内置式连接钢套筒形式较多。

10.1.7 构件质量检查

1. 预制构件进场检查要点

(1) 一般预制构件应在进场卸车前进行质量检查,对于特殊形状的构件或特别要注意的构件,应放置在台架上检查。

(2) 验收内容包括构件的外观、尺寸、预埋件、连接部位的处理等。

(3) 预制构件验收由质量员和监理共同完成,要求全数检查。施工单位可以根据构件生产商提供的质量证明文件核验,也可以根据项目计划书编写的质量要求检查表进行验收。

(4) 构件不允许出现影响结构、防水和严重影响外观的裂缝、破损、变形等情况。

(5) 预制构件的质量证明文件检查属于主控项目,必须认真检查。

2. 预制构件进场检查方法

预制构件进场后的检查包括外观检查和几何尺寸检查两部分。外观检查项目包括预制构件的裂缝、破损、变形等项目。其检查方法一般以目测为主,必要时,可采用相应的仪器设备进行辅助检查。预制构件的几何尺寸检查项目包括构件长度、宽度、高度或厚度以及对角线等。对于预埋件、预留钢筋、一体化预制的窗户等构配件也应认真检查,其检查方法一般是采用钢尺测量。

10.1.8 安装条件复核

(1) 检查构件套筒或浆锚孔是否堵塞。当套筒、预留孔内有杂物时,应当及时清理干净。用手电筒补光检查,发现异物时,可用高压气体或钢筋将异物清掉。

(2) 伸出钢筋采用机械套筒连接时,应在吊装前在伸出钢筋端部套上套筒。

(3) 准备外挂墙板安装节点连接部件时,如果需要水平牵引,应准备妥当牵引葫芦吊点设置、工具等。

(4) 预制构件安装位置的混凝土应清理干净,不能存在颗粒状物质,以免影响预制构件节点的连接性能。

(5) 检查预埋件、预留钢筋的位置与数量。

(6) 楼面预制构件外侧边缘可预先粘贴止水泡沫棉条,用于封堵水平接缝外侧,为后续灌浆施工作业做准备。

10.1.9 技术与人员准备

施工单位应在施工前编制详细的装配式结构专项施工方案，对作业人员进行安全技术交底，确认现场从事特种作业的人员都持证上岗，灌浆施工人员应进行专项培训，并考试合格后方可上岗。

10.2 安装构件

10.2.1 竖向构件吊装施工

1. 预制柱吊装、校核与调整

1）确定预制框架柱吊装施工工艺流程

预制框架柱进场、验收→按图纸要求放线→安装吊具→预制框架柱扶直→预制框架柱吊装→预留钢筋就位→水平调整、竖向校正→斜支撑固定→摘钩。

2）预制柱吊点位置与吊索使用

预制柱采用一点竖向起吊，单个吊点位于柱顶中央，由生产厂家预留。现场采用单腿锁具吊住预制柱吊点，逐步移向拟定位置，柱子拴牵引绳，以便人工辅助柱就位，如图 10-1 所示。

图 10-1 预制柱安装就位

3）柱就位、校核与调整

根据预制柱平面纵、横两轴线的控制线和柱子的边框线，校核预制柱中预埋钢套管位置偏移情况，并做好记录。

吊装前在柱四角放置金属垫块，以利于预制柱的垂直度校正，按设计标高，对柱子高度偏差进行复核。若预制柱位置有小距离偏移,可用汽车吊或千斤顶等进行调整。

用经纬仪控制垂直度,若有少许偏差,可用斜支撑进行调整。

预制框架柱初步就位时,应将预制柱下部钢筋套筒与下层预制柱的预留钢筋初步试对,确认无问题后,准备进行固定。

2. 预制剪力墙吊装、校核与调整

1)确定预制剪力墙吊装施工工艺流程

预制剪力墙进场、验收→按图纸要求放线→安装吊具→预制剪力墙扶直→预制剪力墙吊装预留钢筋插入就位→水平调整、竖向校正→斜支撑固定→摘钩。

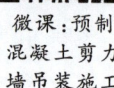

微课:预制混凝土剪力墙吊装施工

2)预制剪力墙吊点位置与吊索使用

预制剪力墙采用两点吊,预制剪力墙两个吊点分别位于墙顶两侧 $0.2L$ 墙长位置,由构件生产厂家预留。

3)预制剪力墙就位

认真做好吊装前的器具准备、弹线工作,仔细检查安装部位情况,填写施工准备情况登记表,施工现场负责人检查核对签字后方可开始吊装。

(1)吊装:吊装时采用带倒链的扁担式吊装设备,加设牵引绳,以控制墙体在空中的姿态,如图10-2所示。

图10-2 预制剪力墙吊装

顺着吊装前所弹墨线缓缓下放墙板,在吊装经过的区域下方设置警戒区,施工人员应撤离,由信号工指挥,就位时,待构件下降至作业面1m左右高度时,施工人员方可靠近操作,以保证操作人员的安全。

墙板下放好金属垫块,垫块保证墙板底标高准确,也可提前在预制墙板上安装定位角码,顺着定位角码的位置安放墙板,如图10-3所示。

图 10-3 墙板角码固定

若墙板底部局部套筒未对准时,可使用倒链将墙板手动微调,重新对孔。

底部没有灌浆套筒的外填充墙板应直接顺着角码缓缓放下墙体。垫板造成的空隙可以用坐浆方式进行填补。为防止坐浆料填充到外页板之间,在苯板处补充 50mm×20mm 的保温板(或橡胶止水条)堵塞缝隙,如图 10-4 所示。

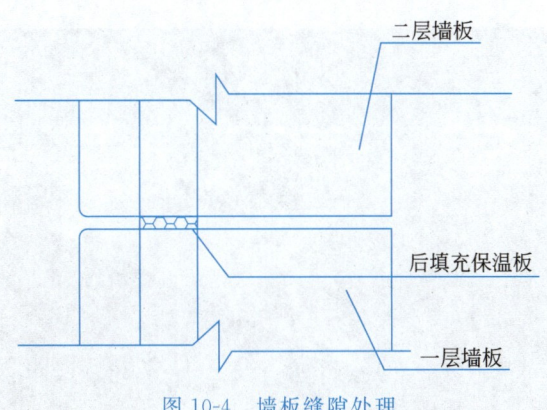

图 10-4 墙板缝隙处理

(2)安放斜撑:墙板垂直坐落在准确位置后,使用激光水准仪复核水平是否有偏差,确认无误差后,利用预制墙板上的预埋螺栓和地面后置膨胀螺栓(将膨胀螺栓在环氧树脂内蘸一下,立即打入地面)安装斜支撑杆,用测尺检测预制墙体垂直度及复测墙顶标高后,利用斜撑杆调节好墙体的垂直度后方可松开吊钩。在调节斜撑杆时,必须由两名工人同时间、同方向进行操作,如图 10-5 所示。

调节斜撑杆完毕后,再次校核墙体的水平位置和标高、垂直度,相邻墙体的平整度。检查工具包括经纬仪、水准仪、靠尺、水平尺(或软管)、铅锤、拉线等。

图 10-5　预制剪力墙支撑调节

3. 预制混凝土外挂墙板吊装、校核与调整

1）确定预制外挂墙板吊装施工工艺流程

预制外挂墙板吊装施工工艺流程如下：预制墙板进场、验收→按图纸要求放线→安装固定件→安装预制挂板→螺栓固定→缝隙处理→完成安装。

2）预制外挂墙板吊点位置与吊索使用

预制外挂墙与预制剪力墙一样采用两点吊，吊点分别位于墙顶两侧 $0.2L$ 墙长位置，如图 10-6 所示。

图 10-6　预制外挂墙板吊装

3）预制外挂墙板就位

（1）外挂墙板施工前准备：结构每层楼面轴线垂直控制点不应少于 4 个，楼层上的控制轴线应使用经纬仪由底层原始点直接向上引测；每个楼层应设置 1 个高程控制点；预制构件控制线应由轴线引出，每块预制构件应有纵、横 2 条控制线；安装预制外墙挂板前，应在墙板内侧弹出竖向与水平线,安装时,应与楼层上该墙板控制线相对应。当采用饰面砖外装饰时,饰面砖竖向、横向砖缝应引测。贯通到外墙内侧来控制相邻板与板之间、层与层之间的饰面砖砖缝对直;预制外挂墙板垂直度测量,4个角留设的测点为预制外挂墙板转换控制点,用靠尺以此4点在内侧进行垂直度校核和测量;应在预制外挂墙板顶部设置水平标高点,在吊装上层预制外挂墙板时,应先垫垫块,或在构件上预埋标高控制调节件。

(2) 外挂墙板的吊装:预制构件应按照施工方案吊装顺序预先编号,严格按照编号顺序起吊;吊装应采用慢起、稳升、缓放的操作方式,应系好缆风绳控制构件转动;在吊装过程中,应保持稳定,不得偏斜、摇摆和扭转。

预制外挂墙板应按以下要求进行校核与偏差调整:

① 预制外挂墙板侧面中线及板面垂直度的校核,应以中线为主调整;

② 预制外挂墙板上、下校正时,应以竖缝为主调整;

③ 墙板接缝应以满足外墙面平整为主,内墙面不平或翘曲时,可在内装饰或内保温层内调整;

④ 预制外挂墙板山墙阳角与相邻板的校正,以阳角为基准调整;

⑤ 预制外挂墙板拼缝平整的校核,应以楼地面水平线为准调整。

4. 预制内隔墙板吊装、校核与调整

1) 确定预制内隔墙板吊装施工工艺流程

预制内隔墙板吊装施工工艺流程如下:预制内隔墙板进场、验收→放线→安装固定件→安装预制内隔墙板→灌浆→粘贴网格布→勾缝→完成安装。

2) 预制内隔墙板吊点位置与吊索使用

预制内隔墙板也采用两点吊,用铁扁担进行吊装,吊点分别位于墙顶两侧 $0.2L$ 墙长位置,如图 10-7 所示。

图 10-7 预制内墙板吊装

3) 预制内隔墙板就位

对照图纸,在现场弹出轴线及控制线,并按排板设计标明每块板的位置。

预制构件应按照施工方案吊装顺序预先编号，严格按照编号顺序起吊；吊装前，应在底板上测量、放线，也可提前在墙板上安装定位角码。

将安装位洒水阴湿，地面上、墙板下放好垫块，垫块保证墙板底标高正确。垫板造成的空隙可用坐浆方式填补坐浆，具体技术要求同外挂墙板的坐浆。

起吊内隔墙板，沿着所弹墨线缓缓下放，直至坐浆密实，复测墙板水平位置是否偏差，确定无偏差后，安装斜支撑杆，复测墙板顶标高后方可松开吊钩。

利用斜撑杆调节墙板垂直度，调整方法与剪力墙一样，刮平并补齐底部缝隙的坐浆。

复合墙体的水平位置和标高、垂直度，相邻墙体的平整度。

10.2.2 水平构件吊装施工

1. 预制梁吊装、校核与调整

1) 确定预制梁吊装施工工艺流程

预制梁吊装施工工艺流程如下：预制梁进场、验收→按图放好梁搁置柱头边线→设置梁底支撑→预制梁起吊→预制梁安放就位→预制梁微调→摘钩。

微课：现浇钢筋混凝土楼板认知

2) 预制梁吊点位置与吊具、吊索使用

预制梁采用两点吊，两个吊点分别位于梁顶两端距离 0.2L 梁长位置，吊点由构件生产厂家留设。

现场吊装采用双腿锁具或用铁扁担梁吊住两个吊点逐步移向拟定位置，人工通过预制梁顶绳索辅助梁就位，如图 10-8 所示。

图 10-8　预制框架梁吊装

3) 预制梁安装就位

(1) 弹出控制线：用水平仪测出柱顶与梁底标高误差，然后在柱子上弹出梁边线控制线。

(2) 标注编号：在构件上标明每个构件的吊装顺序和编号，便于吊装人员辨认。

(3) 安放梁底支撑：梁底支撑采用立杆支撑＋可调顶托＋100mm×100mm 木方，预制梁的标高通过支撑体系的顶丝来调节，如图 10-9 所示。

图 10-9　预制框架梁底独立支撑

（4）梁的吊装。梁起吊时,用双腿锁具或吊索钩住扁担梁的吊环,吊索应有足够的长度,以保证吊索和扁担梁或吊索与梁之间的角度不小于 45°。

当梁初步就位后,两侧借助柱头上的梁定位线将梁精确校正,在调平时,将下部可调支撑上紧,这时方可松去吊钩。

主梁吊装结束后,根据柱上已放出的梁边和梁端控制线,检查主梁上的次梁缺口位置是否正确,如不正确,应做相应处理后方可吊装次梁,梁在吊装过程中要按柱对称吊装。

2. 预制楼板吊装、校核与调整

1）确定预制楼板施工工艺流程

预制楼板施工工艺流程如下:预制楼板进场、验收→按图放好板搁置点的边线→设置楼板底支撑→预制楼板吊装→预制楼板安放就位→预制楼梯微调定位→吊具摘除。

2）预制楼板吊点位置与吊具、吊索使用

应合理设置预制楼板的吊点位置,采用框架横担梁或四腿锁具起吊,吊装就位时,应保持垂直平稳,吊索与板水平面夹角宜在 45°～60°。叠合楼板吊装如图 10-10 所示。

3）预制楼板安装就位

吊装前,应在每条吊装完成的梁或墙上测量并弹出相应预制楼板四周控制线,并在构件上标明每个构件所属的吊装顺序和编号,便于吊装人员辨认。

在叠合板两端部位设置临时可调节支撑杆,预制楼板的支撑设置应符合以下要求:支撑架体应具有足够的承载能力、刚度和稳定性,应能可靠地承受混凝土构件的自重和施工过程中所产生的荷载及风荷载。

确保支撑系统的间距及距离墙、柱、梁边的净距符合系统验算要求,上、下层支撑应在同一直线上。板下支撑间距不大于 3.3m,当支撑间距大于 3.3m,且板面施工荷载较大时,跨中应在预制板中间加设支撑。

在可调托撑上架设木方,调节木方顶面至板底设计标高达到要求后,开始吊装预制楼板。

图 10-10　叠合楼板吊装

吊装应按顺序连续进行，板吊至柱上方 3~6cm 后，调整板位置使锚固筋与梁箍筋错开以便于就位，板边线基本与控制线吻合。将预制楼板坐落在木方顶面，及时检查板底与预制叠合梁的接缝是否到位，预制楼板钢筋入墙或入梁的长度是否符合要求，直至吊装完成，如图 10-11 所示。最新的规范也允许叠合板四边不出筋，更便于安装。

图 10-11　叠合楼板缝隙调整

当跨叠合板吊装结束后，要根据叠合板四周边线及板柱上弹出的标高控制线对板标及位置进行精确调整，应将误差控制在 2mm。

10.2.3 特殊构件吊装施工

1. 预制楼梯吊装、校核与调整

1）确定预制楼梯吊装施工工艺流程

预制楼梯吊装施工工艺流程如下：预制楼梯进场、验收→按图放好板搁置点的控制线→预制楼梯吊装→预制楼梯安放就位→预制楼梯微调→吊具摘除。

微课：楼梯的构造组成

2）预制楼梯板吊点位置与吊具、吊索使用

预制楼梯采用四点吊，配合倒链下落就位调整索具铁链长度，使楼梯段休息平台处于水平位置，试吊预制楼梯板，检查吊点位置是否准确，吊索受力是否均匀等；试吊高度不应超过1m。

3）预制楼梯安装就位

楼梯间周边梁板叠合后，测量并弹出相应楼梯构件端部和侧边的控制线。

将楼梯吊至梁上方30～50cm后，调整楼梯位置使上、下平台锚固筋与梁箍筋错开，板边线基本与控制线吻合。

用就位协助设备等将构件根据控制线精确就位，先保证楼梯两侧准确就位，再使用水平尺和导链调节楼梯水平，最后缓缓放下楼梯。预制楼梯吊装如图10-12所示。

图10-12 预制楼梯吊装

2. 预制阳台、空调板构件安装

1）预制阳台、飘窗、空调板吊装施工工艺流程

预制阳台、飘窗、空调板吊装施工工艺流程如下：预制构件进场、验收→按图放好构件搁置点的控制线→搭设临时支撑→吊装预制构件→预制构件安放就位→微调预制构件→摘除吊具。

2）预制构件吊点位置与吊具、吊索使用

预制阳台板、空调板等采用四点吊，配合倒链下落就位，调整吊索铁链长度，使预制阳台、休息平台处于水平位置，试吊阳台、飘窗、空调板，检查吊点位置是否准确，吊索受力是否均匀等，试吊高度一般不超过1m。预制阳台的吊装如图10-13所示。

图 10-13 预制阳台的吊装

3）阳台板、飘窗、空调板吊装就位

根据控制线确定预制构件的水平、垂直位置，将位置控制线弹在剪力墙上，然后搭设支撑，检查支座顶面标高及支撑面平整度。当预制构件吊至设计位置上方 30～60cm 后，调整位置，使锚固筋与已完成结构预留钢筋错开，便于构件就位，使构件边界基本与控制线吻合，缓缓放下构件就位。

吊装完成后，应对板底接缝高差进行校核，如果板底接缝高差不满足设计要求，应将构件重新起吊，通过可调托座进行调节。

10.2.4 工完料清

预制构件吊装完成后，应将吊具、吊索及其他辅助机器具拆除，并及时收整、归还仓库。对于钢丝绳，还需要检查是否出现损伤、硬折角等损伤。

10.3 连 接 构 件

10.3.1 灌浆套筒连接原理及工艺

钢筋灌浆套筒连接是在金属套筒内灌注水泥基浆料，将钢筋对接连接所形成的机械连接接头。钢筋套筒灌浆是施工的关键，直接影响到装配式建筑的结构安全。因此，施工前，应编制专项施工方案，并对操作工人进行技术交底和专业培训，培训合格后方可上岗。

微课：套筒灌浆连接性能要求

灌浆工艺流程如下：灌浆准备工作→接缝封堵及分仓→灌浆料制备→灌浆→灌浆后节点保护。

1. 竖向构件钢筋灌浆套筒连接原理

带肋钢筋插入套筒，向套筒内灌注无收缩或微膨胀的水泥基灌浆料，充满套筒与钢筋之间的间隙，灌浆料硬化后，与钢筋的横肋和套筒内壁凹槽或凸肋紧密齿合，钢筋连接后，能够有效传递所受外力。

实际应用在竖向预制构件时,通常将灌浆连接套筒现场连接端固定在构件下端部模板上,另一端即预埋端的孔口安装密封圈,构件内预埋的连接钢筋穿过密封圈插入灌浆连接套筒的预埋端,套筒两端侧壁上灌浆孔和出浆孔分别引出两条灌浆管和出浆管连通至构件外表面,预制构件成型后,套筒下端为连接另一构件钢筋的灌浆连接端。构件在现场安装时,将另一构件的连接钢筋全部插入该构件上对应的灌浆连接套筒内,从构件下部各个套筒的灌浆孔向各个套筒内灌注高强灌浆料,至灌浆料充满套筒与连接钢筋的间隙从所有套筒上部出浆孔流出,灌浆料凝固后,即形成钢筋套筒灌浆接头,而完成两个构件之间的钢筋连接。

2. 竖向构件钢筋灌浆套筒连接工艺

钢筋套筒灌浆连接分两个阶段进行,第一阶段在预制构件加工厂,第二阶段在结构安装现场。

预制剪力墙、柱在工厂预制加工阶段,是将一端钢筋与套筒进行连接或预安装,再与构件的钢筋结构中其他钢筋连接固定,套筒侧壁接灌浆、排浆管并引到构件模板外,然后浇筑混凝土,将连接钢筋、套筒预埋在构件内。其连接钢筋和套筒的布置如图10-14所示。

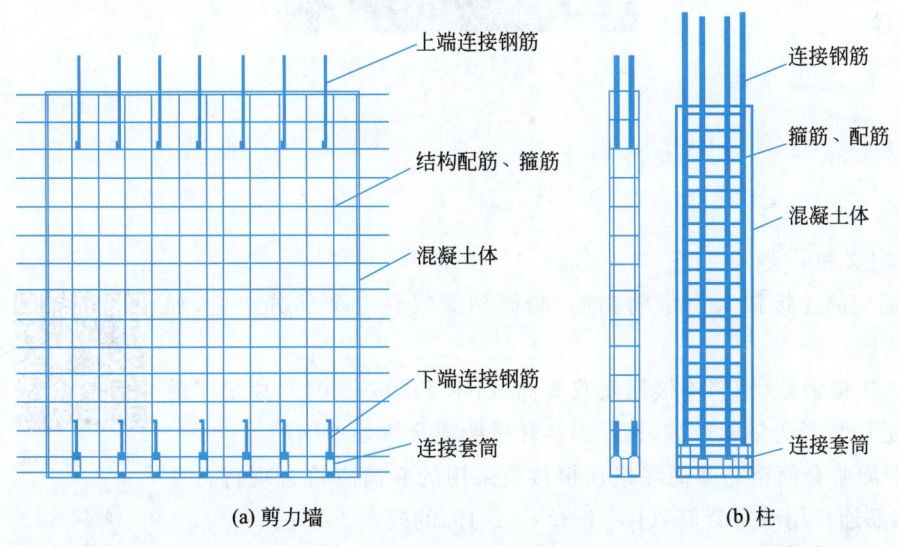

图10-14 剪力墙、柱接头及布筋示意图

3. 水平构件钢筋灌浆套筒连接原理

钢筋灌浆套筒连接是将带肋钢筋插入套筒,连接和传力方式与竖向构件原理相同,即灌浆料硬化后与钢筋的横肋和套筒内壁凹槽或凸肋紧密啮合,实现两根钢筋连接后能够有效传递所受外力。

套筒灌浆连接水平钢筋时,应事先将灌浆套筒安装在一端钢筋上,两端连接钢筋就位后,将套筒从一端钢筋移动到两根钢筋中部,两端钢筋均插入套筒达到规定的深度,再从套筒侧壁通过灌浆孔注入灌浆料,至灌浆料从出浆孔流出,灌浆料充满套筒内壁与钢筋的间隙,待灌浆料凝固后,即将两根水平钢筋连接在一起。

4. 水平构件钢筋灌浆套筒连接工艺

预制梁在工厂预制加工阶段只预埋连接钢筋。在结构安装阶段,连接预制梁时,套筒应套在两构件的连接钢筋上,向每个套筒内灌灌浆料后,并静置到浆料硬化,梁的钢筋连接即结束,如图 10-15 所示。

图 10-15　预制梁钢筋灌浆套筒连接

10.3.2　灌浆套筒连接材料

1. 定义分类及型号

1) 定义和分类

钢筋套筒连接接头由带肋钢筋、套筒和灌浆料三个部分组成,如图 10-16 所示。

(1) 连接钢筋《钢筋连接用灌浆套筒》(JG/T 398—2019)规定了灌浆套筒适用直径为 $\phi 12 \sim \phi 40 \mathrm{mm}$ 的热轧带肋或余热处理钢筋。

(2) 灌浆套筒钢筋套筒灌浆连接接头采用的套筒应符合现行行业标准《钢筋连接用灌浆套筒》(JG/T 398—2019)的规定。

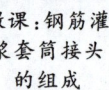

微课:钢筋灌浆套筒接头的组成

灌浆套筒按加工方式分为铸造灌浆套筒和机械加工灌浆套筒,如图 10-17 所示。

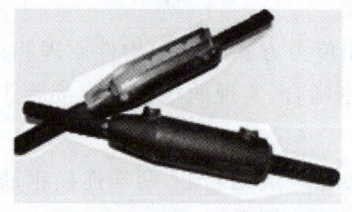

(a) 铸造灌浆套筒　　(b) 机械加工灌浆套筒

图 10-16　钢筋灌浆套筒接头组成　　图 10-17　灌浆套筒按加工方式分类

灌浆套筒按结构形式分为全灌浆套筒和半灌浆套筒。全灌浆套筒接头两端均采用灌浆方式连接钢筋,适用于竖向构件(墙、柱)和横向构件(梁)的钢筋连接,如图 10-18 所示。

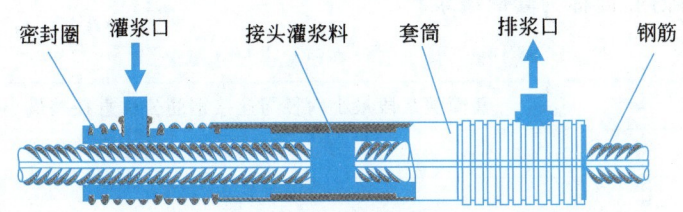

图 10-18　全灌浆套筒

半灌浆套筒接头一端采用灌浆方式连接,另一端采用非灌浆方式(通常采用螺纹连接)连接钢筋,主要适用于竖向构件(墙、柱)的连接,如图 10-19 所示。半灌浆套筒按非灌浆一端连接方式还分为直接滚扎直螺纹灌浆套筒、剥肋滚扎直螺纹灌浆套筒和镦粗直螺纹灌浆套筒。

2）灌浆套筒型号

浆套筒型号由名称代号、分类代号、主参数代号和产品更新变型代号组成。灌浆套筒主参数为被连接钢筋的强度级别和直径。灌浆套筒型号表示如图 10-20 所示。

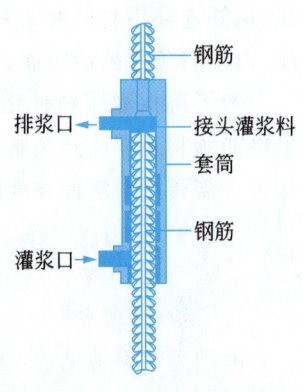

图 10-19　半灌浆套筒

如 GTZQ440 表示：采用铸造加工的全灌浆套筒,连接标准屈服强度为 400MPa、ϕ40mm 的钢筋。

GTJB536/32A 表示采用机械加工方式加工的剥肋滚轧直螺纹灌浆套筒,第一次变型,连接标准屈服强度为 500MPa 钢筋,灌浆端连接 ϕ36mm 的钢筋,非灌浆端连接 ϕ32mm 的钢筋。

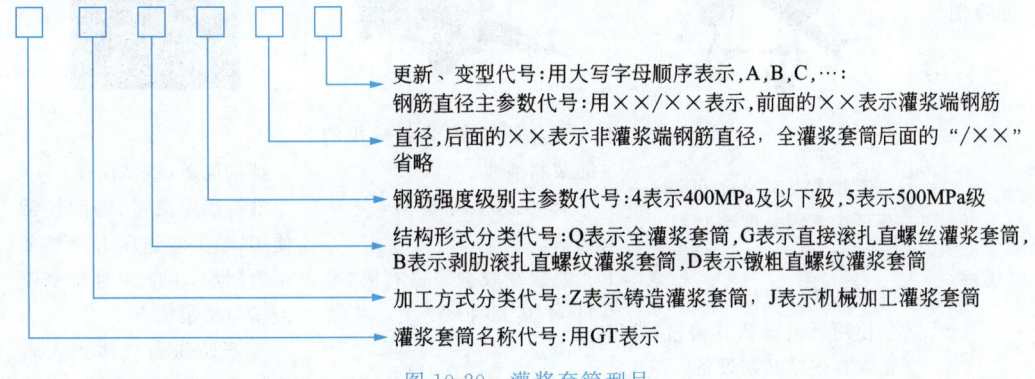

图 10-20　灌浆套筒型号

3）灌浆套筒内径与锚固长度

灌浆套筒灌浆端的最小内径与连接钢筋公称直径的差值不宜小于表 10-1 规定的数值,用于钢筋锚固的深度不宜小于插入钢筋公称直径的 8 倍。

2. 灌浆料

钢筋连接用套筒灌浆料是以水泥为基本材料,配以细骨料,以及混凝土外加剂和其他材料组成的干混料,加水搅拌后,具有良好的流动性、早强、高强、微膨胀等性能,填充于套筒和带肋钢筋间隙内,简称为套筒灌浆料。

表 10-1　灌浆套筒内径最小尺寸要求　　　　　　　　　　　　　　单位:mm

钢筋直径	套筒灌浆段最小内径与连接钢筋公称直径差最小值
12～25	10
28～40	15

灌浆料是通过加水拌合均匀后使用的材料,不同厂家的产品配方不同,虽然都可以满足《钢筋连接用套筒灌浆料》(JG/T 408—2013)所规定的性能指标,却具有不同的工作性能,对环境条件的适应能力不同,灌浆施工的工艺也会有所差异。

为了确保灌浆料使用时达到其产品设计指标,具备灌浆连接施工所需要的工作性能,最终能顺利地灌注到预制构件的灌浆套筒内,实现钢筋的可靠连接,操作人员需要严格掌握并准确执行产品使用说明书规定的操作要求。

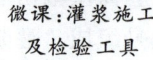

微课:灌浆施工
及检验工具

10.3.3　灌浆料拌制施工检测工具

1. 灌浆设备

电动灌浆设备见表 10-2。

表 10-2　电动灌浆设备

产品	泵管挤压灌浆泵	螺杆灌浆泵	气动灌浆器
工作原理	泵管挤压式	螺杆挤压式	气压式
示意图			
优点	流量稳定,速度可调,适合泵送不同黏度灌浆料。故障率低,泵送可靠,可设定泵送极限压力。使用后需要认真清洗,防止浆料固结堵塞设备	适合低黏度,骨料较粗的灌浆料灌浆。体积小,质量轻,便于运输。螺旋泵胶套寿命有限,骨料对其磨损较大,需要更换。扭矩偏低,泵送力量不足。不易清洗	结构简单,清洗简便。没有固定流量,需配气泵使用,最大输送压力受气泵压力制约,不能应对需要较大压力灌浆场合。要严防压力气体进入灌浆料和管路中

手动灌浆设备(图 10-21)适用于单仓套筒灌浆、制作灌浆接头,以及水平缝连通腔不超过 30cm 的少量接头灌浆、补浆施工。

2. 应急设备

高压水枪(图 10-22)用来冲洗灌浆不合格的构件及灌浆料填塞部位。

柴油发电机(图 10-23)是在大型构件灌浆突然停电时,用来给电动灌浆设备应急供电。

 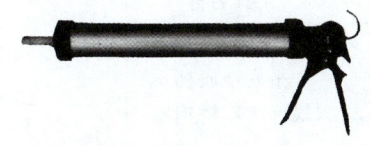

(a) 推压式灌浆枪　　　　　　　(b) 按压式灌浆枪

图 10-21　单仓灌浆用手动灌浆枪

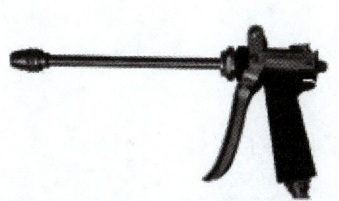 

图 10-22　高压水枪　　　　　　图 10-23　柴油发电机

3. 灌浆料称量检验工具

灌浆料称量检验工具见表 10-3。

表 10-3　灌浆料称量检验工具

工作项目	工具名称	规格参数	照片
流动度检测	圆截锥试模	上口×下口×高 $\phi 70 \times \phi 100 \times 60$mm	
	钢化玻璃板	长×宽×厚 500mm×500mm×6mm	
抗压强度检测	试块试模	长×宽×高 40mm×40mm×160mm 三联	
施工环境及材料的温度检测	测温计	$-30 \sim 150$℃	
灌浆料、拌合水称重	电子秤	30～50kg	
拌合水计量	量杯	3L	

续表

工作项目	工具名称	规格参数	照片
灌浆料拌合容器	平底金属桶（最好为不锈钢制）	$\phi 300 \times H400, 30L$	
灌浆料拌合工具	电动搅拌机	功率:1200～1400W; 转速:0～800rpm 可调; 电压:单相 220V/50Hz; 搅拌头:片状或圆形花篮式	

10.3.4 单套筒灌浆操作的步骤和要求

1. 灌浆施工工艺流程

图 10-24 所示为现场预制构件灌浆连接施工作业工艺。

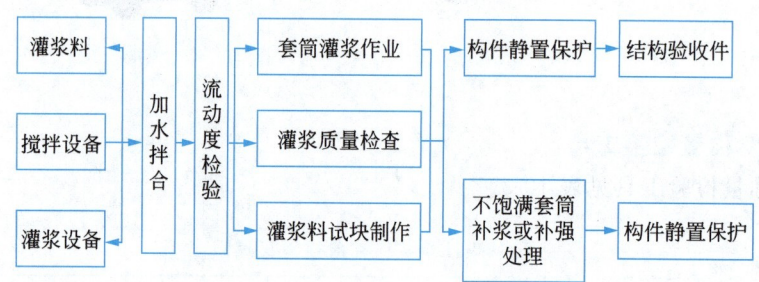

图 10-24 现场预制构件灌浆连接施工作业工艺

2. 灌浆连接的施工措施

水平连接钢筋时,应采用全灌浆套筒连接,灌浆套筒各自独立灌浆。灌浆作业应采用压浆法从灌浆套筒一侧灌浆孔注入,当拌合物在另一侧出浆孔流出时,应停止灌浆。套筒灌浆孔、出浆孔应朝上,保证灌满后浆面高于套筒内壁最高点。

预制梁和既有结构现浇部分的水平钢筋采用套筒灌浆连接时,施工措施应符合下列规定。

(1) 连接钢筋的外表面应标记插入灌浆套筒最小锚固长度的标志,标志位置应准确、颜色应清晰。

(2) 对灌浆套筒与钢筋之间的缝隙应采取防止灌浆时灌浆料拌合物外漏的封堵措施。

(3) 预制梁的水平连接钢筋轴线偏差不应大于 5mm,如超过允许偏差,应予以处理。

(4) 与既有结构的水平钢筋相连接时,新连接钢筋的端部应设有保证连接钢筋同轴、稳固的装置。

(5) 灌浆套筒安装就位后,灌浆孔、出浆孔应在套筒水平轴正上方±45°的锥体范围内,并安装有孔口超过灌浆套筒外表面最高位置的连接管或连接头。

3. 灌浆施工异常的处理

水平钢筋连接灌浆施工停止后 30s,如发现灌浆料拌合物下降,应检查灌浆套筒两端的密封或灌浆料拌合物排气情况,并及时补灌,或采取其他措施。

补灌应在灌浆料拌合物达到设计规定的位置后停止,并应在灌浆料凝固后再次检查其位置是否符合设计要求。

10.3.5　连通腔灌浆的分仓、封仓及灌浆操作的步骤和要求

竖向构件宜采用连通腔灌浆,并合理划分连通灌浆区域,每个区域除预留灌浆孔、出浆孔与排气孔(有些需要设置排气孔)外,应形成密闭空腔,且保证灌浆压力下不漏浆;在连通灌浆区域内,任意两个灌浆套筒的间距不宜超过 1.5m。灌浆施工应按施工方案执行灌浆作业。全过程应有专职检验人员负责现场监督并及时形成施工检查记录。

1. 灌浆施工方法

竖向钢筋套筒灌浆连接,灌浆应采用压浆法从灌浆套筒下方灌浆孔注入,当灌浆料从构件上本套筒和其他套筒的灌浆孔、出浆孔流出后,应及时封堵。

采用连通腔灌浆方式时,在灌浆施工前,应对各连通灌浆区域进行封堵,且封堵材料不应减小结合面的设计面积。竖向钢筋套筒灌浆连接用连通腔工艺灌浆时,采用一点灌浆的方式,即用灌浆泵从接头下方的一个灌浆孔处向套筒内压力灌浆,在该构件灌注完成之前,不得更换灌浆孔,且应连续灌注,不得断料,严禁从出浆孔进行灌浆。当一点灌浆遇到问题而需要改变灌浆点时,应重新打开各套筒已封堵灌浆孔、出浆孔,待灌浆料拌合物再次流出后进行封堵。竖向预制构件不采用连通腔灌浆方式时,构件就位前,应设置坐浆层或套筒下端密封装置。

2. 灌浆施工环境温度要求

灌浆施工时,环境温度应符合灌浆料产品使用说明书要求;环境温度低于5℃时不宜施工,低于 0℃时不得施工;当环境温度高于 30℃时,应采取降低灌浆料拌合物温度的措施。

3. 灌浆施工异常的处置

当接头灌浆出现无法出浆的情况时,应查明原因,采取补救施工措施:对于未密实饱满的竖向连接灌浆套筒,当在灌浆料加水拌合 30min 内时,应首选在灌浆孔补灌;当灌浆料拌合物已无法流动时,可从出浆孔补灌,并应采用手动设备结合细管压力灌浆,但此时应制订专门的补灌方案并严格执行。

学习笔记

参 考 文 献

[1] 孙玉龙. 建筑施工技术[M]. 北京:清华大学出版社,2020.
[2] 郑伟,李恩亮,欧长贵,等. 建筑施工技术[M]. 3版. 长沙:中南大学出版社,2019.
[3] 姚谨英. 建筑施工技术[M]. 6版. 北京:中国建筑工业出版社,2017.
[4] 邓正俐,彭茂辉. 绿色节能背景下案例分析:建筑施工技术创新与应用[J]. 环境工程,2022(1):271.
[5] 贾宏伟. 建筑工程施工技术水平提升策略思考[J]. 工业建筑,2022,52(1):1.
[6] 王永亮,丁文俊,孙红强. 房屋建筑施工技术与质量管理分析[J]. 工程技术研究,2021,6(6):164-165.